“十二五”职业教育国家规划教材
经全国职业教育教材审定委员会审定

高等职业院校
机电类“十二五”规划教材

模具特种加工技术
（第2版）

Non-traditional Machining in Mould Manufacturing (2nd Edition)

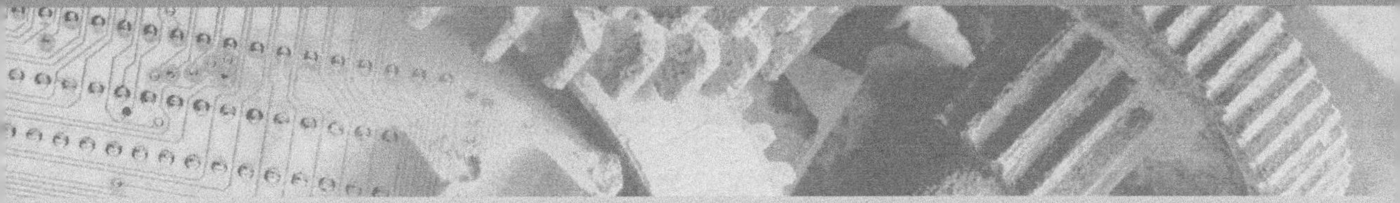

◎ 周旭光 编著

人民邮电出版社
北 京

精品系列

图书在版编目（CIP）数据

模具特种加工技术 / 周旭光编著. -- 2版. -- 北京：人民邮电出版社，2014.9（2023.12重印）
高等职业院校机电类“十二五”规划教材
ISBN 978-7-115-34559-2

Ⅰ. ①模… Ⅱ. ①周… Ⅲ. ①模具－特种加工－高等职业教育－教材 Ⅳ. ①TG76

中国版本图书馆CIP数据核字(2014)第029590号

内容提要

本书是在国家级精品课程“特种加工技术”申报成功后，经过教学实践验证后编写而成的，反映了最新的教学成果。本书分为电火花加工、电火花线切割和其他模具特种加工技术三篇。前两篇共10个项目，重点介绍了工件的装夹及校正、电极的设计、电极（丝）的装夹及校正、电极（丝）的精确定位、加工工艺参数的选择、数控程序编制等。

本书适合作为高职高专模具、机械、数控技术应用等专业的教材及电火花、线切割机床操作工的职业培训用书，也可供从事模具制造等行业的专业人员参考。

◆ 编　　著　周旭光
责任编辑　李育民
责任印制　焦志炜

◆ 人民邮电出版社出版发行　　北京市丰台区成寿寺路11号
邮编　100164　　电子邮件　315@ptpress.com.cn
网址　https://www.ptpress.com.cn
涿州市般润文化传播有限公司印刷

◆ 开本：787×1092　1/16
印张：12.25　　2014年9月第2版
字数：286千字　　2023年12月河北第18次印刷

定价：29.80元

读者服务热线：(010)81055256　印装质量热线：(010)81055316
反盗版热线：(010)81055315

Forward

第2版 前言

模具特种加工技术是模具制造的重要工艺手段，是数控技术高技能人才必须掌握的技能，也是高职机械类专业的一门重要的专业核心课程。

作者于2010年编写的《模具特种加工技术》自出版以来，受到了众多高职高专院校的欢迎。为了更好地满足广大高职高专院校的学生对数控编程知识学习的需要，作者结合近几年的教学改革实践和广大读者的反馈意见，在保留原书特色的基础上，对教材进行了全面的修订。这次修订的主要内容如下。

- 对本书第1版中部分项目存在的问题进行了校正和修改。
- 增加了其他特种加工知识简介。
- 每个项目增加了大量的习题，方便读者更好地掌握项目所介绍的知识点和技能点。

在本书的修订过程中，作者坚持以工作过程为导向，引导学生在实现工作任务的过程中掌握加工工艺、编程及机床操作技术，同时获得必要的理论知识。本书分为电火花加工、电火花线切割加工和其他模具特种加工技术三篇。前两篇共10个项目，每个项目都来源于企业加工实际，完全按照现代模具制造企业的实施流程进行编写，并就实施关键部分（电火花加工条件的选用、电火花基准球的定位、线切割零件切割加工工艺分析等）进行了详细的介绍。每个项目增加了小结和习题，主要目的是帮助读者进一步掌握本项目的知识点和技能点。第三篇介绍其他模具制造过程中用到的一些特种加工技术，如激光加工技术、电化学加工技术、超声加工技术等。

本书的参考学时为36～56学时，建议采用理论实践一体化教学模式。各项目的参考学时见下面的学时分配表。教学中可另安排学生自学第三篇，掌握其他模具特种加工知识。

学时分配表

项目		课程内容	参考学时
第一篇 电火花加工	项目一	电火花加工断入工件的丝锥	3～5
	项目二	电火花加工校徽图案型腔	3～5
	项目三	电火花加工热流道模具热嘴孔锥面	5～6
	项目四	孔形模具型腔的电火花加工	4～6
	项目五	手机模具型腔的电火花加工	3～5
第二篇 电火花线切割加工	项目六	图案的线切割加工	4～5
	项目七	切断车刀的线切割加工	4～6
	项目八	同心圆环的线切割加工	4～6
	项目九	精密零件的线切割加工	3～6
	项目十	落料凹模的线切割加工	3～6
第三篇　其他模具特种加工技术			4*
课时总计			36～56

注：*为自学内容

本书由深圳职业技术学院的周旭光编著。本书的修订得到了深圳职业技术学院的朱光力、戴珏、郭晓霞，阿奇夏米尔机电贸易（深圳）有限公司伍端阳，东江科技（深圳）有限公司黄辉，奥林巴斯（深圳）工业有限公司熊先武等企业技术专家的大力支持；蒋麟、杨振宇、周建安、李玉炜、洪建明、王秀玉等同志为本书的出版提供了大力的帮助，在此表示衷心的感谢。

由于编者水平有限，书中难免有错误和不足之处，敬请读者批评指正，来信请至zxg@szpt.edu.cn。

编　者

2014年5月

Content

目录

第一篇 电火花加工

PART
1

第一篇
电火花加工

项目一　电火花加工断入工件的丝锥

项目二　电火花加工校徽图案型腔

项目三　电火花加工热流道模具热嘴孔锥面

项目四　孔形模具型腔的电火花加工

项目五　手机模具型腔的电火花加工

Chapter 1

项目一

电火花加工断入工件的丝锥

【能力目标】

1. 熟练操作电火花机床操作面板。
2. 熟练启动、关闭机床。

【知识目标】

1. 掌握电火花加工原理。
2. 了解电火花机床结构。
3. 掌握极性效应和覆盖效应。
4. 掌握电火花加工安全操作规程。

一、项目导入

通常钻头或丝锥较硬，用机械加工的方法很难处理断入工件的钻头或丝锥（见图 1-1）。电火花加工可以用软的工具加工硬的工件，即可以“以柔克刚”。因此，用电火花加工是处理断入工件的钻头或丝锥的常用方法之一。

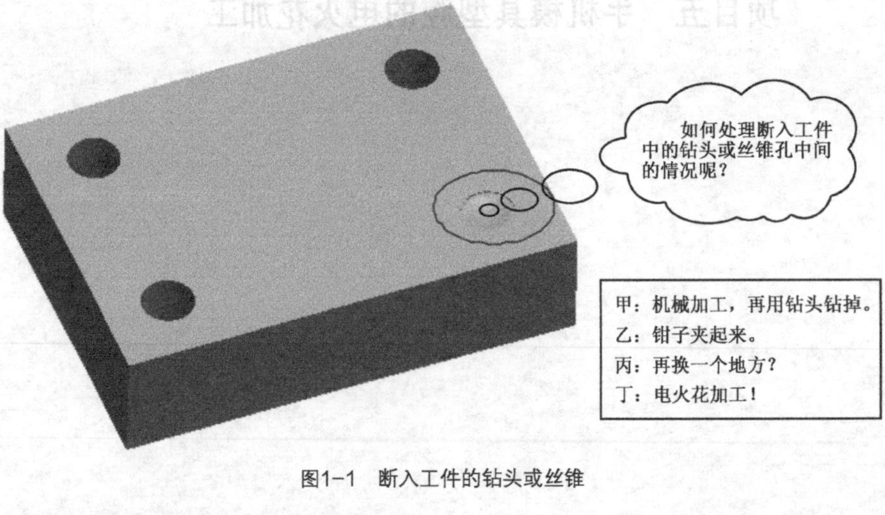

如何处理断入工件中的钻头或丝锥孔中间的情况呢？
甲：机械加工，再用钻头钻掉。
乙：钳子夹起来。
丙：再换一个地方？
丁：电火花加工！

图1–1　断入工件的钻头或丝锥

本项目在实施中难度不高。学生需要掌握电火花加工原理、电火花机床的界面操作以及实施时电极准备、工件准备等工作。

二、相关知识

（一）电火花加工原理

电火花加工基于电火花腐蚀原理，是在工具电极与工件电极相互靠近时，极间形成脉冲性火花放电，在电火花通道中产生瞬时高温，使金属局部熔化，甚至气化，从而将金属蚀除下来。这一过程大致分为以下几个阶段（见图 1-2）。

（1）处于绝缘的工作液介质中的两电极，加上无负荷直流电压 V，伺服电极向工件运动，极间距离逐渐缩小。

（2）当极间距离——放电间隙小到一定程度时（一般为 0.01 mm 左右），阴极逸出的电子在电场作用下，高速向阳极运动，并在运动中撞击介质中的中性分子和原子，产生碰撞电离，形成带负电的粒子（主要是电子）和带正电的粒子（主要是正离子）。当电子到达阳极时，介质被击穿，放电通道形成［见图 1-2（b）］。

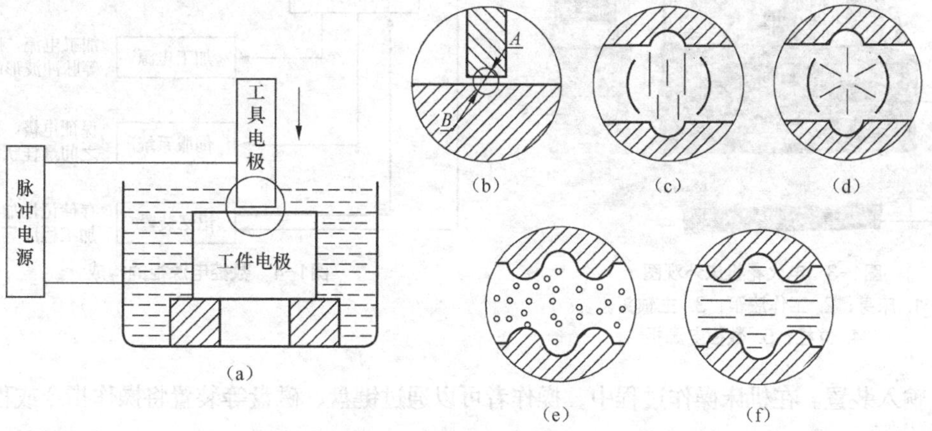

图1-2　电火花加工原理

（3）两极间的介质一旦被击穿，电源便通过放电通道释放能量。大部分能量将转换成热能，这时通道中的电流密度高达 104 A/cm^2，放电点附近的温度高达 3 000℃以上，使两极间放电点局部熔化。

（4）在热爆炸力、流体动力等综合因素的作用下，被熔化或气化的材料被抛出，产生一个小坑［见图 1-2（c）、（d）、（e）］。脉冲放电结束，介质恢复绝缘［见图 1-2（f）］。

（二）电火花机床介绍

1. 电火花机床的结构

不同品牌的电火花机床的外观可能不一样，但主要都由主机、工作液箱、数控电源柜等部分组成。

（1）主机。电火花机床（见图 1-3）的主机一般包含床身、立柱、主轴头、工作液箱等部分。

其中，主轴头是关键部件，对加工有最直接的影响。在加工中，主轴头上装有电极夹，用来装夹及调整电极装置。

（2）工作液箱。工作液箱在加工中用来存放工作液。目前，我国的电火花加工所用的工作液主要是煤油。工作液在电火花加工中的主要作用是：使放电加工产生的熔融金属飞散；将飞散的加工中生成的粉末状电蚀产物从放电间隙中排除出去；冷却电极和工件表面；放电结束后，使电极与工件之间恢复绝缘。

（3）数控电源柜。数控电源柜由彩色 CRT 显示器、键盘、手控盒以及数控电器装置等部件组成。数控电源柜是控制电火花机床工作的装置，其详细构成如图 1-4 所示，具体说明如下。

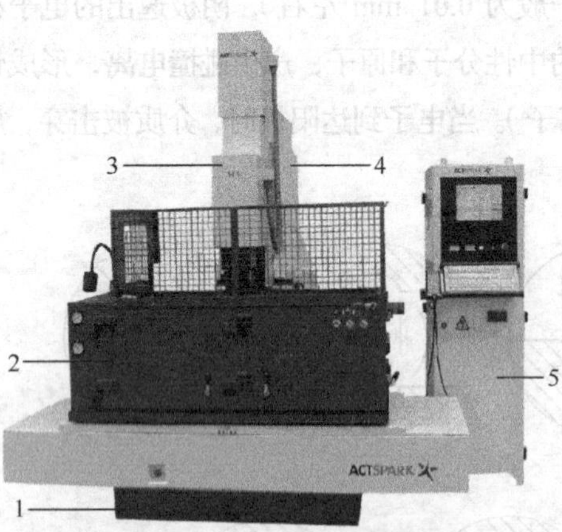

图1-3　电火花机床外观图
1. 床身；2. 工作液箱；3. 主轴头；
4. 立柱；5. 数控电源柜

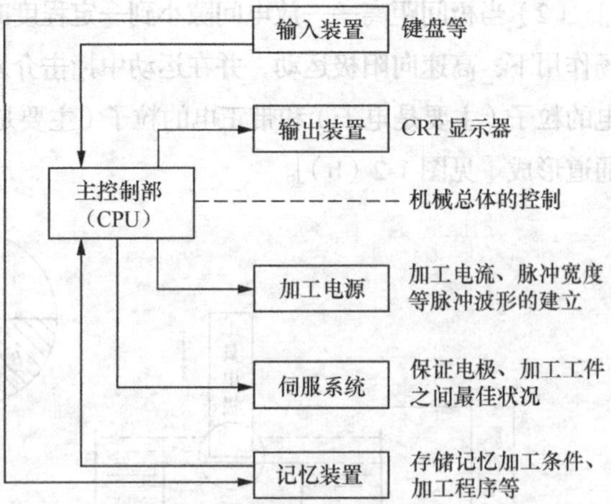

图1-4　数控电源柜的构成

① 输入装置。在机床操作过程中，操作者可以通过键盘、磁盘等装置将操作指令或程序、图形等输入并控制机械动作。如果输入内容较多，则可以直接连接外部计算机，通过连线输入。

② 输出装置。通过 CRT 显示器、磁盘等装置，将电火花加工方面的程序、图形等资料输送出来。

③ 加工电源。电火花加工的原理是：在极短的时间内击穿工作介质，在工具电极和工件之间进行脉冲式火花放电，通过热能熔化、气化工具材料来去除工件上多余的金属。电火花机床的加工电源性能好坏直接关系到电火花加工的加工速度、表面质量、加工精度、工具电极损耗等工艺指标。所以加工电源往往是电火花机床制造厂商的核心机密之一。

④ 伺服系统。在实际操作过程中，当电极与工件距离较远时，由于脉冲电压不能击穿电极与工件间的绝缘工作液，故不会产生火花放电；当电极与工件直接接触时，则所供给的电流只是流过却无法加工工件。正常加工时，电极与工件之间应保持一个微小的距离（5～100 μm）。

在放电加工中，电极与工件会逐渐减少。为了确保电极与工件之间有一定的间隙，以便获得正常的放电加工，电极必须随着工件形状的减小而逐次下降进给。伺服系统的主要作用就是随时保持电极与工件之间的间隙，使放电加工处于最佳效率的状态。

⑤ 记忆系统。一般的电火花成形加工机床的记忆系统主要记忆的文字资料有如下内容。

加工条件　电火花加工的加工条件随电极材料、加工工件材料不同而有很大变化。在实际操作中，凭借传统的加工经验等手段较难获得最佳的放电加工效率。目前大部分电火花成形加工机床制造商往往广泛收集各种电极与工件材料之间的加工条件，并将这些加工条件存放在机器的存储器中。在加工中，操作者可以根据具体的加工情况，通过代码（如北京阿奇采用 C 代码）来进行调用。

加工模式　在电火花加工中，加工速度与加工质量往往相互矛盾。若采用粗加工条件加工，则加工速度较快，而加工质量较差；若采用精加工条件加工，则加工质量较好，而加工速度较慢。为了达到既有较快的加工速度，又能保证加工质量的目的，首先用粗加工条件进行粗加工，加工到一定程度再进行精加工。这种加工模式在实际操作中得到了广泛应用。在实际操作中，操作者可以预先设定粗加工的加工程度和精加工要达到的表面粗糙度要求。

程序　电火花加工用的各种程序可以预先编制好，存放在机器的存储器中。现在的电火花加工机床的存储器容量都较大，可以存放很多不同的加工程序，极大地方便了加工。

2. 电火花机床的分类

在 20 世纪 60～70 年代，我国生产的电火花机床分为电火花穿孔加工机床和电火花成形加工机床。20 世纪 80 年代后，我国开始大量采用晶体管脉冲电源，电火花加工机床既可用于穿孔加工，又可用于成形加工。自 1985 年起，我国把电火花穿孔成形加工机床称为电火花穿孔、成形加工机床或统称为电火花成形加工机床。

我国国标（GB/T 5290—1985）规定，电火花成形机床均用 D71 加上机床工作台面宽度的 1/10 表示，具体型号表示方法如下：

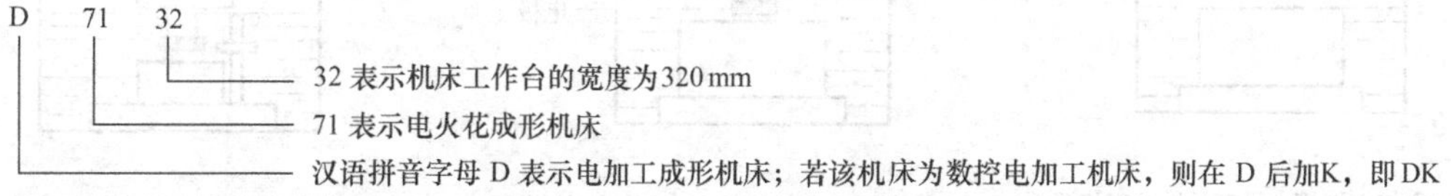

国外的电火花机床的型号没有统一标准，由各个生产企业自行确定，如日本沙迪克（Sodick）公司生产的 A3R 和 A10R，瑞士夏米尔（Charmilles）技术有限公司生产的 ROBOFORM20/30/35 等。

电火花机床按其大小划分，可分为小型（D7125 以下）、中型（D7125～D7163）和大型（D7163 以上）；按数控程度划分，分为非数控、单轴数控及三轴数控。随着科学技术的进步，国外已经大批生产三坐标数控电火花机床，以及带工具电极库且能按程序自动更换电极的电火花加工中心。我国的大部分电加工机床厂现在已开始研制生产三坐标数控电火花机床。

（三）电火花机床安全操作规程

1. 安全规程

（1）电火花机床应设置专用地线，使电源箱外壳、床身及其他设备可靠接地，防止电气设备绝缘损坏而发生触电。

（2）操作人员必须站在耐压 20 kV 以上的绝缘物上进行工作，加工过程中不可碰触电极工具。操作人员不得离开处于工作状态的电火花机床。

（3）经常保持机床电气设备清洁，防止受潮，以免降低绝缘强度而影响机床的正常工作。

（4）添加煤油时，不得混入类似汽油之类的易燃物，防止火花引起火灾。油箱要有足够的循环油量，使油温限制在安全范围内。

（5）放电加工时，工作液面要高于工件一定距离（30～100 mm），但必须避免浸入电极夹头。如果液面过低，加工电流较大，则很容易引起火灾。为此，操作人员应经常检查工作液面是否合适。图 1-5 所示为操作不当、易发生火灾的情况，要避免出现图中的错误。还应注意，在火花放电转成电弧放电时，电弧放电点会因为温度过高，而使工件表面向上积炭结焦，随着积结的焦炭不断增多，主轴跟着向上回退，直至在空气中放火花而引起火灾。这种情况，即便有液面保护装置也无法防止。为此，除非电火花机床上装有烟火自动监测和自动灭火装置，否则，操作人员不能较长时间离开。

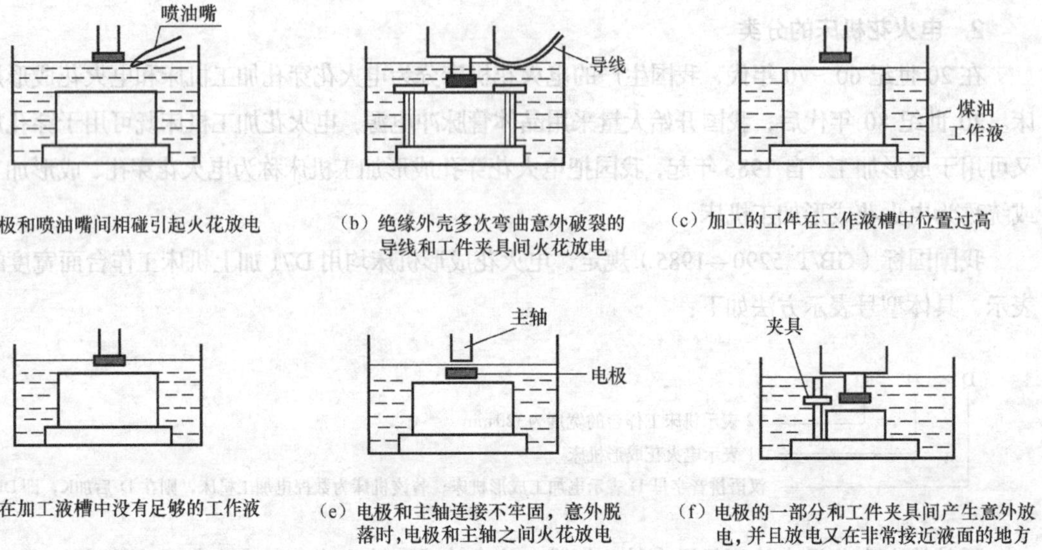

（a）电极和喷油嘴间相碰引起火花放电　（b）绝缘外壳多次弯曲意外破裂的导线和工件夹具间火花放电　（c）加工的工件在工作液槽中位置过高

（d）在加工液槽中没有足够的工作液　（e）电极和主轴连接不牢固，意外脱落时，电极和主轴之间火花放电　（f）电极的一部分和工件夹具间产生意外放电，并且放电又在非常接近液面的地方

图1-5　意外发生火灾的情况

（6）根据煤油的混浊程度，要及时更换过滤介质，并保持油路畅通。

（7）电火花加工车间内，应有抽油雾、烟气的排风换气装置，保持室内空气良好而不被污染。

（8）机床周围严禁烟火，并配备适用于油类的灭火器，最好配备自动灭火器。好的自动灭火器具有烟雾、火光、温度感应报警装置，并能够自动灭火，比较安全可靠。若发生火灾，应立即切断电源，并用四氯化碳或二氧化碳灭火器扑灭火苗，防止事故扩大化。

（9）电火花机床的电气设备应设置专人负责，其他人员不得擅自乱动。

（10）下班前应关断总电源，关好门窗。

2. 操作规程

（1）应接受有关劳动保护、安全生产的基本知识和现场教育，熟悉本职的安全操作规程。

安装电火花加工机床之前，应选择合适的安装和工作环境，要有抽风排油雾、烟气的条件。安装电火花机床的电源线，应符合表 1-1 的规定。

表 1-1　安装电火花加工机床的电线截面

机床电容量（kV·A）	2～9	9～12	12～15	15～21	21～28	28～34
电线截面尺寸（mm^2）	5.5	8.0	14.0	22.0	30	38

（2）坚决执行岗位责任制，做好室内外环境的卫生，保证通道畅通，设备物品要安全放置，认真搞好文明生产。

（3）熟悉所操作机床的结构、原理、性能及用途等方面知识，按照工艺规程做好加工前的一切准备工作，严格检查工具电极与工件是否都已校正和固定好。

（4）调节好工具电极与工件之间的距离，锁紧工作台面，启动工作液油泵，使工作液面高于工件加工表面一定距离后，才能启动脉冲电源进行加工。

（5）加工过程中，操作人员不能对系统进行维修或更换电极，也不能一手触摸工具电极，另一只手触碰机床（因为机床是接地的），这样将有触电危险，严重时会危及生命。如果操作人员脚下没有铺垫橡胶、塑料等绝缘垫，则在加工中不能触摸工具电极。

（6）为了防止触电事故的发生，必须采取如下的安全措施。

① 建立各种电气设备的日常与定期的检查制度，如出现故障或与有关规定不符合时，应及时加以处理。

② 维修机床电器时，应拉掉电闸，切断电源，尽量不要带电工作，特别是在危险场所（如工作地点很狭窄，工作地周围有对地电压在 250 V 以上裸露的导体等），应禁止带电工作。如果必须带电工作时，应采取必要的安全措施（如站在橡胶垫上或穿绝缘胶靴，附近的其他导体或接地处都应用橡胶布遮盖，并有专人监护等）。

（7）加工完毕后，随即切断电源，收拾好工、夹、测、卡等工具，并将场地清扫干净。

（8）操作人员应坚守岗位，思想集中，经常采用看、听、闻等方法注意机床的运转情况，发现问题要及时处理或向有关人员报告。不得允许闲杂人员擅自进入电加工室。

（9）定期做好机床的维修保养工作，使机床处于良好状态。

（10）在电火花加工场所，应设安全防火人员，实行定人、定岗负责，并定期检查消防灭火设备是否符合要求。加工场所不准吸烟，并严禁其他明火。

三、项目实施

电火花加工的一般步骤如图 1-6 所示。考虑到本项目实施较容易，因此，初步确定电火花加工断入工件的丝锥或钻头的步骤为：电极装夹、工件的装夹及校正、电极定位于要加工的丝锥上方、设置加工参数、加工等。

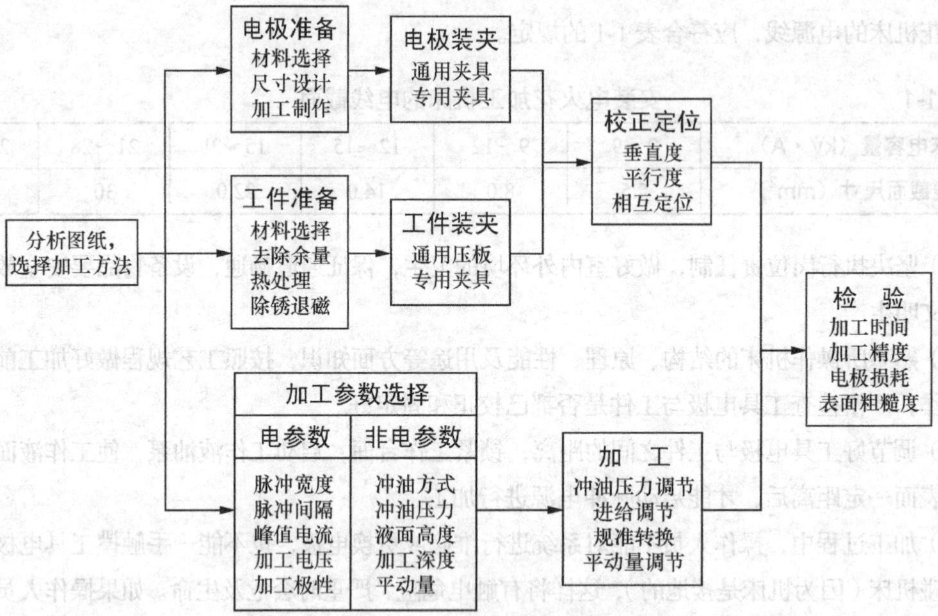

图1-6　电火花加工流程图

（一）机床的基本操作

1. 机床的启动及关机

（1）启动。给机床通电，旋动开关到“ON”的位置，按下绿色的启动按钮，机床即开机启动。在启动机床后，首先需要进行回原点或机床的复位操作。回原点操作时为了防止撞刀，一般是先回 *Z* 坐标轴，然后再回 *X*，最后回 *Y*。目前数控电火花机床自动化程度较高，只需要按下机床相应的回原点按钮，机床便可自动回原点（自动回原点的顺序也是先回 *Z*，再回 *X*，最后回 *Y*）。如果不按照顺序，则可能会使工具电极和工件或夹具发生碰撞，从而导致短路或使工具电极受到损伤。

（2）关机。关机的方式一般有两种：一种是硬关机，另一种是软关机。硬关机就是直接切断电源，使机床的所有活动都立即停止。这种方法适用于遇到紧急情况或危险时紧急停机，在正常情况下一般不予采用。其具体操作方法是：按下急停按钮，再按下“OFF”键。软关机则是正常情况下的一种关机方法，它是通过系统程序实现的关机。其具体操作方法是：在操作面板上进入关机窗口，按照提示输入“YES”或“Y”确认后，系统即可自动关机。

2. 电火花机床手控盒

电火花机床的移动等主要通过手控盒来实现，其使用方法如表 1-2 所示。

表 1-2　　电火花机床手控盒使用方法

手控盒	键	作用及使用方法
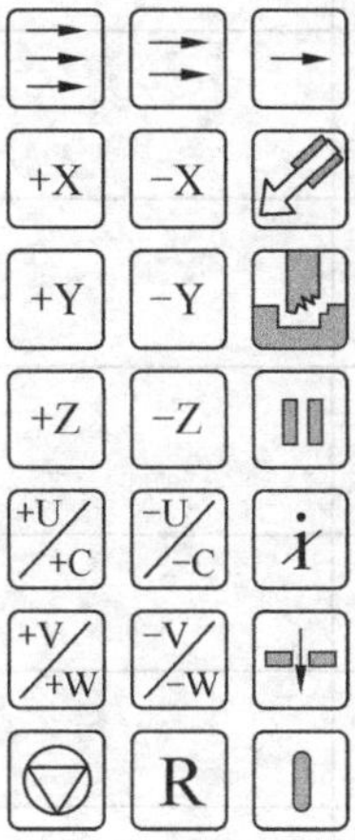		“点移动速度”键，分别代表高、中、低速，与 X、Y、Z 坐标键配合使用。开机为中速。在实际操作中，如果选择了点动高速挡，使用完毕后，最好习惯性地选择点动中速挡。当选择了低速挡时，每按一次所选轴向键，机床移动 0.001 mm。高速和中速又分为 0 ~ 9 共 20 挡，在系统参数画面的配置屏中可任意设置，0 挡速度最快，9 挡速度最慢，对应速度为 800 ~ 10 mm/min。对于较重电极，点动高速挡应设为 2，同时，加工时抬刀速度要设得低一些
	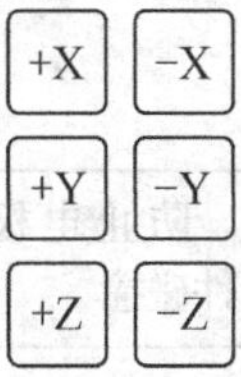	“点动移动”键，指定轴及运动方向。定义如下：面对机床正面，工作台向左移动（相当于电极向右移动）为 + X，反之为 −X；工作台移近工作者为 + Y，远离为-Y；工作台向上移动为 + Z，向下为−Z。点动移动键要与点移动速度键结合使用。如要高速向 + X 方向移动，则先选择高速点移动速度键，再按住点动移动键。+U、−U、+ V、−V、R，在本系列中不起作用，C 轴需要单独购买，一般指的是电极数控旋转轴
		PUMP 键，加工液泵开关。按下，开泵，再按，停止，开机时为关。开泵功能与 T84 代码相同，关闭液泵功能同 T85 代码相同
		ST（忽略解除感知）键。当电极与工件解除后，按住此键，再按手控盒上的轴向键，能忽略接触感知，继续进行轴的移动。此键仅对当前的一次操作有效。此键功能与 M05 代码相同
		HALT（暂停）键。在加工状态，按下此键，将使机床动作暂停。此键功能与 M00 代码相同
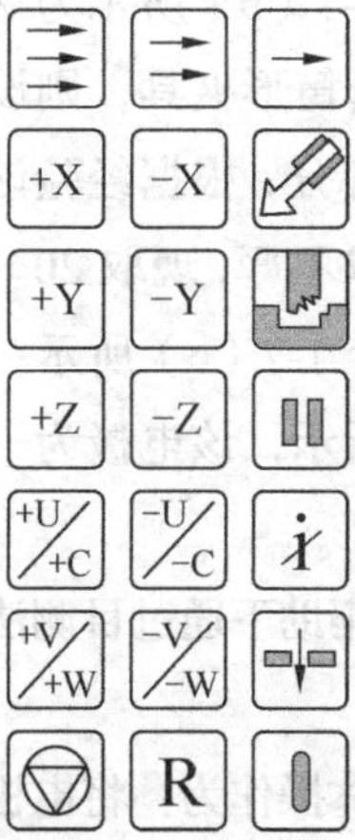		ACK（确认）键。在出错或某些情况下，其他操作被中止，按此键确认。系统一般会在屏幕上提示
		ENT（确认）键。开始执行 NC 程序或手动程序，也可以按键盘上的 Enter 键
		RST（恢复加工）键。加工中按暂停键，加工暂停，按此键恢复暂停的加工
		OFF 键。 ① 中断正在执行的操作。在加工中按 OFF 键后，一旦确认中止加工，则按 RST 键恢复加工，不可以从中止的地方再继续加工，所以要慎重操作。 ② 关闭电阻箱内的风扇。在加工时，系统会自动打开电阻箱内的风扇；加工结束后，可用此键来关闭风扇，但不要立即关闭，这样会损坏功率电阻，应在加工结束 5 min 后关闭风扇

在掌握手控盒各个键功能的基础上，读者可以结合表 1-3，进一步掌握手控盒的操作。

表 1-3　　　　　手控盒实训项目

手控盒	实训内容	注意事项	心得体会
+X −X +Y −Y +Z −Z 	运用左边的点移动速度键和点动移动键分别以高速、中速、低速将机床向 $+X$、$-X$、$+Y$、$-Y$、$+Z$、$-Z$ 方向移动	防止电极与工作台或工件碰撞	
	练习 PUMP 键的用法	防止液体溅到身体上	
	由指导老师运行一个加工程序，操作者再练习 HALT 和 RST 键的用法		
	电极与工件接触后，试着移动工作台，观察结果；再按下 ST 键，移动工作台，观察结果	防止电极与工件碰撞	
	指导教师演示		
	指导教师演示		
	指导教师演示		

（二）加工准备

（1）工件的装夹。工件装夹在电火花加工用的专用磁性吸盘上，不需校正工件的平行度。在装夹前应将有断入钻头的工件去除毛刺、除磁去锈。

（2）电极的设计。在本项目中，电极材料选用黄铜。电极的结构设计要根据机床上现有的安装电极的夹具来决定。图 1-7 所示为常用的装夹电极的 2 种夹具，其中图 1-7（b）所示为钻夹头，主要用来装夹细小的电极。因此，若根据图 1-7（a）所示的电极标准套筒形夹具，则设计电极的尺寸如图 1-7（c）所示。该电极分 2 部分，直径为$\phi 0.6d$ 部分为加工部分，根据经验该部分直径应为要加工钻头外径 d 的 0.4～0.8 倍，现取中间值，对该部分长度要求不严，现取 20～30 mm；直径为$\phi 15$ 部分为装夹部分，对该部分尺寸要求也很宽松，具体如图 1-7（c）所示；若根据图 1-7（b）所示的电极钻夹头夹具，则设计电极的尺寸如图 1-7（d）所示，该电极为一细长紫铜棒。

（3）电极的装夹与校正。将电极装夹在电极夹头上，如图 1-8 所示，在教师帮助下通过目测法利用角尺校正电极。

（4）电极的定位。尺寸余量大，定位不需十分精确，可以通过目测定位。具体操作为：将电极抬到一定高度，通过手控盒，将电极初步移到要加工部位的上方，然后降低电极高度至工件上方 1～2 mm 处，再通过目测较精确地将电极移到工件要加工部位的上方。

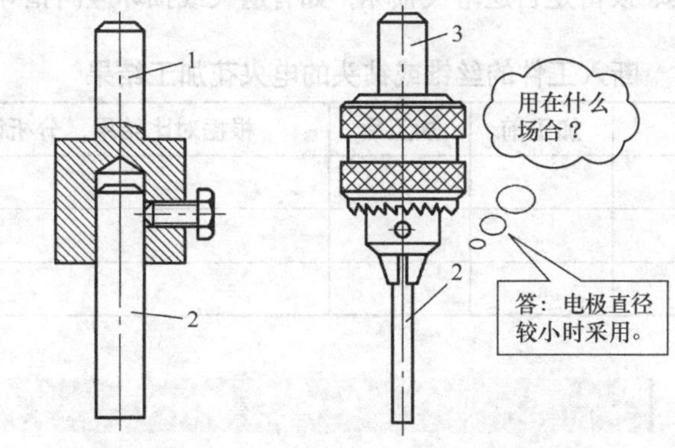

（a）标准套筒形夹具　　（b）钻夹头夹具

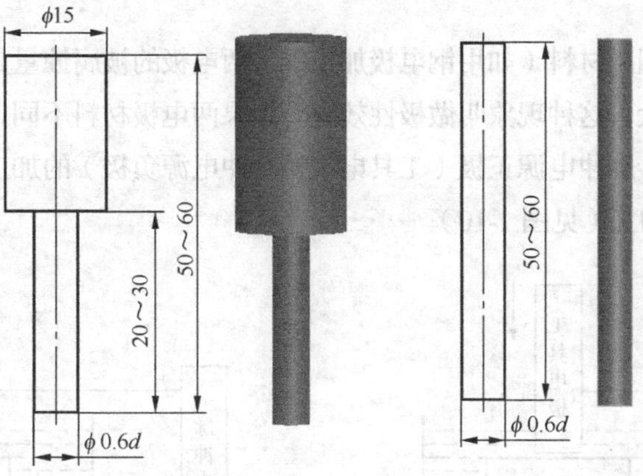

注：*d* 为钻头的外径　　注：*d* 为钻头的外径

（c）电极的尺寸 1　　（d）电极的尺寸 2

图1-7　电极的设计

1. 标准套筒；2. 电极；3. 钻夹头

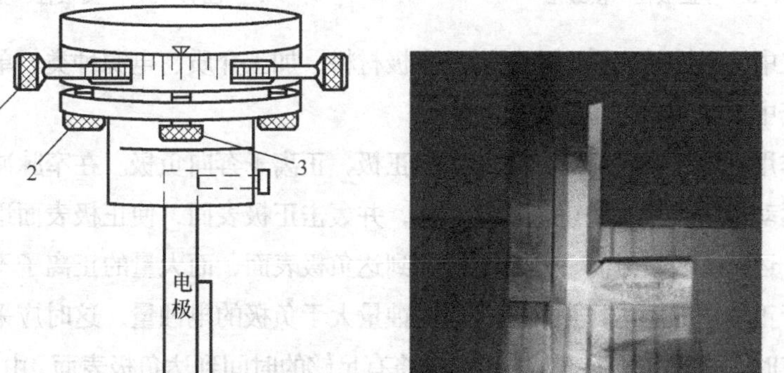

图1-8　电极的校正

1. 电极角度旋转角度调整螺钉；2. 电极左右水平调整螺钉；3. 电极前后水平调整螺钉

（三）加工

在指导教师帮助下，完成加工。加工完成后，观察并检查加工结果，填写表 1-4。加工完毕，清理机床，检查整理工具、设备是否遗落或损坏，如有遗失或损坏应向指导教师说明原因。

表 1-4　　断入工件的丝锥或钻头的电火花加工结果

需检查项目	加工前	加工后	根据对比结果，分析讨论产生变化的原因
电极加工部位颜色			
电极加工部位表面粗糙度			
电极的长度			

四、拓展知识

（一）极性效应

在电火花加工时，相同材料（如用钢电极加工钢）两电极的被腐蚀量是不同的。其中一个电极比另一个电极的蚀除量大，这种现象叫做极性效应。如果两电极材料不同，则极性效应更加明显。在生产中，将工件电极接脉冲电源正极（工具电极接脉冲电源负极）的加工称为正极性加工（见图1-9），反之称为负极性加工（见图1-10）。

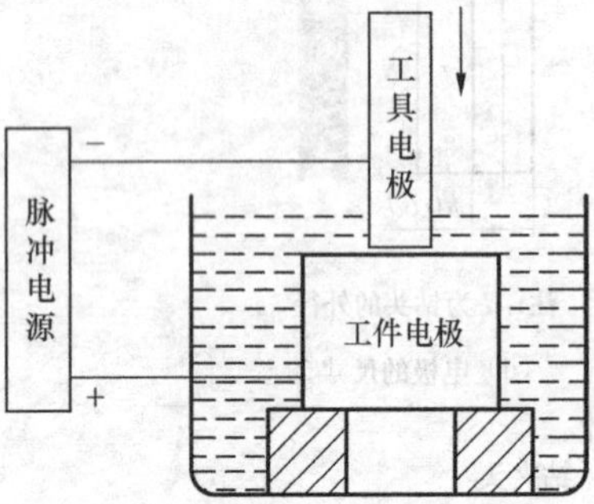

图1-9 “正极性”接线法

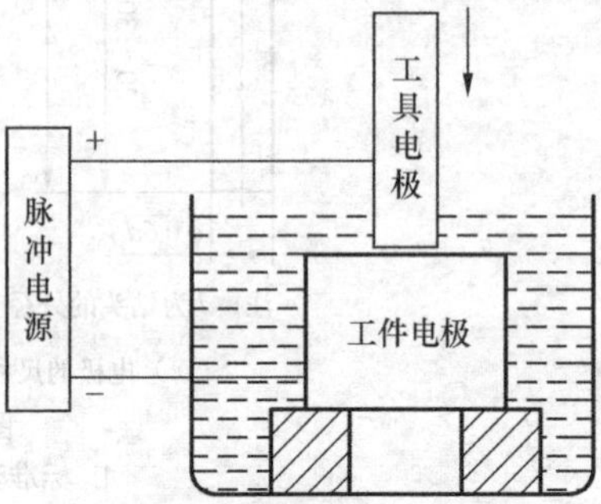

图1-10 “负极性”接线法

在实际加工中，极性效应受到电极以及电极材料、加工介质、电源种类、单个脉冲能量等多种因素的影响，其中主要因素是脉冲宽度。

在电场的作用下，放电通道中的电子奔向正极，正离子奔向负极。在窄脉冲宽度加工时，由于电子惯性小，运动灵活，大量的电子奔向正极，并轰击正极表面，使正极表面迅速熔化和气化；而正离子惯性大，运动缓慢，只有一小部分能够到达负极表面，而大量的正离子不能到达。所以电子的轰击作用大于正离子的轰击作用，正极的电蚀量大于负极的电蚀量，这时应采用正极性加工。在宽脉冲宽度加工时，质量和惯性都大的正离子将有足够的时间到达负极表面，由于正离子的质量大，它对负极表面的轰击破坏作用要比电子大，同时到达负极的正离子又会牵制电子的运动，故负极的电蚀量将大于正极，这时应采用负极性加工。

（二）覆盖效应

在材料放电腐蚀过程中，一个电极的电蚀产物转移到另一个电极表面上，形成一定厚度的覆盖层，这种现象叫做覆盖效应。合理利用覆盖效应，有利于降低电极损耗。

在油类介质中加工时，覆盖层主要是石墨化的碳素层，其次是黏附在电极表面的金属微粒黏结层。

1. 碳素层的生成条件

（1）有足够高的温度。电极上待覆盖部分的表面温度不低于碳素层生成温度，但要低于熔点，以使碳粒子烧结成石墨化的耐蚀层。

（2）有足够多的电蚀产物，尤其是介质的热解产物——碳粒子。

（3）有足够的时间，以便在这一表面上形成一定厚度的碳素层。

（4）一般采用负极性加工，因为碳素层易在阳极表面生成。

（5）必须在油类介质中加工。

2. 影响覆盖效应的主要因素

（1）脉冲参数与波形的影响。增大脉冲放电能量有助于覆盖层的生成，但对中、精加工有相当大的局限性；减小脉冲间隔有利于在各种电规准下生成覆盖层，但若脉冲间隔过小，正常的火花放电有转变为破坏性电弧放电的危险。此外，采用某些组合脉冲波加工，有助于覆盖层的生成，其作用类似于减小脉冲间隔的作用，并且可大大减小转变为破坏性电弧放电的危险。

（2）电极对材料的影响。铜加工钢时覆盖效应较明显，但铜电极加工硬质合金工件则不大容易生成覆盖层。

（3）工作液的影响。油类工作液在放电产生的高温作用下，生成大量的碳粒子，有助于碳素层的生成。如果用水做工作液，则不会产生碳素层。

（4）工艺条件的影响。覆盖层的形成还与间隙状态有关，如存在工作液不干净、电极截面面积较大、电极间隙较小、加工状态较稳定等情况，均有助于生成覆盖层。但若加工中冲油压力太大，则覆盖层较难生成。这是因为冲油压力会使趋向电极表面的微粒运动加剧，而使微粒无法黏附到电极表面上去。

在电火花加工中，覆盖层不断形成，又不断被破坏。为了实现电极低损耗，达到提高加工精度的目的，最好使覆盖层形成与破坏的程度达到动态平衡。

小结

本项目主要介绍电火花加工原理及电火花机床的基本操作、电火花机床操作安全规程。重要知识点有：电火花加工的基本原理、极性效应、覆盖效应等。

习题

1. 判断题

（　　）（1）在电火花加工中，若能合理利用覆盖效应，则有助于降低电极的损耗。

（　　）（2）在电火花加工中，电极接负极的叫正极性加工。

（　　）（3）在电火花加工中，应尽量利用极性效应，减少电极的损耗。

（　　）（4）电火花成形机床不能加工硬质合金等极硬的材料。

（　　）（5）电火花成形机床可以加工各种塑料零件。

（　　）（6）因局部温度很高，电火花加工不但可以加工可导电的材料，还可以加工不导电的材料。

（　　）（7）在电火花加工中，工具和工件之间存在显著的机械切削力。

2. 单项选择题

（1）下列加工方法中产生的力最小的是（　　）。

A. 铣削　　B. 磨削　　C. 车削　　D. 电火花

（2）下列叙述正确的是（　　）。

A. 在电火花加工中，工件接脉冲电源正极的加工叫正极性加工。

B. 在电火花加工中，电极、工件的材料通常都一样。

C. 在短脉冲加工中，工件往往接负极。

D. 在电火花加工中，可以不采用脉冲电源。

（3）电火花成形机床加工时，为安全起见，工作液面要高于工件，一般为（　　）。

A. 0～5 mm　　B. 5～10 mm　　C. 30～50 mm　　D. 150～200 mm

（4）某国产机床型号为 DM7120，其中 D 表示（　　）。

A. 线切割机床　　B. 电加工机床　　C. 电火花加工机床　　D. 数控加工机床

（5）电火花成形机床主要加工对象为（　　）。

A. 木材　　B. 塑料　　C. 金属等导电材料　　D. 陶瓷

（6）下列液体中，最适宜作为电火花成形机床工作液的是（　　）。

A. 汽油　　B. 矿泉水　　C. 煤油　　D. 自来水

3. 问答题

（1）电火花加工后，工件表面是否有许多微小的凹坑？结合电火花加工原理解释其原因。

（2）电火花加工后，电极的表面是否还是电极材料的原有颜色？如果不是，请解释原因。

（3）根据加工前后测量的电极长度，查看电极尺寸是否缩短？如果电极尺寸缩短，比较一下电极缩短量与加工出的深度值是否相等？如果不等，请解释原因。

Chapter 2

项目二

电火花加工校徽图案型腔

【能力目标】

1. 合理选用加工条件。
2. 熟练操作油箱。
3. 较熟练装夹电极。

【知识目标】

1. 掌握电火花常用术语。
2. 掌握常用电极材料性能。
3. 掌握电火花加工的必备条件及工作液的作用。
4. 掌握先粗后精的加工方法。

一、项目导入

图 2-1 为校徽图案的塑料模具型腔示意图。在实际生产中，校徽、纪念章、浮雕等工艺美术图案的塑料模具的型腔有一些共同特点：材料较硬，图案清晰，形状较复杂，尺寸精度要求较低。用电火花加工校徽图案型腔的实施要点及相关知识分析如表 2-1 所示。

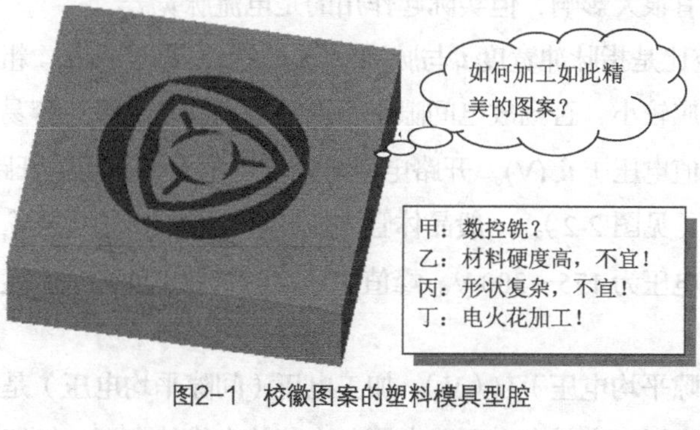

如何加工如此精美的图案？
甲：数控铣？
乙：材料硬度高，不宜！
丙：形状复杂，不宜！
丁：电火花加工！

图2-1 校徽图案的塑料模具型腔

表 2-1　　实施要点及相关知识分析

序号	零件要求	实施要点	相关知识
1	图案清晰	先粗加工，后精加工	① 电火花加工常用术语知识 ② 电极材料的选用 ③ 电火花加工条件
2	型腔深浅一致	电极与工件垂直	

二、相关知识

（一）电火花加工常用术语

（1）放电间隙。放电间隙是指放电时工具电极和工件间的距离，它的大小一般在 0.01～0.5 mm。粗加工时，间隙较大；精加工时，则间隙较小。

（2）脉冲宽度 t_i(μs)。脉冲宽度简称脉宽（也常用 ON、T_{ON} 等符号表示），是加到电极和工件上放电间隙两端的电压脉冲的持续时间。为了防止电弧烧伤，电火花加工只能用断断续续的脉冲电压波。一般来说，粗加工时可用较大的脉宽，精加工时只能用较小的脉宽。

（3）脉冲间隔 t_o(μs)。脉冲间隔简称脉间或间隔（也常用 OFF、T_{OFF} 表示），它是两个电压脉冲之间的间隔时间。间隔时间过短，放电间隙来不及消电离和恢复绝缘，容易产生电弧放电，烧伤电极和工件；脉间选得过长，将降低加工生产率。加工面积、加工深度较大时，脉间也应稍大。

（4）击穿延时 t_d(μs)。在间隙两端加上脉冲电压后，一般均要经过一小段延续时间 t_d，工作液介质才能被击穿放电，这一小段时间 t_d 被称为击穿延时。击穿延时 t_d 与平均放电间隙的大小有关。工具欠进给时，平均放电间隙变大，平均击穿延时 t_d 就大；反之工具过进给时，放电间隙变小，t_d 也就小。

（5）放电时间（电流脉宽）t_e(μs)。放电时间是指工作液介质击穿后放电间隙中流过放电电流的时间，即电流脉宽。它比电压脉宽稍小，二者相差一个击穿延时 t_d。t_i 和 t_e 对电火花加工的生产率、表面粗糙度和电极损耗有很大影响，但实际起作用的是电流脉宽 t_e。

（6）占空比 φ。占空比是指脉冲宽度 t_i 与脉冲间隔 t_o 之比，即 $\varphi = t_i/t_o$。粗加工时，占空比一般较大；精加工时，占空比应较小，否则放电间隙来不及消电离恢复绝缘，容易引起电弧放电。

（7）开路电压（峰值电压）$\hat{u}_i$ (V)。开路电压（峰值电压）是指间隙开路和间隙击穿之前 t_d 时间内电极间的最高电压（见图 2-2）。一般晶体管方波脉冲电源的峰值电压 $\hat{u}_i$ =60～80 V，高低压复合脉冲电源的高压峰值电压为 175～300 V。峰值电压高时，放电间隙大，生产率高，但成形复制精度较差。

（8）加工电压（间隙平均电压）U（V）。加工电压（间隙平均电压）是指加工时电压表上指示的放电间隙两端的平均电压。它是多个开路电压、火花放电维持电压、短路和脉冲间隔等电压的平均值。

（9）加工电流 I(A)。加工电流是指加工时电流表上指示的流过放电间隙的平均电流。该参数在精加工时小，粗加工时大，间隙偏开路时小，间隙合理或偏短路时则大。

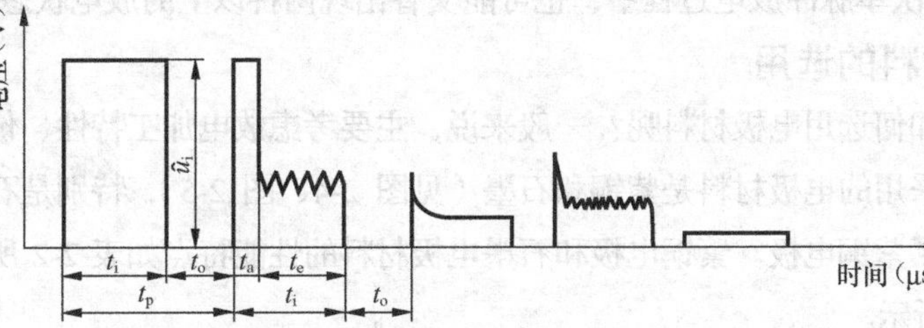

图2-2 开路电压

（10）短路电流 I_s(A)。短路电流是指放电间隙短路时电流表上指示的平均电流。它比正常加工时的平均电流要大 20%～40%。

（11）峰值电流 $\hat{i}_e$ (A)。峰值电流是指间隙火花放电时脉冲电流的最大值（瞬时），日本、英国、美国常用 I_p 表示。虽然峰值电流不易测量，但它是影响加工速度、表面质量等的重要参数。在设计制造脉冲电源时，每一功率放大管的峰值电流是预先计算好的，选择峰值电流实际是选择几个功率管进行加工。

（12）放电状态。放电状态是指电火花放电间隙内每一个脉冲放电时的基本状态。一般分为 5 种放电状态和脉冲类型（见图 2-3）。

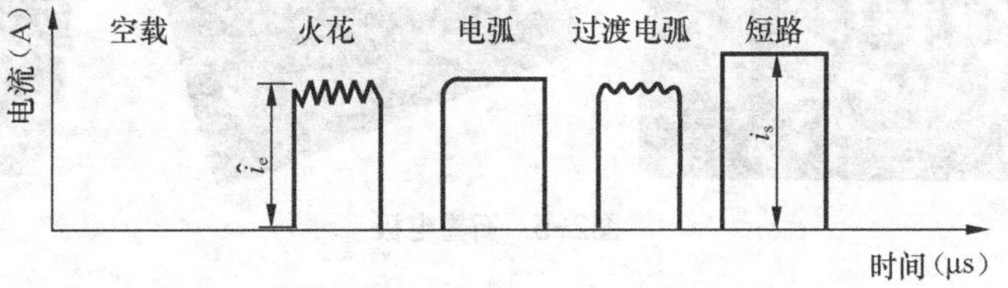

图2-3 脉冲参数与脉冲电压、电流波形

① 开路（空载脉冲）。放电间隙没有击穿，间隙上有大于 50V 的电压，但间隙内没有电流流过，为空载状态。

② 火花放电（工作脉冲，或称有效脉冲）。间隙内绝缘性能良好，工作液介质被击穿后能有效地抛出、蚀除金属。其波形特点是：电压上有 t_d、t_e 和 i_e，波形上有高频振荡的小锯齿。

③ 短路（短路脉冲）。放电间隙直接短路，这是由于伺服进给系统瞬时进给过多或放电间隙中有电蚀产物搭接所致。间隙短路时电流较大，但间隙两端的电压很小，没有蚀除加工作用。

④ 电弧放电（稳定电弧放电）。由于排屑不良，放电点集中在某一局部而不分散，局部热量积累，温度升高，恶性循环，此时火花放电就成为电弧放电。由于放电点固定在某一点或某一局部，因此称为稳定电弧，常使电极表面积炭、烧伤。电弧放电的波形特点是 t_d 和高频振荡的小锯齿基本消失。

⑤ 过渡电弧放电（不稳定电弧放电，或称不稳定火花放电）。过渡电弧放电是正常火花放电与稳定电弧放电的过渡状态，是稳定电弧放电的前兆。波形特点是：击穿延时很小或接近于零，仅成

为一尖刺，电压电流表上的高频分量变低或成为稀疏的锯齿形。

以上各种放电状态在实际加工中是交替、概率性地出现的（与加工规准和进给量、冲油、污染等有关），甚至在一次单脉冲放电过程中，也可能交替出现两种以上的放电状态。

（二）电极材料的选用

电火花加工中如何选用电极材料呢？一般来说，主要考虑放电加工特性、价格、电极的切削加工性能。目前最常采用的电极材料是紫铜和石墨（见图 2-4、图 2-5），特别是石墨电极，其在企业中的应用逐渐超过了紫铜电极。紫铜电极和石墨电极材料的性能特点如表 2-2 所示，其他电极材料性能特点如表 2-3 所示。

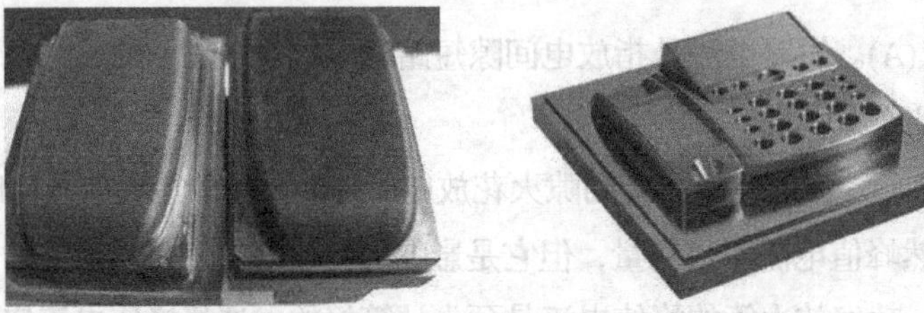

图2-4 紫铜电极

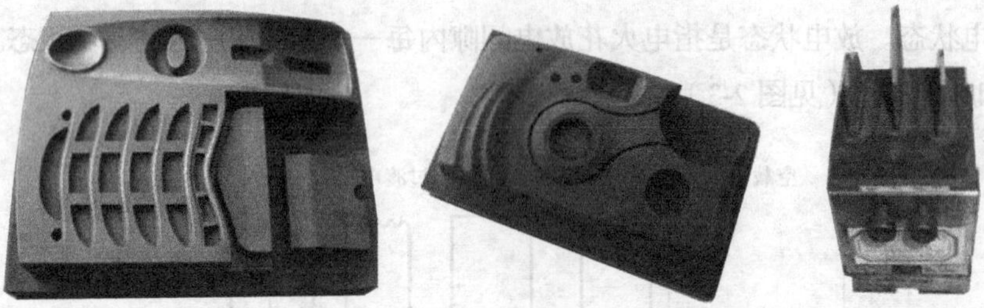

图2-5 石墨电极

表 2-2 紫铜电极和石墨电极材料的性能特点

电极材料	特点
紫铜	纯铜是玫瑰红色金属，表面形成氧化铜膜后呈紫色，故工业纯铜常称紫铜或电解铜。密度为 8～9 g/cm^3，熔点为 1 083 ℃，热膨胀系数为 16.6 × 10^{-6}/℃ 优点： ① 加工过程中稳定性好、生产率高 ② 精加工时比石墨电极损耗小 ③ 易于加工成精密、微细的花纹，采用精密加工时能达到优于 Ra1.25 μm 的表面粗糙度 ④ 适宜作为电火花成形加工的精加工电极，可作为镜面加工用电极 缺点： ① 因其韧性大，故机械加工性能差、磨削加工困难 ② 因材料熔点低，故通常不能承受较大的电流密度，否则电极表面易龟裂、严重损耗 ③ 热膨胀系数大，用作大型电极时其整体受热不均匀，热变形严重，电极尺寸越大，热变形也越大，影响放电加工稳定性和工件加工质量；在加工深窄筋位部分，较大电流的局部高温很容易导致电极变形

续表

电极材料	特点
石墨	石墨的熔点温度为 3 650℃，高温条件下不软化，热膨胀系数为 4×10^{-6}/℃，密度为 2.09～2.23 g/cm³。目前石墨电极的生产厂家对石墨电极的分类方法有所不同，主要指标有肖氏硬度及其强度、密度、电阻率、晶粒尺寸等。根据各种石墨的晶粒尺寸、硬度及强度等的不同，分别用于粗加工、半精加工、精加工、精细加工、超精细加工和精密加工 优点： ① 加工稳定性能较好，生产率高，在大电流加工时电极损耗小 ② 机械加工性能好，容易修整，切削力小，加工速度快，并且不需要额外手工去除毛刺等 ③ 重量轻。密度为铜的 1/5，可用于大型电极 ④ 表面处理容易。可用砂纸简单地处理纹理，使石墨电极表面粗糙度值降到最低；可以受外力变形 ⑤ 耐高温。高温条件下不软化，可以高效、低耗地将放电火花的能量传送到工件上 ⑥ 热膨胀系数小，可以减少热变形，适宜作薄壁电极，电火花加工时电极不易变形 ⑦ 电极可黏结。使用导电性黏结剂可将不同性质、尺寸的电极黏结在一起 缺点： ① 机械强度差，尖角处易崩裂 ② 石墨电极加工过程粉尘较大，如果这种极小粉尘被吸入肺内，会对呼吸道造成伤害，因此需要配有密封装置与粉尘收集器的石墨加工机来加工石墨电极

表 2-3　　其他常用电极材料的特点

电极材料	特点
钢	① 来源丰富、价格便宜、具有良好的机械加工性能 ② 加工稳定性较差、电极损耗较大、生产率也较低 ③ 多用于一般的穿孔加工
黄铜	① 在加工过程中稳定性好、生产率高 ② 机械加工性能尚好，它可用仿形刨加工，也可用成形磨削加工，但其磨削性能不如钢和铸铁 ③ 电极损耗最大
铜钨合金	① 铜、钨两种材料的比例可以变动，通常钨含量在 50%～80%，切削性能好，机械性能稳定，能达到较好的表面粗糙度 ② 加工时电极损耗小 ③ 价格贵且不能锻造或铸造 ④ 用作加工碳化钨、深孔加工、细致且精密工件的加工
银钨合金	① 与铜钨合金的机械性能大致相同 ② 优点不多，仅用于大量产银的某些国家

（三）电火花加工条件

与其他加工方式相比，影响电火花加工的因素较多，并且在加工过程中还存在着许多不确定或难以确定的因素，如脉冲电源的极性、脉宽、脉间、电流峰值、电极的放电面积、加工深度、电极缩放量等。这些因素与加工速度、加工精度、电极损耗率等加工效果有着密切的关系。这要求操作者应有丰富的经验，才能达到预期的加工效果。由于操作者经验不足，往往会使设备性能和功能得不到充分的发挥，造成很大的资源浪费。针对这种情况，机床制造企业研制出了含有工艺知识库的自动加工系统，使操作者可以很容易地确定适合不同加工要求的最优加工条件，降低操作者对电火花加工参数的选择难度。

对于校徽图案型腔表面，要求其具备很好的表面粗糙度，图案清晰。因此，根据加工该型腔的电火花机床（北京阿奇 SP 型）的说明书，选用表 2-4，即铜打钢——最小损耗型参数表（仅供参考）中所列的参数。

表 2-4　　铜打钢——最小损耗型参数表（仅供参考）

条件号	面积 (cm^2)	安全间隙 (mm)	放电间隙 (mm)	加工速度 (mm^3/min)	损耗 (%)	粗糙度 (R_a)		极性	电容	高压管数	管数	脉冲间隙	脉冲宽度	模式	损耗类型	伺服基准	伺服速度	极限值	
						侧面	底面											脉冲间隙	伺服基准
100	—	0.009	0.009			0.86	0.86	+	0	0	3	2	2	8	0	85	8	2	85
101	—	0.035	0.025	—	—	0.90	1.0	+	0	0	2	6	9	8	0	80	8	2	65
103	—	0.050	0.040	—	—	1.0	1.2	+	0	0	3	7	11	8	0	80	8	2	65
104	—	0.060	0.048	—	—	1.1	1.7	+	0	0	4	8	12	8	0	80	8	2	64
105	—	0.105	0.068	—	—	1.5	1.9	+	0	0	5	9	13	8	0	75	8	2	60
106	—	0.130	0.091	—	—	1.8	2.3	+	0	0	6	10	14	8	0	75	10	2	58
107	—	0.200	0.160	2.7	—	2.8	3.6	+	0	0	7	12	16	8	0	75	10	3	60
108	1	0.350	0.220	11.0	0.10	5.2	6.4	+	0	0	8	13	17	8	0	75	10	4	55
109	2	0.419	0.240	15.7	0.05	5.8	6.3	+	0	0	9	15	19	8	0	75	12	6	52
110	3	0.530	0.295	26.2	0.05	6.3	7.9	+	0	0	10	16	20	8	0	70	12	7	52
111	4	0.670	0.355	47.6	0.05	6.8	8.5	+	0	0	11	16	20	8	0	70	12	7	55
112	6	0.748	0.420	80.0	0.05	9.68	12.1	+	0	0	12	16	21	8	0	65	15	8	52
113	8	1.330	0.660	94.0	0.05	11.2	14.0	+	0	0	13	16	24	8	0	65	15	11	55
114	12	1.614	0. 860	110.0	0.05	12.4	15.5	+	0	0	14	16	25	8	0	58	15	12	52
115	20	1.778	0.959	214.5	0.05	13.4	16.7	+	0	0	15	17	26	8	0	58	15	13	52

1. 加工条件的选择

（1）确定第一个加工条件。根据电极要加工部分在工作面的投影面积的大小，选择第一个加工条件。经测量，加工校徽图案电极在工作台面的投影面积约为 2.9 cm^2。因此第一个加工条件选择 C110。选用该条件加工时，型腔底部的表面粗糙度为 R_a7.9。

（2）由表面粗糙度要求确定最终加工条件。要保证注塑出来的校徽图案清晰，至少要求图案型腔的表面粗糙度 $R_a \leq 2.0$。根据表 2-4，当选用加工条件 C105 时，型腔的侧面表面粗糙度为 R_a1.5，底面表面粗糙度为 R_a1.9。

（3）中间条件全选，即加工过程为：C110—C109—C108—C107—C106—C105。

2. 表 2-4 中部分参数说明

（1）高压管数：高压管数为 0 时，两极间的空载电压为 100 V，否则为 300 V；管数为 0～3；每个功率管的电流为 0.5 A。高压管数的选择一般在小面积加工时加工不动的情况下或在精加工时加工不易打均匀的情况下选用。

（2）电容：即在两极间回路上增加一个电容，用于表面非常小或粗糙度要求很高的 EDM 加工，以增大加工回路间的间隙电压。

（3）极性：放电加工时电极的极性有正极性和负极性两种。当电极为正时为正极性，电极为负时为负极性。成形机一般采用正极性加工，只有在窄脉宽加工时才采用负极性加工，如铜打钢超精表面加工，加工硬质合金等硬材料。还有，当电极工件倒置时也采用负极性加工。正常情况下，如果极性接反，会增大损耗。所以，对要求洗电极的地方，要采用负极性加工。

（4）伺服速度：即伺服反应的灵敏度，其取值范围为 0～20。其值越大灵敏度越高。所谓灵敏度，是指加工时出现不良放电时的抬刀快慢。

（5）模式：它由两位十进制数字构成。00——关闭（OFF），用在排屑状态特别好的情况下；04——用在深孔加工或排屑状态特别差的情况下；08——用在排屑状态良好的情况下；16——抬刀自适应，当放电状态不好时，自动减小两次抬刀之间的放电时间，这时，抬刀高度（UP）一定要不为零；32——电流自适应控制。例如，用 5° 的锥形电极加工 20 mm 孔时，模式可以设为：32 + 4+16 = 52。

（6）放电间隙：加工条件的火花间隙，为双边值。

（7）安全间隙：加工条件的安全间隙，为双边值。一般来说，安全间隙值 M 包含 3 部分：放电间隙、粗加工侧向表面粗糙度、安全余量（主要考虑温度影响、表面粗糙度测量误差）。

另外需要注意的是，如果工件加工后需要抛光，那么在水平尺寸的确定过程中需要考虑抛光余量等再加工余量。在一般情况下，加工钢时，抛光余量为精加工粗糙度 R_{max} 的 3 倍；加工硬质合金钢时，抛光余量为精加工粗糙度 R_{max} 的 5 倍。

（8）底面 R_a：加工条件的底面粗糙度。

（9）侧面 R_a：加工条件的侧面粗糙度。

三、项目实施

电火花加工校徽图案型腔的过程为：工件的准备（工件的装夹与校正）、电极的准备（电极设计、装夹及校正、电极的定位）、选用加工条件、机床操作、加工等。

（一）加工准备

1. 校徽图案型腔所用的材料的选用

常用工件材料的介绍见本项目拓展知识。通常塑料模具型腔采用综合性能较好、硬度较高的硬质合金钢，若批量较小可以选用 45 号钢。本项目选用 45 号钢。

2. 工件的准备

将工件去除毛刺，除磁去锈。本项目对工件的装夹无严格要求，装夹时通过目测使工件与坐标轴大致平行即可，不需使用专门的校正工件。工件装夹在电火花加工用的专用永磁吸盘上，如图 2-6 所示。

（a）永磁吸盘

（b）工件装夹

图2-6 工件的装夹

在使用永磁吸盘时，首先将工件摆放到吸盘工作台面上，然后将内六角扳手插入吸盘侧孔内，沿顺时针方向转动 180° 到“ON”，这时吸盘即可吸住工件进行加工。工件加工完毕，再将扳手插入吸盘侧孔内，沿逆时针方向转动 180° 到“OFF”，然后就可以取下工件。在吸盘使用前，应擦干净其表面，以免划伤，使用完后应在吸盘的工作面上涂防锈油，以防锈蚀，使用时严禁敲击，以防止吸盘的磁力降低。

3. 电极的准备

（1）电极材料的选择。不同的电极材料对电火花加工产品质量有较大的影响。在选用电极材料时，通常需要考虑的因素有：电极的放电加工性能、电极是否容易加工成形、电极材料的成本、电极的重量。因为校徽图案型腔表面必须光滑，本项目选择紫铜作为电极，确保加工质量。

（2）电极的设计。在本项目中，电极材料选用紫铜，电极的结构设计要考虑电极的装夹与校正。电极的结构如图 2-7 所示。

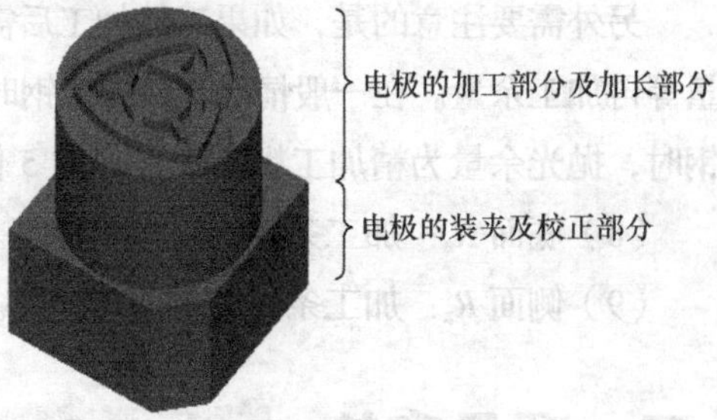

图2-7 电极的设计

（3）电极装夹与校正。将电极装夹在电极夹头上，利用角尺通过目测法校正电极。

（4）电极的定位。本项目的目的是练习在毛坯中心加工校徽型腔，定位不需十分精确，可以通过目测定位。具体实施过程为：在工件上划十字线，确定电极的中心位置。将电极抬到一定高度，通过手控盒，将电极初步移到要加工部位的上方，然后降低电极高度至工件上方 1～2 mm，再通过目测较精确地将电极的中心移到工件十字线上方。

4. 机床操作

本项目中读者应主要掌握机床工作液箱的使用。为了防止着火，液面至少应淹没加工面 50 mm 以上。工作液箱的操作说明如下。工作液箱安装在工作台上，其结构如图 2-8 所示。加工时，启动油泵，旋转手柄 1 至通油位置，工作液箱进油；上下移动手柄 2，可以调节工作液槽放油量的大小；

上下移动手柄 3，可以调节工作液箱内油面的高度；旋转手柄 4，则油嘴 6 为吸油状态；旋转手柄 5，则油嘴为冲油状态。吸油、冲油压力大小的调节可以通过旋转手柄 1 获得。

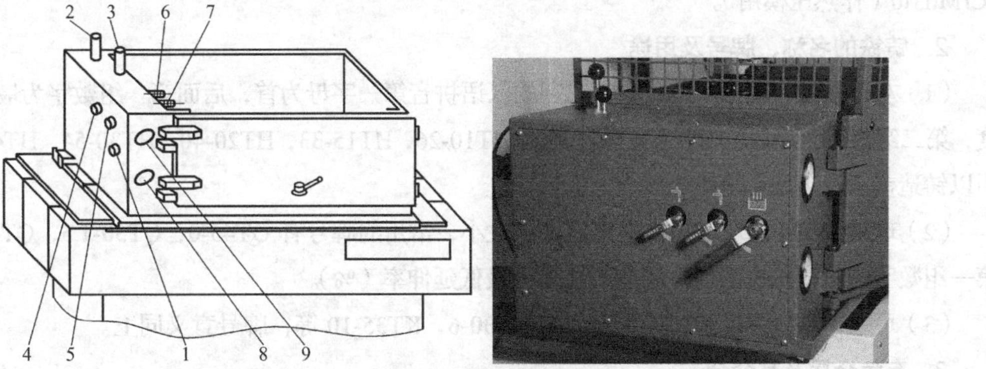

图2-8　工作液箱

1. 进油开关及冲吸油压力调节阀；2. 放油手柄；3. 调节液面高度手柄；4. 吸油开关；5. 冲油开关；6. 吸油嘴；7. 冲油嘴；8. 真空表；9. 压力表

在电火花加工中，首先要将工作液加入到工作液槽中。具体过程为：扣上门扣，关闭液槽；闭合放油手柄 2（旋转后下压）；按手控盒上✎键或在程序中用 T84 代码来打开液泵。用调节液面高度手柄 3 调节液面的高度，工作液必须比加工最高点高出 50 mm 以上。

（二）加工

在加工过程中，特别是当 C110 条件加工完后，暂停加工。观察电极表面是否较粗糙，如果有必要，用 1 000 目以上的砂纸打磨表面，并继续加工。

四、拓展知识

（一）常用工件金属材料

1. 钢的名称、牌号及用途

（1）普通碳素结构钢：用于一般机器零件，常用的牌号有 A1～A7，代号 A 后的数字越大，钢的抗拉强度越高，而塑性越低。

（2）优质碳素结构钢：用于较高要求的机械零件。常用牌号有钢 10～钢 70。钢 15（15 号钢）的平均含碳量为 0.15%，钢 40 为 0.40%。含碳量越高，钢的强度、硬度越高，但也越脆。

（3）合金结构钢：广泛用于各种重要机械的重要零件。常用的有 20Cr、40Cr（作齿轮、轴、杆）、18CrMnTi、38CrMoAlA（重要齿轮、渗氮零件）及 65Mn（弹簧钢）。前边的数字 20 表示平均含碳量为 0.20%，38 表示平均含碳量为 0.38%。末尾的 A 表示高级优质钢。中间的合金元素化学符号含义为：Mn 锰、Si 硅、Cr 铬、W 钨、Mo 钼、Ti 钛、AL 铝、Co 钴、Ni 镍、Nb 铌、B 硼、V 钒。

（4）碳素工具钢：因含碳量高，硬而耐磨，常用作工具、模具等。碳素工具钢牌号前加 T 字，以此和结构钢加以区别。牌号后的 A 表示高级优质钢。常用的有 T7、T7A、T8A、T13、T13A 等。

（5）合金工具钢：牌号意义与合金结构钢相同，只是前面含碳量的数字是以 0.10%为单位的（含碳量较高），如 9CrSi 中平均含碳量为 0.90%。常用作模具的有 CrWMn、Cr12MoV（作冷冲模用）、5CrMnMo（作热压模用）。

2. 铸铁的名称、牌号及用途

（1）灰口铸铁：牌号中以灰、铁二字的汉语拼音第一字母为首，后面第一组数字为最低抗拉强度，第二组数字为最低抗弯强度。常用的有 HT10-26，HT15-33，HT20-40，HT30-54，HT40-68 等，用以铸造盖、轮、架、箱体等。

（2）球墨铸铁：比灰口铸铁强度高而脆性小，常用的牌号有 QT45-0，QT50-1.5，QT60-2 等。第一组数字为最低抗拉强度，最后的数字为最低延伸率（%）。

（3）可锻铸铁：强度和韧性更高，有 KT30-6，KT35-10 等，牌号意义同上。

3. 有色金属及其合金

（1）铜及铜合金。纯铜又称紫铜，有良好的导电性和导热性、耐腐蚀性和塑性。在电火花加工中被广泛用作电极材料，加工稳定而电极损耗小。牌号有 T1～T4（数字越小则越纯）。

（2）铜合金主要有黄铜（含锌），常用牌号有 H59、H62、H80 等。黄铜电极在加工时特别稳定，但电极损耗很大。

（3）铝及铝合金。纯铝的牌号有 L1～L6（数字越小越纯）。铝合金主要为硬铝，牌号有 LY11～LY13，用作板材、型材、线材等。

4. 粉末冶金材料

最常用的是硬质合金，具有极高的硬度和耐磨性，广泛用作工具及模具。由于其成分不同而分为钨钴和钨钛两大类硬质合金。

（1）钨钴类硬质合金：用 YG 表示，如，YG6 代表含钴量为 6.0%，含碳化钨为 94%的硬质合金，硬度极高而脆，不耐冲击，主要用于切削加工钢的刃具和量具。

（2）钨钴钛类硬质合金：用 YT 表示，除含碳化钨和钴外，还加入碳化钛以增加韧性。例如，YT15 代表含碳化钛 15%的钨钴钛硬质合金，可用于制造模具。

（二）电火花加工必备条件

实践经验表明，要把火花放电转化为有用的加工技术，必须满足以下条件。

（1）使工具电极和工件被加工表面之间保持一定的放电间隙。这一间隙随加工条件而定，通常约为几微米至几百微米。为此，在电火花加工过程中，必须具有工具电极的自动进给和调节装置。

（2）电火花加工必须采用脉冲电源。脉冲电源使火花放电为瞬时的脉冲性放电，并在放电延续一段时间后，停歇一段时间（放电延续时间一般为 0.0 001～1μs）。

（3）使火花放电在有一定绝缘性能的液体介质中进行。

（三）工作液种类及作用

电火花加工一般在液体介质中进行，液体介质通常被称作工作液，其作用如下。

（1）压缩放电通道并限制其扩展，使放电能量高度集中在极小的区域内，既加强了蚀除的效果，又提高了放电仿型的精确性。

（2）加速电极间隙的冷却和消电离过程，有助于防止出现破坏性电弧放电。

（3）加速电蚀产物的排除。

（4）加剧放电的流体动力过程，有助于金属的抛出。

由此可见，工作液是参与放电蚀除过程的重要因素，它的种类、成分和性质势必影响加工的工艺指标。

目前，电火花成形加工多采用油类作工作液。机油黏度大、燃点高，用作工作液有利于压缩放电通道，提高放电的能量密度，强化电蚀产物的抛出效果。但黏度大，不利于电蚀产物的排出，影响正常放电；煤油黏度低，流动性好，但排屑条件较好。

在粗加工时，要求加工速度快，放电能量大，放电间隙大，故常选用黏度大的机油等作工作液；在中、精加工时，放电间隙小，往往采用煤油等黏度小的工作液。

采用水作工作液是值得注意的一个方向。用各种油类以及其他碳氢化合物作工作液时，在放电过程中会不可避免地产生大量碳黑，严重影响电蚀产物的排除及加工速度，这种影响在精密加工中尤为明显。若采用酒精作工作液，因为碳黑生成量减少，上述情况会有所好转。所以，最好采用不含碳的介质，水是最方便的一种。此外，水还具有流动性好、散热性好、不易起弧、不燃、无味、价廉等特点。但普通水是弱导电液，会产生离子导电的电解过程，这是很不利的，目前还只在某些大能量粗加工中采用。

在精密加工中，可采用比较纯的蒸馏水、去离子水或乙醇水溶液来做工作液，其绝缘强度比普通水高。

（四）电火花加工工艺简介

在电火花加工中，如何合理地制定电火花加工工艺呢？如何用最快的速度，加工出最佳质量的产品呢？通常采用两种方法来处理：第一，先主后次，如在用电火花加工去除断在工件中的钻头、丝锥时，应优先保证速度，因为此时工件的表面粗糙度、电极损耗已经不重要了；第二，采用各种手段，兼顾各方面。其中，主要常见的方法有如下 3 种。

（1）粗、中、精逐挡过渡式加工方法。粗加工用以蚀除大部分加工余量，使型腔按预留量接近尺寸要求；中加工用以提高工件表面粗糙度等级，并使型腔基本达到要求，一般加工量不大；精加工主要保证最后加工出的工件达到要求的尺寸与粗糙度。在加工时，首先，通过粗加工，高速去除大量金属，这是通过大功率、低损耗的粗加工规准解决的；其次，通过中精加工保证加工的精度和表面质量。中、精加工虽然工具电极相对损耗大，但在一般情况下，中、精加工余量仅占全部加工量的极小部分，故工具电极的绝对损耗极小。

在粗、中、精加工中，注意转换加工规准。

（2）先用机械加工去除大量的材料，再用电火花加工保证加工精度和加工质量。电火花成形加工的材料去除率还不能与机械加工相比。因此，在工件型腔电火花加工中，有必要先用机械加工方法去除大部分加工量，使各部分余量均匀，从而大幅度提高工件的加工效率。

（3）采用多电极。在加工中及时更换电极。当电极绝对损耗量达到一定程度时，及时更换，以保证良好的加工质量。

小结

本项目主要介绍电火花加工常用术语、常用电极材料、电火花加工条件选用及电火花加工的必备条件等。重要知识点有：电火花加工常用术语（放电间隙、脉冲宽度、脉冲间隔、峰值电流）、石墨和紫铜电极材料的性能特点、电火花加工条件的选用。

习题

1. 判断题

（　　）（1）脉冲间隔的主要作用之一是使工作液体恢复绝缘。

（　　）（2）在电火花加工中，峰值电流越大则加工速度越快。

（　　）（3）石墨适宜用作粗加工电极。

（　　）（4）紫铜适宜用作精加工电极。

（　　）（5）加工面积小或窄的槽时，不宜选择过大的峰值电流，否则会因电极间隙内电蚀产物过浓导致放电集中，容易造成拉弧。

（　　）（6）若要加工深 5 mm 的孔，则意味着加工完成时电极底部与工件上表面相距 5 mm。

2. 选择题

（1）在电火花加工过程中，正负两极之间的放电间隙一般为（　　）。

A. 0.1 mm　　B. 0.1 m　　C. 0.1 μm　　D. 10 μm

（2）在电火花加工中，通常根据（　　）选择粗加工条件。

A. 放电面积　　B. 加工精度　　C. 表面粗糙度　　D. 加工深度

（3）在电火花加工中，常常根据（　　）选择最后一个加工条件。

A. 放电面积　　B. 加工精度　　C. 表面粗糙度　　D. 加工深度

（4）通常所说的 45#钢是指其中平均含碳量为（　　）。

A. 0.45%　　B. 4.5%　　C. 45%　　D. 45‰

（5）下列说法中，最科学的是（　　）。

A. 在电火花加工中，通常用黄铜作精加工电极。

B. 在电火花加工中，通常用黄铜作粗加工电极。

C. 在电火花加工中，通常用石墨作粗加工电极。

D. 在电火花加工中，通常用紫铜作粗加工电极。

（6）放电加工过程中包含（　　）状态。

A. 空载　　B. 火花　　C. 拉电弧　　D. 短路　　E. 死机

（7）（　　）可作为电极材料。

A. 石墨　　B. 陶瓷　　C. 胶木　　D. 电木

3. 问答题

（1）在本项目中电火花加工为什么需要采用几个不同的加工条件？在比较每个加工条件所达到的表面粗糙度后谈谈看法。

（2）仔细观察加工出的校徽型腔，结合本项目实施过程，探讨能够进一步提高加工质量的手段。

（3）通过操作油箱，请说出本项目中电火花加工用的工作液是什么？工作液在电火花加工中有什么作用？电火花加工的必要条件是什么？

Chapter 3

项目三

电火花加工热流道模具热嘴孔锥面

【能力目标】

1. 熟练校正电极。
2. 正确装夹及校正工件。
3. 熟练掌握电火花机床的接触感知功能，对电极进行精确定位。

【知识目标】

1. 掌握常用的 ISO 代码。
2. 掌握电极的结构设计。
3. 掌握电火花加工的必备条件及工作液的作用。
4. 掌握先粗后精的加工方法。

一、项目导入

如何加工热流道模具热嘴与模具接触配合部位的锥面呢？由于热流道模具材料基本上为合金钢，硬度高，其配合的锥面孔较深，用数控铣削等机械加工方法较难。因此，该锥面通常采用电火花加工。

图 3-1 所示为校徽图案的热流道模具热嘴孔。其锥面的特点是：材料较硬，表面光滑，形状尺

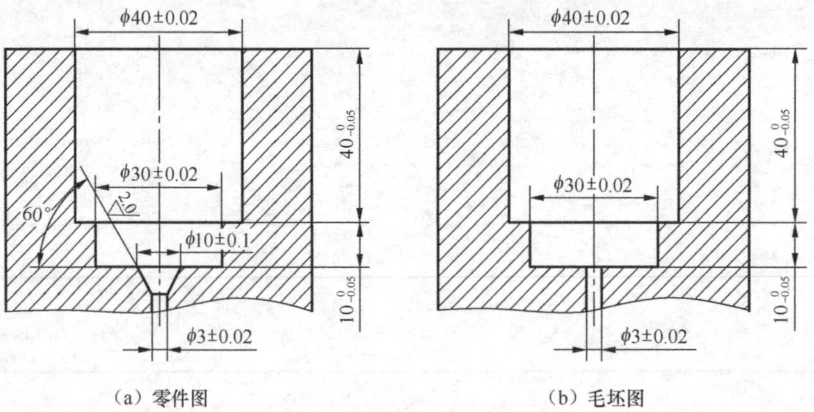

（a）零件图　　（b）毛坯图

图3-1　热流道模具热嘴孔锥面

寸精度要求不高，但位置精度要求高。用电火花加工校徽图案型腔的零件要求、实施要点及相关知识分析如表 3-1 所示。

表 3-1　　零件要求、实施要点及相关知识分析

	零件要求	实施要点	相关知识
1	表面光滑，表面粗糙度要求高	先粗加工，后精加工	
2	位置尺寸精度要求高	电极的精确定位 工件的校正方法 电极的校正方法	① ISO 代码 ② 电极的精确定位方法

二、相关知识

（一）ISO 代码

ISO 代码是国际标准化机构制定的用于数控编码和程序控制的一种标准代码。代码主要有 G 指令（即准备功能指令）和 M 指令（即辅助功能指令），具体如表 3-2 所示。我国生产的数控系统也正逐步采用 ISO 格式。

表 3-2　　常用的电火花数控代码指令

代码	功能	代码	功能
G00	快速移动，定位指令	G81	移动到机床的极限
G01	直线插补	G82	回到当前位置与零点的一半处
G02	顺时针圆弧插补指令	G90	绝对坐标指令
G03	逆时针圆弧插补指令	G91	增量坐标指令
G04	暂停指令	G92	制定坐标原点
G17	*XOY* 平面选择	M00	暂停指令
G18	*XOZ* 平面选择	M02	程序结束指令
G19	*YOZ* 平面选择	M05	忽略接触感知
G20	英制	M08	旋转头开
G21	公制	M09	旋转头关
G40	取消电极补偿	M80	冲油、工作液流动
G41	电极左补偿	M84	接通脉冲电源
G42	电极右补偿	M85	关断脉冲电源
G54	选择工件坐标系 1	M89	工作液排除
G55	选择工件坐标系 2	M98	子程序调用
G56	选择工件坐标系 3	M99	子程序结束
G80	移动轴直到接触感知		

1. ISO 代码程序格式

一个完整的零件加工程序由多个程序段组成。一个程序段由若干个代码字组成。每个代码字则由一个地址（用字母表示）和一组数字组成，有些数字还带有符号。例如，G02 总称为字，G 为地址，02 为数字组合。

每个程序都必须指定一个程序号，并编在整个程序的开始。程序号的地址为英文字母（通常设为 O、P、%等），紧接着为 4 位数字，可编的范围为 0 001～9 999，如 O0018、P1532、%0965。

程序段由程序段号及各种字组成。其格式如下所示：

```
N0020  G03  X-20.0  Y20.0  I-30.0  J-10.0
```

N 为程序段号地址，程序段号可编的范围为 0 001～9 999。程序段号通常以每次递增 1 以上的方式编号，如 N0010，N0020，N0030，…每次递增 10，其目的是留有插入新程序的余地。

电火花 ISO 代码程序中常用的代码和数据的输入形式如下。

G_：准备功能，可指令插补、平面、坐标系等，如 G00，G17，G54。

X_，Y_，Z_，U_，V_，W_：坐标值代码，指定坐标移动值。

I_，J_，K_：表示圆弧中心坐标，如 I5，J5。

A_：指定加工锥度。

M_：辅助功能指令，其后续数字一般为 2 位数（00～99），如 M02。

D_，H_：用于指定补偿量，如 D0001 或者 H001 表示取 1 号补偿值。

L_：用于指定子程序的循环执行次数，如 L3 表示循环 3 次。

2. G 功能指令（准备功能指令）

G 功能指令是设立机床工作方式或控制系统工作方式的一种命令。对于不同的数控系统，G 功能指令、M 功能指令和 T 功能指令的功能并不完全相同。下面介绍常用的 G 功能指令的用法。

G 功能指令通常分为模态与非模态。模态 G 功能指令执行后，其定义的功能或状态保持有效，直到被同组的其他 G 功能指令改变，如 G00、G01。模态 G 功能指令执行后，其定义的功能或状态被改变以前，后续的程序段执行该 G 功能指令时，可不需要再次输入该 G 功能指令。非模态 G 功能指令执行后，其定义的功能或状态一次性有效，每次执行该 G 功能指令时必须重新输入该 G 功能指令字，如 G04 等。

（1）G90（绝对坐标指令）。采用本指令后，后续程序段的坐标值都应按绝对方式编程，即所有点的表示数值都是在编程坐标系中的点坐标值，直到执行 G91 为止。

格式：G90

（2）G91（相对坐标指令）。采用本指令后，后续程序段的坐标值都应按增量方式编程，即所有点的表示数值均以前一个坐标位置作为起点来计算运动终点的位置矢量，直到执行 G90 为止。

格式：G91

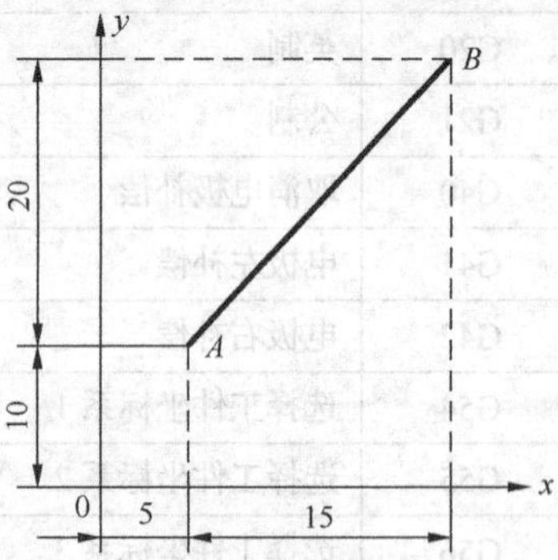

图 3-2 线段 *AB*

如图 3-2 所示，从 *A* 点快速走到 *B* 点，采用绝对坐标指令 G90 编程为 G90 G00 X20 Y30；采用相对坐标指令 G91 编程为 G91 G00 X15 Y20。

（3）G92（起点坐标设定指令）。设定坐标原点指令，指定电极起点坐标值。

格式：G92 X_ Y_

（4）G01（直线插补指令）。使电极从当前位置以进给速度移动到指定位置。此时的电极通常处于加工状态。

格式：G01 X_ Y_

【例 3.1】 如图 3-2 所示，电极从 A 点以进给速度移动到 B 点，试分别用绝对方式和相对方式编程。

按绝对方式编程：

```
N0010  G90  G01 X20 Y30;
```

按相对方式编程：

```
N0010  G91  G01 X15  Y20;
```

（5）G02、G03（圆弧插补指令）。用于切割圆或圆弧，G02 为顺时针圆弧插补，G03 为逆时针圆弧插补。

格式：G02 X_ Y_ I_ J_　或　G02 X_ Y_ R_

G03 X_ Y_ I_ J_　或　G03 X_ Y_ R_

其中，*X*、*Y* 的坐标值为圆弧终点的坐标值。用绝对方式编程时，其值为圆弧终点的绝对坐标；用增量方式编程时，其值为圆弧终点相对于起点的坐标。*I*、*J* 为圆心坐标。用绝对方式或增量方式编程时，*I* 和 *J* 的值分别是在 *X* 方向和 *Y* 方向上，圆心相对于圆弧起点的距离。*I*、*J* 为 0 时可以省略。

在圆弧编程中，也可以直接给出圆弧的半径 *R*，而无须计算 *I* 和 *J* 的值。但在圆弧圆心角大于 180° 时，*R* 的值应加负号（−）。*R* 方式只能用于非整圆编程，对于整圆，必须用 *I* 和 *J* 方式编程。

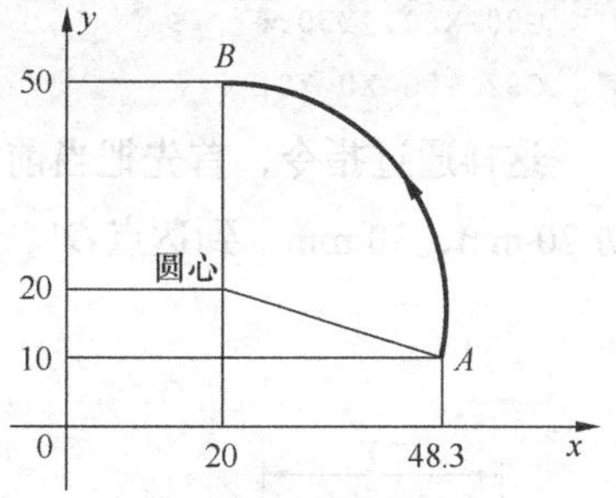

图 3-3　圆弧插补示意图

【例 3.2】 如图 3-3 所示，电极从 A 点沿着圆弧移动到 B 点，试分别用绝对方式和相对方式编程。已知：起点坐标为 *A*（48.3，10），终点坐标为 *B*（20，50），圆心坐标为（20，20）。

按绝对方式编程：

```
N0010  G90  G92  X48.3  Y10;
N0020  G03  X20  Y50  I-28.3  J10;
```

按相对方式编程：

```
N0010  G91  G92  X48.3  Y10;
N0020  G03  X-28.3  Y40  I-28.3  J10;
```

（6）G54～G59（加工坐标系选择指令）。一般的电火花机床都有几个或几十个工件坐标系，可以用 G54、G55、G56 等指令进行切换（见表 3-3）。在加工或找正过程中定义工件坐标系的主要目的是为了使坐标的数值更简洁。很多机床（如北京阿奇公司生产的电火花机床）工件坐标系选择指令可以和 G92 一起使用（注意：这与数控铣不同，数控铣中 G54 一般不与 G92 同时使用）。在电火花加工中，G92 代码的作用是确定加工坐标系的坐标原点，G54 等加工坐标系指令的作用是确定加工坐标系，如对于同一点连续执行下列指令：

```
G92 G54 X0 Y0;G92 G55 X10 Y10;G92 G56 X20 Y20;
```

通过上面指令，确定 3 个工件坐标系 G54、G55、G56，具体含义如下。

G92 G54 X0 Y0；——设定 G54 工件坐标系，当前点为 G54 的坐标系里坐标为（0，0 的点），即当前点为 G54 的坐标系的坐标原点。

表 3-3　　工件坐标系

指令	工件坐标系
G54	工件坐标系 1
G55	工件坐标系 2
G56	工件坐标系 3
…	……

G92 G55 X10 Y10；——设定 G55 工件坐标系，当前的 O 点在 G55 坐标系里坐标为（10，10），即坐标原点为图 3-4 中的 O_1 点。

G92 G56 X20 Y20；——设定 G55 工件坐标系，当前的 O 点在 G55 坐标系里坐标为（20，20），即坐标原点为图 3-4 中的 O_2 点。

如图 3-5 所示，也可以通过如下指令切换工件坐标系。

```
G92 G54 X0 Y0;
G00 X20. Y30.;
G92 G55 X0 Y0;
```

这样通过指令，首先把当前的 O 点定义为工件坐标系 0 的零点，然后 X、Y 轴分别快速移动 20 mm，30 mm，到达点 O'，并把该点定义为工件坐标系 1 的零点。

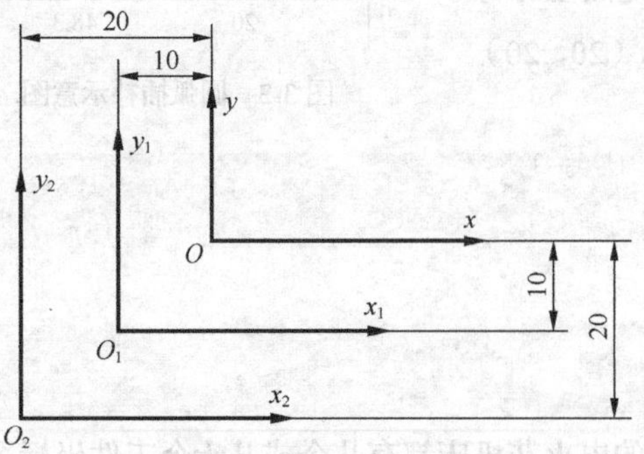

图3-4　工件坐标系切换

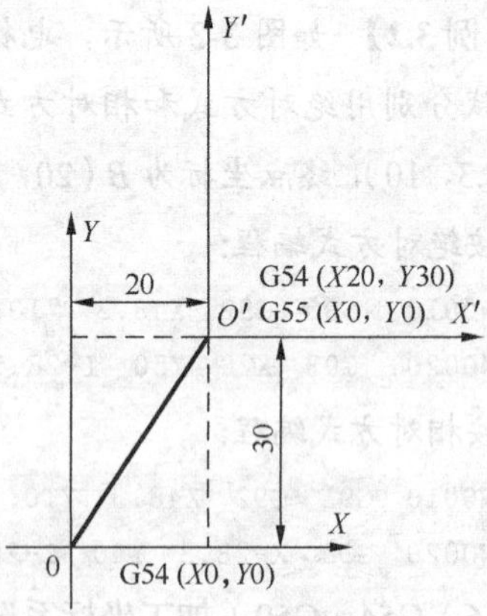

图3-5　工件坐标系切换

（7）G80（接触感知指令）。接触感知。

格式：G80 轴 + 方向

执行该指令，可以命令指定轴沿给定方向前进，直到和工件接触为止。如：

G80 X-；——电极将沿 X 轴的负方向前进，直到接触到工件，然后停在那里。

（8）G82（回到当前位置与零点的一半处）。移动到原点和当前位置一半处。

格式：G82 轴

如：

```
G92 X100.;    //将当前点的 X 坐标定义为 100.
G82 X;        //将电极移到当前坐标系 X=50.的地方
```

3. M 功能指令（辅助功能指令）

M 功能指令用于控制机床中辅助装置的开关动作或状态。下面以日本沙迪克（SODICK）公司生产的某型号数控电火花机床为例介绍常用的 M 代码。

（1）M00（暂停指令）：用于暂停程序的运行，等待机床操作者的干预，如检验、调整、测量等。待干预完毕后，按机床上的启动按钮，即可继续执行暂停指令后面的加工程序。

（2）M02（程序结束指令）：用于结束整个程序的运行，停止所有的 G 功能指令及与程序有关的一些运行开关。

（3）M05（忽略接触感知指令）。电极在定位时，要用 G80 代码使电极慢速接触工件，一旦接触到工件，机床就停止动作。若要再移动，一定要先输入 M05 代码，取消接触感知状态。如：

```
G80 X-;              //X 轴负方向接触感知
G90 G92 X0  Y0;      //设置当前点坐标为（0，0）
M05 G00 X10.;        //忽略接触感知且把电极向 X 轴正方向移动 10 mm
```

若去掉上面代码中的 M05，则电极往往不动作，G00 不执行。

（4）M98（子程序调用指令）：用于调用子程序。在一个程序中，同样的程序段会多次重复出现。若把这些程序段固定为一个程序，则可减少编程的繁琐代码，缩短程序长度，减少错误的发生。这种程序称为子程序，调用子程序的程序称为主程序。

M98 的格式为：M98 P（子程序的开始程序段号）L（循环次数）

（5）M99（子程序结束指令）：用于子程序结束。执行此代码，子程序结束，程序返回到主程序中去，继续执行主程序。

4. T 功能指令

T 功能指令与机床操作面板上的手动开关相对应。在程序中使用这些功能指令，可以不必人工操作面板上的手动开关。表 3-4 所示为日本沙迪克公司生产的某数控电火花机床常用 T 功能指令。

表 3-4　　常用 T 功能指令

功能指令	功　能	功能指令	功　能
T82	加工介质排液	T86	加工介质喷淋
T83	保持加工介质	T87	加工介质停止喷淋
T84	液压泵打开	T96	向加工槽送液
T85	液压泵关闭	T97	停止向加工槽送液

5. C功能指令

C 功能指令是用来在程序中选择加工条件代码的指令。在程序中，C 功能指令用于选择加工条件，格式为 C***。C 和数字间不能有别的字符，数字也不能省略，不够 3 位要补“0”，如 C005。各参数显示在加工条件显示区中，加工中可随时更改。系统可以存储 1 000 种加工条件，其中 0～99 为用户自定义加工条件，其余为系统内定加工条件。

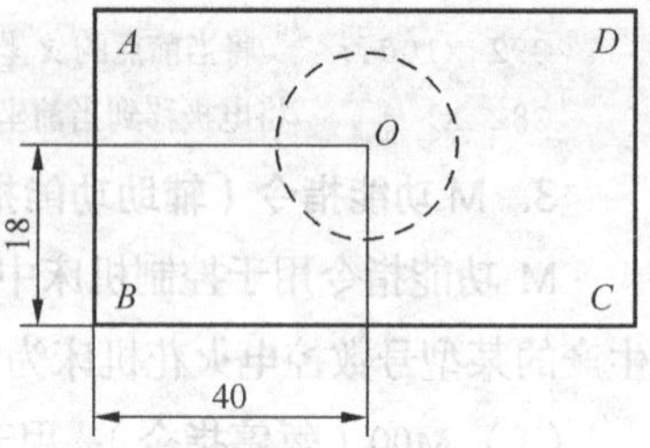

图3-6　工件找正图

【例 3.3】 如图 3-6 所示，*ABCD* 为矩形工件，*AB*、*BC* 边为设计基准，现欲用电火花加工一圆形图案，图案的中心为 *O* 点，*O* 到 *AB* 边、BC 边的距离如图 3-6 所示。已知圆形电极的直径为 20 mm，请写出电极定位于 *O* 点的具体过程。

具体过程如下。

首先将电极移到工件 *AB* 边的左侧，*Y* 轴坐标大致与 *O* 点相同，然后执行如下指令。

```
G80 X+;
G90 G92 X0;
M05 G00 X-10.;
G91 G00 Y-38.;        //-38.为一估计值，主要目的是保证电极在BC边下方
G90 G00 X50.;
G80 Y+;
G92 Y0;
M05 G00 Y-2.; //电极与工件分开，2 mm表示为一小段距离
G91 G00 Z10.; //将电极底面移到工件上面
G90 G00 X50. Y28.;
```

（二）电极的精确定位

图 3-6 所示加工过程实际上是以工件的基准边为基准来对电极进行定位的。下面以找工件的中心为例详细说明电极的精确定位，希望读者举一反三，掌握电极的精确定位方法。在实际操作中，是以基准边为基准还是以工件中心为基准来实现电极的定位，这主要通过图纸来确定。读者可以看看加工部分的尺寸标准，如图 3-6 所示的孔，明显通过 *AB*、*BC* 边来定位，因此电极的定位是通过基准边 *AB*、*BC* 来确定的。如果加工的孔在工件的对称轴上，则应该通过找中心来定位。

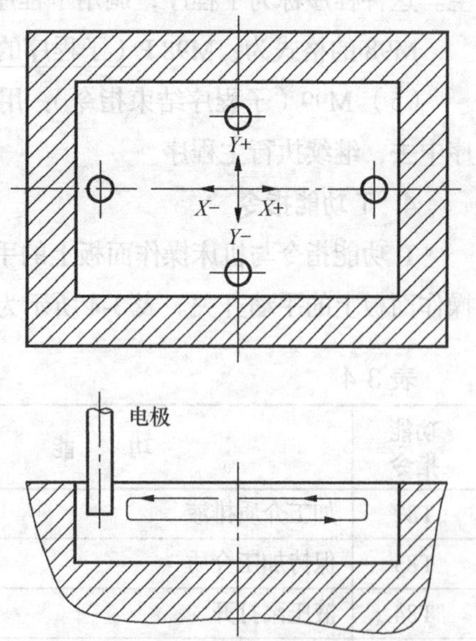

图3-7　找工件中心

【例 3.4】 如图 3-7 所示，利用数控电火花成形机床的 MDI 功能，手动操作实现电极定位于型腔的中心。

（1）将工件型腔、电极表面的毛刺去除干净，手动移动电极到型腔的中间，执行如下指令。

```
G80 X-;
G92 G54 X0; //一般机床将G54 工件坐标系作为默认工件坐标系，故G54可省略
M05 G80 X+;
M05 G82 X; //移到X方向的中心
G92 X0;
G80 Y-;
G92 Y0;
M05 G80 Y+;
M05 G82 Y; //移到Y方向的中心
G92 Y0;
```

（2）通过上述操作，电极找到了型腔的中心。但考虑到实际操作中由于型腔、电极有毛刺等意外因素的影响，应确认找正结果是否可靠。

在找到型腔中心后，执行如下指令。

```
G92  G55  X0  Y0; //将目前找到的中心在G55坐标系内的坐标值也设定为X0  Y0
```

（3）重新执行前面的找正指令。找到中心后，观察G55坐标系内的坐标值。如果与刚才设定的零点相差不多，则认为找正成功，若相差过大，则说明找正有问题，必须接着进行上述操作，至少保证最后两次找正位置基本重合。

目前生产的部分电火花成形机床有找中心按钮，这样可以避免手动输入过多的指令，但建议要多次找正，至少保证最后两次找正位置基本重合。

少数国外高档电火花机床的感知灵敏度可以进行设置。如使用一般灵敏度机床，机器默认每次感知的误差不能超过5 μm。如果超过5 μm，则机床会自动向操作者进行提示。

如机床在执行G80 X+时，机床沿着X轴正方向自动对工件至少进行两次感知，每次都记下相应的坐标数据。如果两次数据相差大于内部设定的值，如5 μm，则机床提示操作者，感知不准，需要机床操作者分析判断原因。

注意

① 现在的电火花机床都提供了多个工件坐标系（可以通过G54、G55等设定）。一般情况下，只用一个坐标系。提供多坐标系的目的有两点。一是重复记忆，主要是为了防止误操作丢掉加工原点。由于当前工件坐标系原点通过“置零”等菜单或按钮的使用而改变，不是当前工件坐标系的坐标原点则不容易改变。所以加工前把找正好的位置记入两个以上的坐标系，这样能防止找正好的位置的坐标因误操作而丢失。例如，一个工件找正完后，把G54坐标系置零，同时把G55坐标系也置零。若由于误操作将G54坐标系中的加工的起点坐标丢失后，回到G55坐标系中还可以找到加工起点。二是坐标系嵌套，即在一个程序中采用多个工件坐标系记忆多个工作起点。例如，对于一个加工部位，在机床更换电极后若要保证加工在同样的地方，则需在加工前分别用这两个电极找正加工零件，用两个坐标系记忆各自电极的加工起点。

② 电极在进行接触感知时，电极与工件基准面必须保持清洁，避免有加工毛边、切屑、放电粉屑或加工液等附着物。否则，会影响电极定位的精度。

③ 在实际定位时，特别是加工较精密的零件时，要采用重复定位，至少保证最后两次的位置在许可的误差范围内。

思考 G54、G55坐标能否分别记忆最后两次找正的坐标位置，从而比较最后两次的定位误差。如果可以，请写出详细过程（最好用G代码来说明操作过程）。

（三）电火花加工工件的准备

电火花加工在整个零件的加工中属于最后一道工序或接近最后一道工序，所以在加工前必须认真准备工件，具体内容如下。

1. 工件的预加工

一般来说，机械切削的效率比电火花加工的效率高，所以在电火花加工时，应尽可能用机械加工的方法先去除大部分加工余料，即预加工（见图3-8）。预加工可以节省电火花粗加工时间，提高总的生产效率；但预加工时也要注意以下事项。

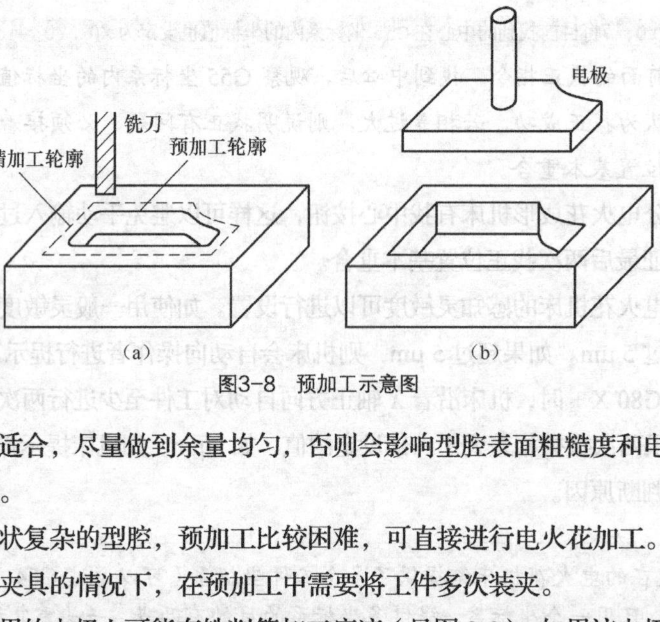

图3-8 预加工示意图

（1）所留余量要适合，尽量做到余量均匀，否则会影响型腔表面粗糙度和电极不均匀的损耗，破坏型腔的仿型精度。

（2）对于一些形状复杂的型腔，预加工比较困难，可直接进行电火花加工。

（3）在缺少通用夹具的情况下，在预加工中需要将工件多次装夹。

（4）预加工后使用的电极上可能有铣削等加工痕迹（见图3-9），如用该电极进行精加工，则可能影响到工件的表面粗糙度。

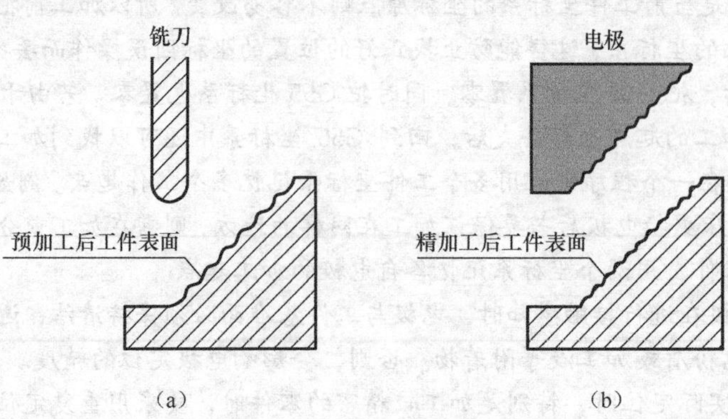

图3-9 预加工后工件表面

（5）预加工过的工件进行电火花加工时，在起始阶段加工稳定性可能存在问题。

2. 热处理

工件在预加工后，便可以进行淬火、回火等热处理，即热处理工序尽量安排到电火花加工前面。因为这样可避免热处理变形对电火花加工尺寸精度、型腔的变形等的影响。

热处理安排在电火花加工前也有它的弱点，如，电火花加工将淬火表层加工掉一部分，影响了热处理的质量和效果。所以，有些型腔模安排在热处理前进行电火花加工，这样型腔加工后的钳工抛光容易，并且淬火时的淬透性也较好。

由上可知，在生产中应根据实际情况，恰当地安排热处理的工序。

3. 其他工序

工件在电火花加工前还必须除锈去磁，否则，在加工中工件吸附铁屑，很容易引起拉弧烧伤。

（四）电极的制造

工具电极是电火花加工中不可缺少的工具之一。在进行电极制造时，尽可能将要加工的电极坯料装夹在即将进行电火花加工的装夹系统上，避免因装卸而产生定位误差。

现对常用的电极制造方法介绍如下。

1. 切削加工

过去常见的切削加工有铣、车、平面、圆柱磨削等方法。随着数控技术的发展，目前经常采用数控铣床（加工中心）制造电极。数控铣削加工电极不仅能加工精度高、形状复杂的电极，而且加工速度快。

石墨材料加工时容易碎裂、粉末飞扬，所以在加工前需将石墨放在工作液中浸泡 2～3 天，这样可以有效减少崩角及粉末。紫铜材料切削较困难，为了得到较好的表面粗糙度，经常在切削加工后进行研磨抛光加工。

在用混合法穿孔加工冲模的凹模时，为了缩短电极和凸模的制造周期，保证电极与凸模的轮廓一致，通常采用电极与凸模联合成形磨削的方法。这种方法的电极材料大多数选用铸铁和钢。

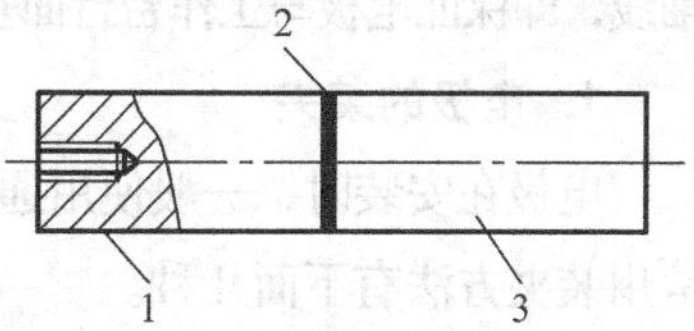

图3-10 电极与凸模黏结
1. 电极；2. 黏结面；3. 凸模

当电极材料为铸铁时，电极与凸模常用环氧树脂等材料胶合在一起，如图 3-10 所示。对于截面积较小的工件，由于不易粘牢，为了防止在磨削过程中发生电极或凸模脱落的现象，可采用锡焊或机械方法使电极与凸模连接在一起。当电极材料为钢时，可把凸模加长些，将其作为电极，即把电极和凸模做成一个整体。

电极与凸模联合成形磨削，其共同截面的公称尺寸应直接按凸模的公称尺寸进行磨削，公差取凸模公差的$\frac{1}{2}\sim\frac{2}{3}$。

当凸、凹模的配合间隙等于放电间隙时，磨削后电极的轮廓尺寸与凸模完全相同。

当凸、凹模的配合间隙小于放电间隙时，电极的轮廓尺寸应小于凸模的轮廓尺寸，在生产中可用化学腐蚀法将电极尺寸缩小至设计尺寸。

当凸、凹模的配合间隙大于放电间隙时，电极的轮廓尺寸应大于凸模的轮廓尺寸。在生产中可用电镀法将电极扩大到设计尺寸。

具体的化学腐蚀或电镀法可以参考有关资料。

2. 线切割加工

除用机械方法制造电极以外，在有特殊需要的场合下，也可用线切割加工电极。这种方法非常适用于形状特别复杂，用机械加工方法无法胜任或很难保证精度的情况。

图 3-11 所示的电极，在用机械加工方法制造时，通常是把电极分成 4 部分来加工，然后再镶拼成一个整体，如图 3-11（a）所示。由于分块加工中产生的误差及拼合时的接缝间隙和位置精度的影响，使电极产生一定的形状误差。如果使用线切割加工机床对电极进行加工，则很容易制作出来，并能很好地保证其精度，如图 3-11（b）所示。

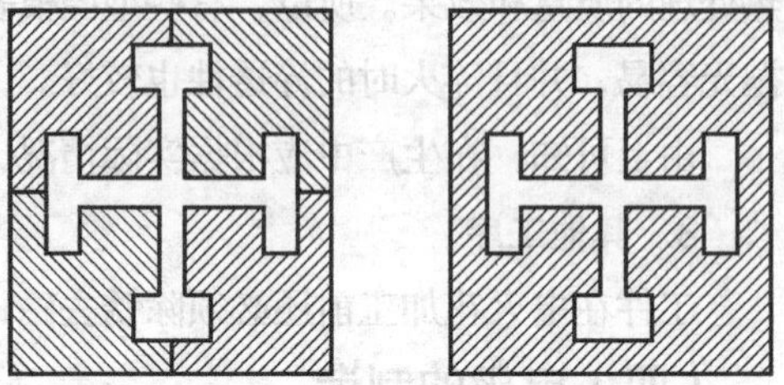

（a）机械加工　（b）线切割加工

图3-11　机械加工与线切割加工

3. 电铸加工

电铸方法主要用来制作大尺寸电极，特别是在板材冲模领域。使用电铸制作出来的电极的放电性能特别好。

用电铸法制造电极，复制精度高，可制作出用机械加工方法难以完成的细微形状的电极。它特别适合于有复杂形状和图案的浅型腔的电火花加工。电铸法制造电极的缺点是：加工周期长，成本较高，并且电极质地比较疏松，使电加工时的电极损耗较大。

（五）电极的装夹、校正

电极装夹的目的是将电极安装在机床的主轴头上，电极校正的目的是使电极的轴线平行于主轴头的轴线，即保证电极与工作台台面垂直，必要时还应保证电极的横截面基准与机床的 X 轴或 Y 轴平行。

1. 电极的装夹

电极在安装时，一般使用通用夹具或专用夹具直接将电极装夹在机床主轴的下端电极夹头上。常用装夹方法有下面几种。

小型的整体式电极多数采用通用夹具直接装夹在机床主轴下端，采用标准套筒、钻夹头装夹（见图 3-12、图 3-13）；对于尺寸较大的电极，常将电极通过螺纹连接直接装夹在夹具上（见图 3-14）。

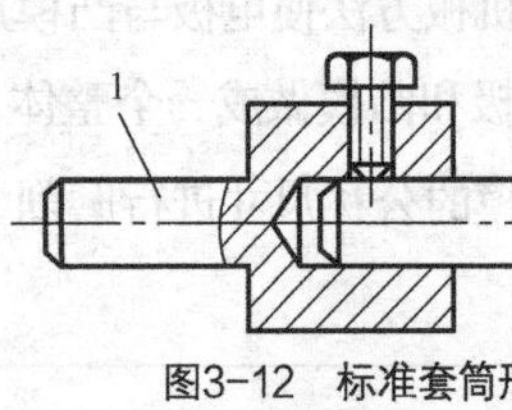

图3-12　标准套筒形夹具

1. 标准套筒；2. 电极

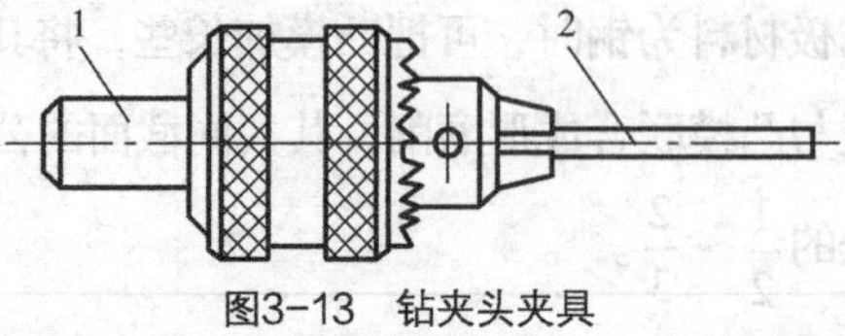

图3-13　钻夹头夹具

1. 钻夹头；2. 电极

镶拼式电极的装夹比较复杂，一般先用连接板将几块电极拼接成所需的整体，然后再用机械方法固定［见图 3-15（a）］，也可用聚氯乙烯醋酸溶液或环氧树脂黏合［见图 3-15（b）］。在拼接中各结合面需平整密合。然后，再将连接板连同电极一起装夹在电极柄上。

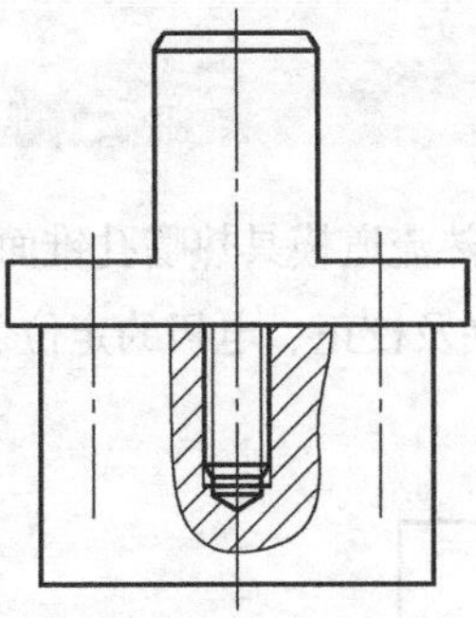

图3-14　螺纹夹头夹具

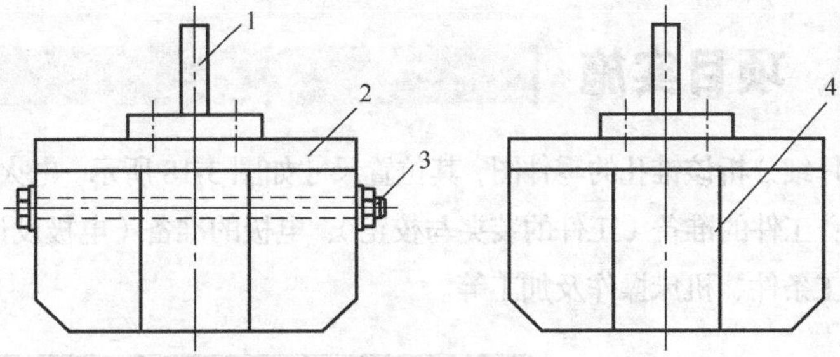

(a) 机械方法固定　　(b) 黏合剂固定

图3-15　连接板式夹具

1. 电极柄；2. 连接板；3. 螺栓；4. 黏合剂

2. 电极的校正

电极装夹好后，必须进行校正才能加工，即不仅要将电极调节至与工件基准面垂直，而且需在水平面内将其调节、旋转一个角度，使工具电极的截面形状与将要加工的工件型孔或型腔定位的位置一致。电极的校正主要靠调节电极夹头的相应螺钉来实现。如图 3-16 所示的电极夹头。

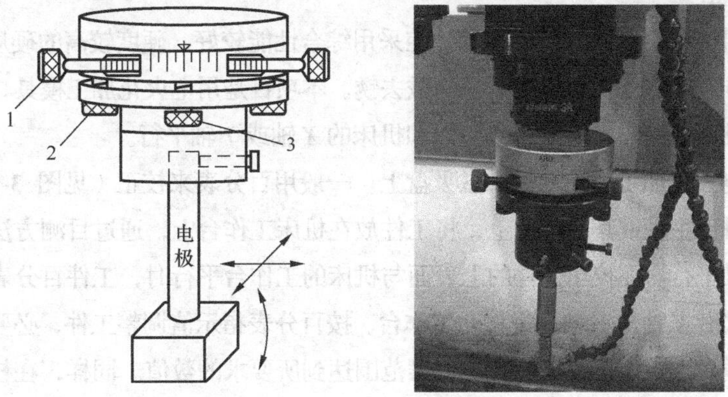

(a) 电极夹头示意图　　(b) 电极夹头

图3-16　电极夹头

1. 电极旋转角度调整螺丝；2. 电极左右水平调整螺丝；3. 电极前后水平调整螺丝

电极装夹到主轴上后，必须进行校正。一般根据电极的侧基准面，采用千分表找正电极的垂直度（见图 3-17）。

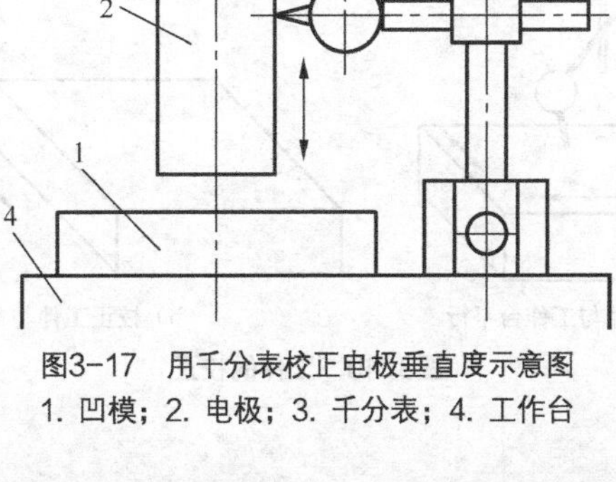

图3-17　用千分表校正电极垂直度示意图

1. 凹模；2. 电极；3. 千分表；4. 工作台

三、项目实施

仔细分析该锥孔的零件图，其位置尺寸如图 3-18 所示。电火花加工热流道模具热嘴孔锥面的过程为：工件的准备（工件的装夹与校正）、电极的准备（电极设计、装夹及校正、电极的定位）、选用加工条件、机床操作及加工等。

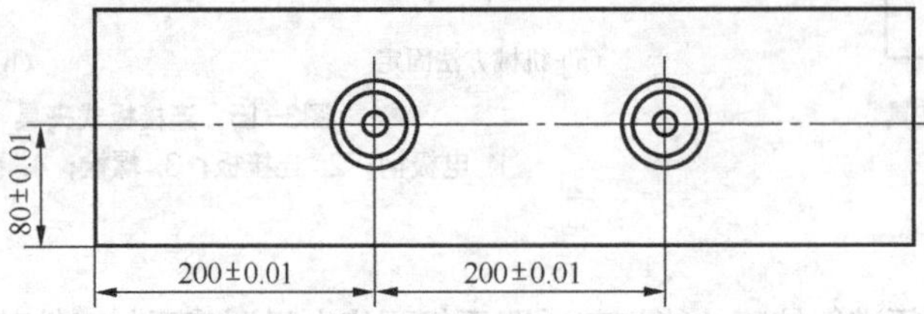

图3-18 热流道模具热嘴孔锥面位置尺寸图

（一）加工准备

1. 工件的准备

（1）工件材料的选用。通常塑料模具型腔采用综合性能较好、硬度较高的硬质合金钢。

（2）工件的准备。将工件去除毛刺，除磁去锈。本项目是用电火花加工模具，因此在装夹时应使工件的定位基准面分别与机床的工作台面和机床的 X 轴或 Y 轴平行。

工件装夹在电火花加工用的专用永磁吸盘上。一般用百分表来校正（见图 3-19）。用磁力表架将百分表固定在机床主轴或其他位置上，将工件放在机床工作台上，通过目测方法将工件调整至大致与机床的坐标轴平行。在校正工件的上表面与机床的工作台平行时，工件百分表的测量头与工件上表面接触，依次沿 X 轴与 Y 轴往复移动工作台，按百分表指示值调整工件，必要时在工件的底部与工作台之间塞铜片，直至百分表指针的偏摆范围达到所要求的数值。同样，在校正工件的定位基准与机床 Y 轴（或 X 轴）平行时，工件百分表的测量头与工件侧面接触，沿 Y 轴往复移动工作台，

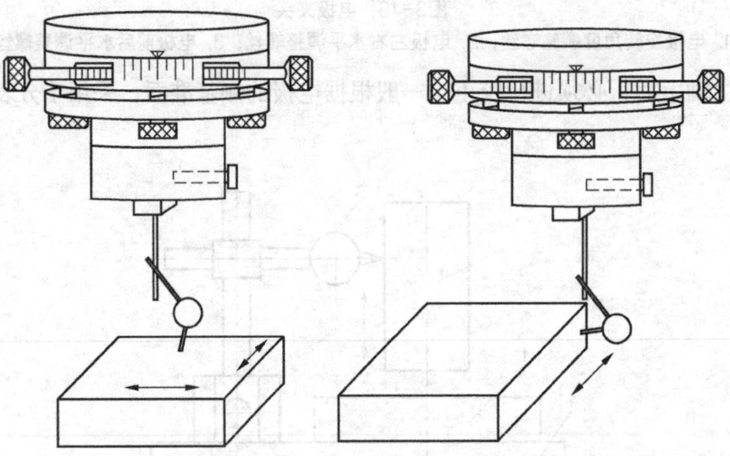

（a）校正工件与工作台平行　（b）校正工件与 Y 轴平行

图3-19 工件的校正

按百分表指示值调整工件。具体的校正过程为：将表架摆放到能比较方便校正工件的位置；使用手控盒移动到相应的轴，使百分表的测头与工件的基准面充分接触；然后移动机床相应的坐标轴，观察百分表的刻度指针，若指针变化幅度较小，则说明工件与该坐标轴比较平行，这时用铜棒轻轻敲击；再移动相应的坐标轴，若指针摆动的幅度越来越小，则敲击的力度要越来越小，要有耐心，直到工件的基准面与坐标轴的平行度达到要求为止。

2. 电极的准备

（1）电极材料选择。紫铜。

（2）电极的设计。在本项目中，电极材料选用紫铜，电极的结构设计要考虑电极的装夹与校正。本项目电极设计如图 3-20 所示。

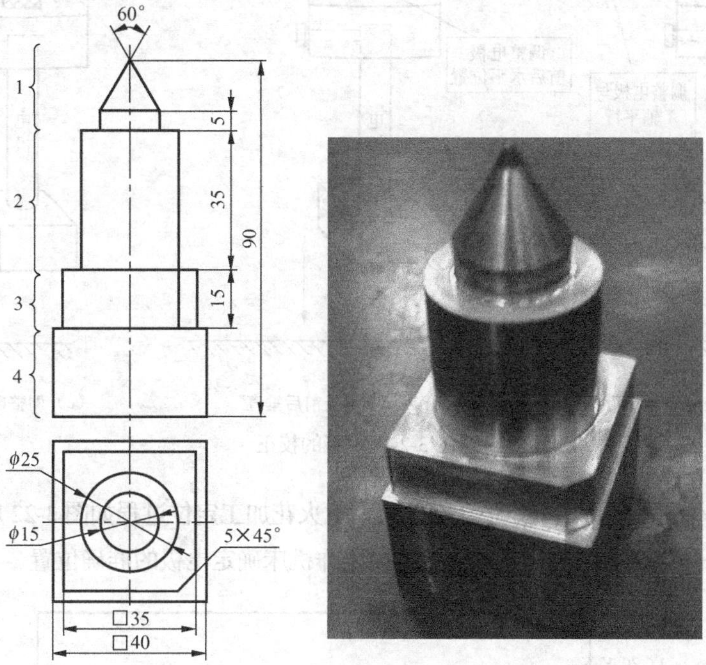

图3-20　电极的设计

（3）结构分析。该电极共分为 4 个部分（见图 3-20），各个部分的作用如下。

1——该部分为直接加工部分。

2——电极细长，为了提高强度，适当增加电极的直径。

3——因为电极为细长的圆柱，在实际加工中很难校正电极的垂直度，故增加此部分，其目的是方便电极的校正。另外，由于该电极形状对称。为了方便识别方向，特意在本电极的结构 3 部分设计了 5 mm 的倒角。

4——电极与机床主轴的装夹部分。该部分的结构形式应根据电极装夹的夹具形式确定。

（4）尺寸分析。

长度方向尺寸分析：该电极实际加工长度较短，但由于加工部分的位置在型腔的底部，故增加了尺寸。

横截面尺寸分析：该电极加工部分是一锥面，故对电极的横截面尺寸要求不高。为了保证电极在放电过程中排屑较好，电极的结构 2 部分直径不能太大。

（5）电极装夹与校正。将电极装夹在电极夹头上，使用目测法大致校正电极，然后分别调整电极旋转角度、电极左右方向、电极前后方向，如图 3-21 所示。在调整电极过程中，当校正表的测头与电极接触时，机床通常会提示接触感知，这时机床不能动作，必须解除接触感知才可以继续移动机床。因此，在校正时需要按住操作面板的“忽略接触感知”按钮或使用绝缘的校正百分表。

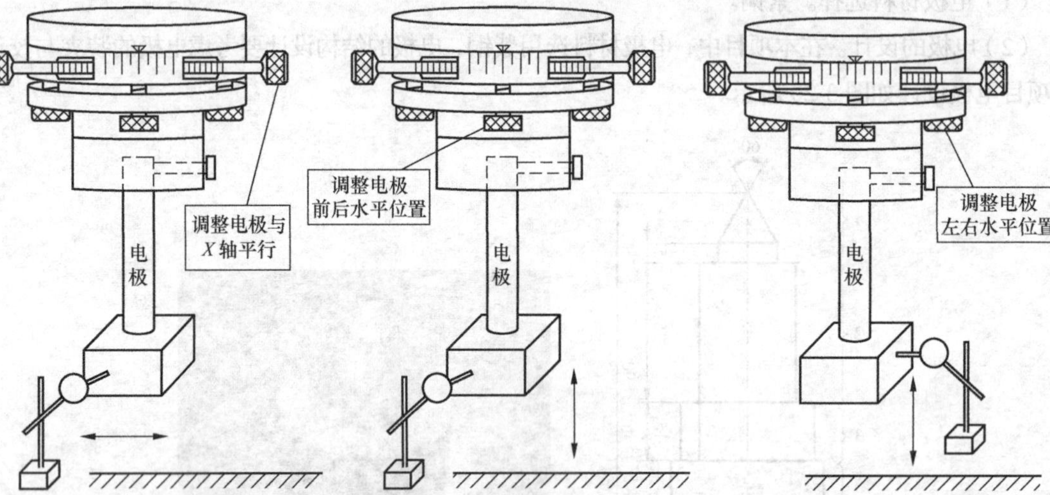

（a）调整电极与 X 轴平行　（b）调整电极前后垂直　（c）调整电极左右垂直

图 3-21　电极的校正

（6）电极的定位。本项目电极定位十分精确。电火花加工定位过程如图 3-22 所示，具体可结合本项目相关知识——电极的精确定位来分析如何操作机床确定电极的准确位置。

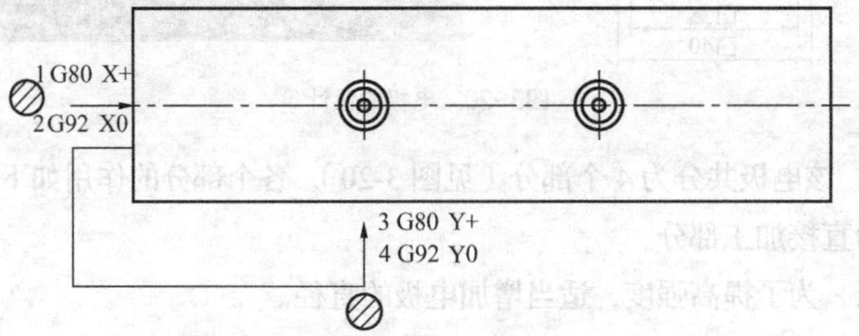

图3-22　电极的定位示意图

3. 机床操作

在装夹校正工件、电极并将电极定位于要加工的位置后，将工作液箱上的工作液加到适当的位置。

（二）加工

本项目加工的是圆锥孔，且加工面积较小，锥孔面在工作台投影面的最大面积 $A=\pi\times(0.5^2-0.15^2)\approx0.72\ \text{cm}^2$。根据项目二中表 2-4 所列的加工条件，选择第一次粗加工条件为 C108。由于最终要求锥孔面的表面粗糙度达到 R_a2.0，因此最终的加工条件为 C105。所以，本项目选用的加工条件为 C108—C107—C106—C105。

四、拓展知识

（一）电火花机床常见功能

对大多数电火花成形加工机床而言，通常具有如下功能（见图 3-23）。

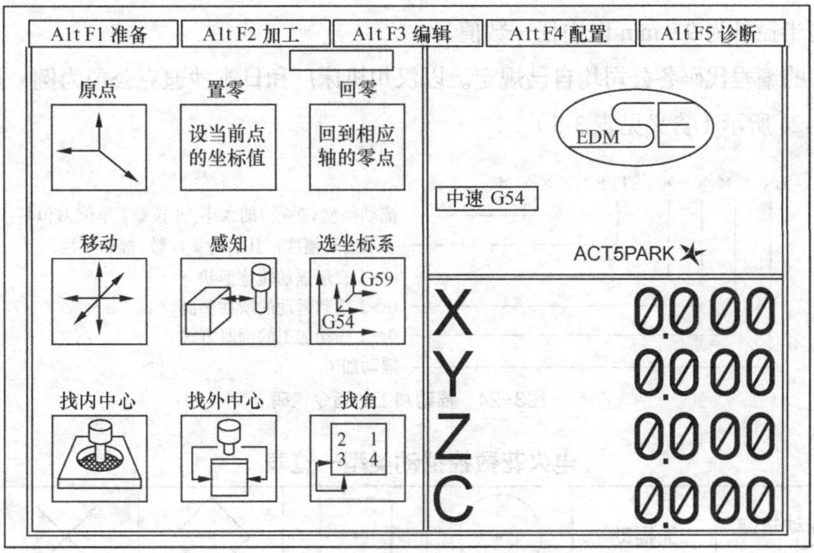

图3-23　电火花机床界面

1. 接触感知功能

接触感知功能是一个找正功能，用于完成零件的找边工作。

2. 回原点操作功能

数控电火花机床在加工前首先要回到机械坐标的零点，即 *X*、*Y*、*Z* 轴回到其轴的正极限处。这样，机床的控制系统才能复位，后续操作机床运动才不会出现紊乱。

3. 置零功能

置零功能即将当前点的坐标设置为零。

4. 选择坐标系功能

现在的数控电火花机床一般具有 6 个以上工件坐标系。在实际加工中，可以根据具体要求灵活选择坐标系。

5. 找中心功能

找中心功能通常用于电极的定位。在加工前，根据实际情况设定适当的参数，机床能够自动定位于工件的中心。找中心分为找外中心和找内中心。找外中心是指自动确定工件在 *X* 或 *Y* 轴方向的中心，找内中心是指自动确定型腔在 *X* 或 *Y* 轴方向的中心。

6. 电极摇动功能

早期的普通电火花成形加工机床为了修光侧壁和提高其尺寸精度而添加平动头，使工具电极轨迹可以向外逐步扩张，即可以平动。现在生产的数控电火花成形加工机床都具有电极摇动功能，摇动加工的作用是：可以精确控制加工尺寸精度；可以加工出复杂的形状，如螺纹；可以提高工件侧面和底面的表面粗糙度；可以加工出清棱、清角的侧壁和底边；变全面加工为局部加工，有利于排屑和确保加工稳定；对电极尺寸精度要求不高。

摇动的轨迹除了可以像平动头的小圆形轨迹外，数控摇动的轨迹还有方形、棱形、叉形和十字形，且摇动的半径可为 9.9 mm 以内任一数值。

摇动加工的编程代码各公司均自己规定。以汉川机床厂和日本沙迪克公司为例，摇动加工的指令代码如图 3-24 所示（含义见表 3-5）。

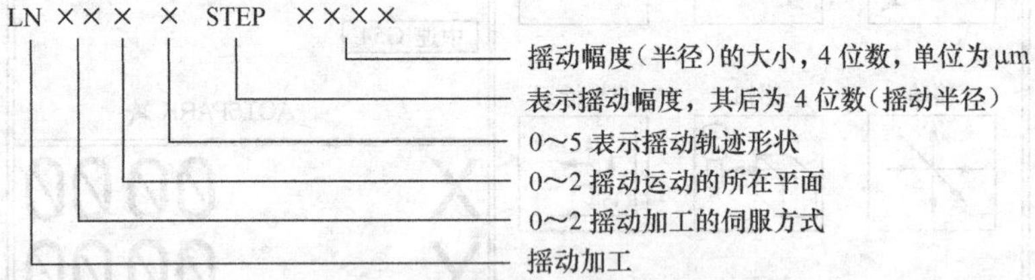

图3-24 摇动加工的指令代码

表 3-5 电火花数控摇动类型一览表

类型	所在平面 \ 摇动轨迹	无摇动	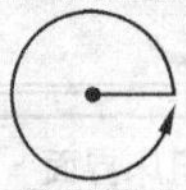	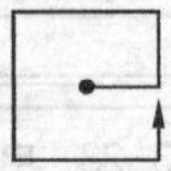	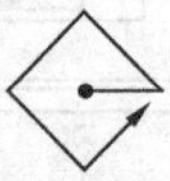		
自由摇动	X-Y 平面	000	001	002	003	004	005
	X-Z 平面	010	011	012	013	014	015
	Y-Z 平面	020	021	022	023	024	025
步进摇动	X-Y 平面	100	101	102	103	104	105
	X-Z 平面	110	111	112	113	114	115
	Y-Z 平面	120	121	122	123	124	125
锁定摇动	X-Y 平面	200	201	202	203	204	205
	X-Z 平面	210	211	212	213	214	215
	Y-Z 平面	220	221	222	223	224	225

数控摇动的伺服方式共有 3 种（见图 3-25）。

（1）自由摇动。选定某一轴向（例如 *Z* 轴）作为伺服进给轴，其他两轴进行摇动运动［见图 3-25（a）］。

【例 3.5】 G01 LN001 STEP30 Z-10

G01 表示沿 *Z* 轴方向进行伺服进给；LN001 中的 00 表示在 *X-Y* 平面内自由摇动，1 表示工具电极各点绕各原始点作圆形轨迹摇动；STEP30 表示摇动半径为 30 μm；Z-10 表示伺服进给至 *Z*

轴向下 10 mm 为止。其实际放电点的轨迹如图 3-25（a）所示，沿各轴方向可能出现不规则的进进退退。

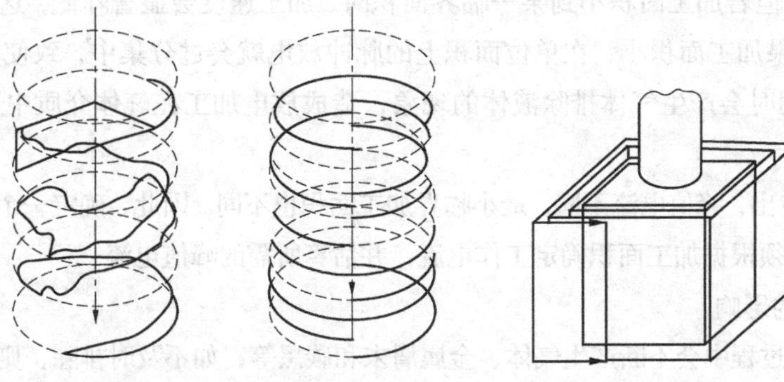

（a）自由摇动　（b）步进摇动　（c）锁定摇动

图3-25　数控摇动的3种方式

（2）步进摇动。在某选定的轴向作步进伺服进给，每进一步的步距为 2μm，其他两轴作摇动运动［见图 3-25（b）］。

【例 3.6】 G01 LN101 STEP20 Z-10

G01 表示沿 Z 轴方向进行伺服进给；LN101 中的 10 表示在 X-Y 平面内步进摇动，1 表示工具电极各点绕各原始点作圆形轨迹摇动；STEP20 表示摇动半径为 20 μm；Z-10 表示伺服进给至 Z 轴向下 10 mm 为止。其实际放电点的轨迹见图 3-25（b）。步进摇动限制了主轴的进给动作，使摇动动作的循环成为优先动作。步进摇动用在深孔排屑比较困难的加工中，它比自由摇动的加工速度稍慢，但更稳定，没有频繁的进给、回退现象。

（3）锁定摇动。是在选定的轴向停止进给运动并锁定轴向位置，其他两轴进行摇动运动。在摇动中，摇动半径幅度逐步扩大，主要用于精密修扩内孔或内腔［见图 3-25（c）］。

【例 3.7】 G01 LN202 STEP20 Z-5

LN202 中的 20 表示在 X-Y 平面内锁定摇动，2 表示工具电极各点绕各原始点作方形轨迹摇动；Z-5 表示伺服进给至 Z 轴向下 5 mm 处停止进给并锁定。X、Y 轴进行摇动运动，其实际放电点的轨迹如图 3-25（c）所示。锁定摇动能迅速除去粗加工留下的侧面波纹，是达到尺寸精度最快的加工方法。它主要用于通孔、盲孔或有底面的型腔模加工中。如果锁定后作圆轨迹摇动，则还能在孔内滚花，加工出内花纹等。

（二）非电参数对加工速度的影响

电火花成形加工的加工速度，是指在一定电规准下，单位时间 t 内工件被蚀除的体积 V 或质量 M。一般常用体积加工速度 $v_w = V/t$ (mm^3/min)来表示，有时为了测量方便，也用质量加工速度 v_m (g/min)表示。

在规定的表面粗糙度、规定的相对电极损耗下的最大加工速度是电火花机床的重要工艺性能指标。一般电火花机床说明书上所指的最大加工速度是该机床在最佳状态下所达到的，在实际生产中的正常加工速度远远低于机床的最大加工速度。

1. 加工面积的影响

图 3-26 所示为加工面积和加工速度的关系曲线。由图可知，加工面积较大时，它对加工速度没有多大影响；但若加工面积小到某一临界面积时，加工速度会显著降低，这种现象叫做“面积效应”。因为如果加工面积小，在单位面积上的脉冲放电就会过分集中，致使放电间隙的电蚀产物排除不畅，同时会产生气体排除液体的现象，造成放电加工在气体介质中进行，因而大大降低了加工速度。

从图 3-26 可看出，峰值电流不同，最小临界加工面积也不同。因此，确定一个具体加工对象的电参数时，首先必须根据加工面积确定工作电流，并估算所需的峰值电流。

2. 排屑条件的影响

在电火花加工过程中会不断产生气体、金属屑末和碳黑等，如不及时排除，则会使加工很难稳定地进行。加工稳定性不好，会使脉冲利用率降低，加工速度降低。为便于排屑，一般都采用冲油（或抽油）和电极抬起的办法。

（1）冲（抽）油压力的影响。在加工中对于工件型腔较浅或易于排屑的型腔，可以不采取任何辅助排屑措施。但对于较难排屑的加工，不冲（抽）油或冲（抽）油压力过小，则因排屑不良产生的二次放电的机会明显增多，从而导致加工速度下降；但若冲油压力过大，加工速度同样会降低。这是因为冲油压力过大，产生干扰，使加工稳定性变差，故加工速度反而会降低。图 3-27 所示为冲油压力和加工速度关系曲线。

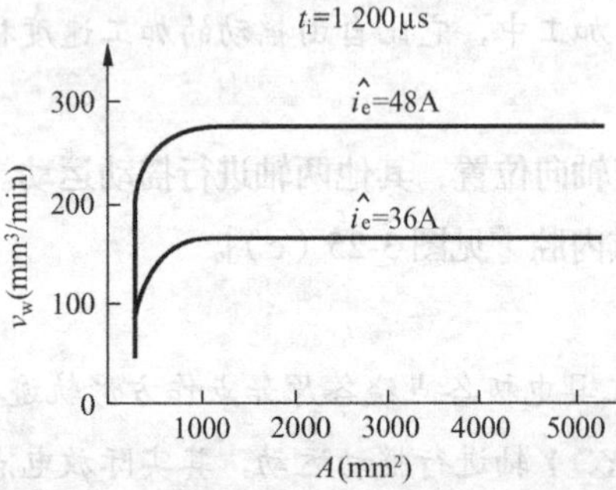

图3-26 加工面积与加工速度的关系曲线

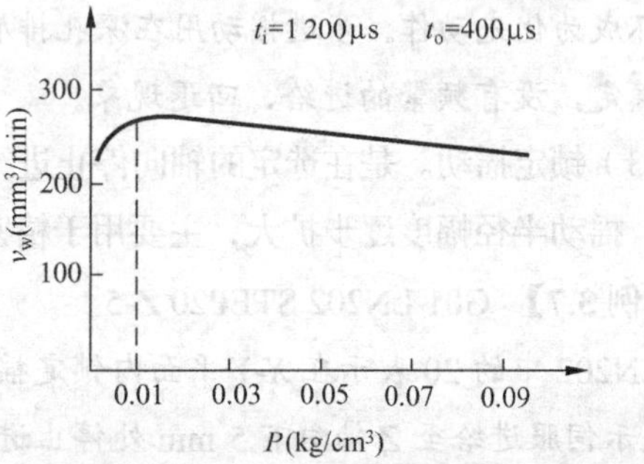

图3-27 冲油压力和加工速度的关系曲线

冲（抽）油的方式与冲（抽）油压力大小应根据实际加工情况来定。若型腔较深或加工面积较大，冲（抽）油压力要相应增大。

（2）“抬刀”对加工速度的影响。为使放电间隙中的电蚀产物迅速排除，除采用冲（抽）油外，还需经常抬起电极以利于排屑。在定时“抬刀”状态，会发生放电间隙状况良好无须“抬刀”，而电极却照样抬起的情况；也会出现当放电间隙的电蚀产物积聚较多急需“抬刀”时，而“抬刀”时间未到却不“抬刀”的情况。这种多余的“抬刀”运动和未及时“抬刀”都直接降低了加工速度。为克服定时“抬刀”的缺点，目前较先进的电火花机床都采用了自适应“抬刀”功能。自适应“抬刀”是根据放电间隙的状态，决定是否“抬刀”。放电间隙状态不好，电蚀产物堆积多，“抬刀”频率自动加快；放电间隙状态好，电极就少抬起或不抬。这使电蚀产物的产生与排除基本保持平衡，避免了不必要的电极抬起运动，提高了加工速度。

图 3-28 所示为抬刀方式对加工速度的影响。由图可知，具有同样加工深度时，采用自适应“抬刀”比定时“抬刀”需要的加工时间短，即加工速度高。同时，采用自适应“抬刀”，加工工件质量好，不易出现拉弧烧伤。

3. 电极材料和加工极性的影响

在电参数选定的条件下，采用不同的电极材料与加工极性，加工速度也大不相同。由图 3-29 可知，采用石墨电极，在同样加工电流时，正极性比负极性加工速度高。

在加工中选择极性，不能只考虑加工速度，还必须考虑电极损耗。如用石墨做电极时，正极性加工比负极性加工速度高，但在粗加工中，电极损耗会很大。故在不计电极损耗的通孔加工、取折断工具等情况，用正极性加工；而在用石墨电极加工型腔的过程中，常采用负极性加工。

从图 3-29 还可看出，在同样加工条件和加工极性情况下，采用不同的电极材料，加工速度也不相同。例如，中等脉冲宽度、负极性加工时，石墨电极的加工速度高于铜电极的加工速度。在脉冲宽度较窄或很宽时，铜电极加工速度高于石墨电极。此外，采用石墨电极加工的最大加工速度，比用铜电极加工的最大加工速度的脉冲宽度要窄。

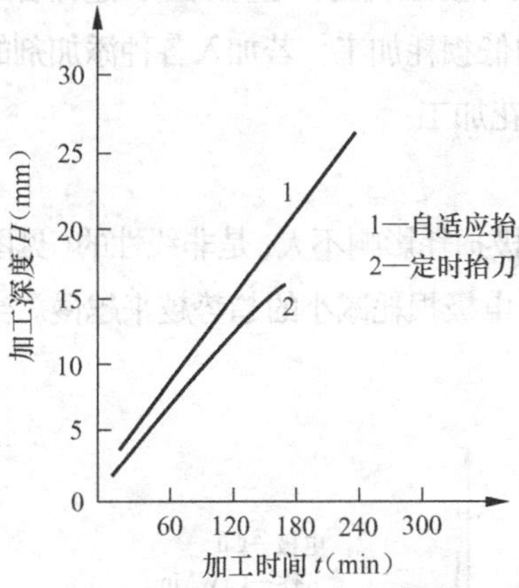

图3-28　抬刀方式对加工速度的影响

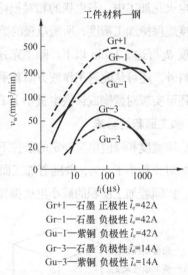

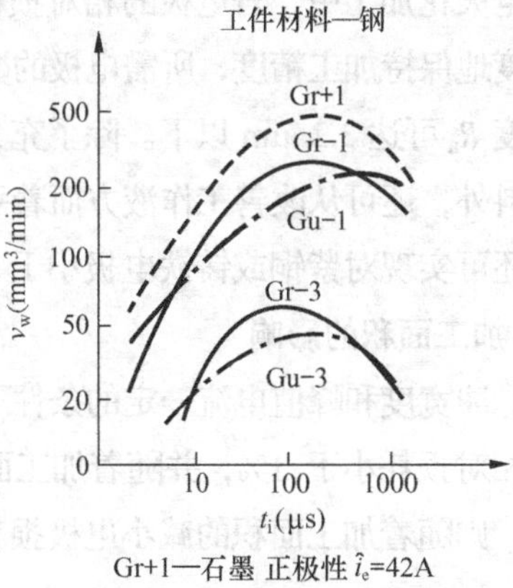

Gr+1—石墨 正极性 $\hat{i}_e$=42A

Gr−1—石墨 负极性 $\hat{i}_e$=42A

Gu−1—紫铜 负极性 $\hat{i}_e$=42A

Gr−3—石墨 负极性 $\hat{i}_e$=14A

Gu−3—紫铜 负极性 $\hat{i}_e$=14A

图3-29　电极材料和极性对加工速度的影响

由上所述，电极材料对电火花加工非常重要。正确选择电极材料是电火花加工首要考虑的问题。

4. 工件材料的影响

在同样加工条件下，选用不同工件材料，加工速度也不同。这主要取决于工件材料的物理性能（熔点、沸点、比热、导热系数、熔化热、汽化热等）。

一般说来，工件材料的熔点、沸点越高，比热、熔化热和汽化热越大，加工速度越低，即越难加工。如加工硬质合金钢比加工碳素钢的速度要低 40%～60%。对于导热系数很高的工件，虽然熔点、沸点、熔化热和汽化热不高，但因热传导性好，热量散失快，加工速度也会降低。

5. 工作液的影响

在电火花加工中，工作液的种类、黏度、清洁度对加工速度也有影响。就工作液的种类来说，其对应的加工速度大致顺序是：高压水>（煤油 + 机油）>煤油>酒精水溶液。在电火花成形加工中，应用最多的工作液是煤油。

（三）非电参数对电极损耗的影响

电极损耗是电火花成形加工中的重要工艺指标。在生产中，衡量某种工具电极是否耐损耗，不只是看工具电极损耗速度 v_e 的绝对值大小，还要看同时达到的加工速度 v_w，即每蚀除单位重量金属工件时，工具相对损耗多少。因此，常用相对损耗或损耗比 θ 作为衡量工具电极耐损耗的指标，即

$$\theta = \frac{v_e}{v_w} \times 100\% \tag{3-1}$$

式中的加工速度和损耗速度若以 mm^3/min 为单位计算，则为体积相对损耗 θ；若以 g/min 为单位计算，则为重量相对损耗 θ_e；若以工具电极损耗长度与工件加工深度之比来表示，则为长度相对损耗 θ_l。在加工中采用长度相对损耗比较直观，测量较为方便，但由于电极部位不同，损耗不同，因此，长度相对损耗还分为端面损耗、边损耗、角损耗（见图 3-30）。在加工中，同一电极的角损耗>边损耗>端面损耗。

在电火花加工中，若电极的相对损耗小于 1%，称为低损耗电火花加工。低损耗电火花加工能最大限度地保持加工精度，所需电极的数目也可减至最小，因而简化了电极的制造，加工工件的表面粗糙度 R_a 可达 3.2 μm 以下。除了充分利用电火花加工的极性效应、覆盖效应及选择合适的工具电极材料外，还可从改善工作液方面着手，实现电火花的低损耗加工。若加入各种添加剂的水基工作液，还可实现对紫铜或铸铁电极小于 1%的低损耗电火花加工。

1. 加工面积的影响

在脉冲宽度和峰值电流一定的条件下，加工面积对电极损耗影响不大，是非线性的（见图 3-31）。当电极相对损耗小于 1%，并随着加工面积的继续增大，电极损耗减小的趋势越来越慢。当加工面积过小，则随着加工面积的减小电极损耗将急剧增加。

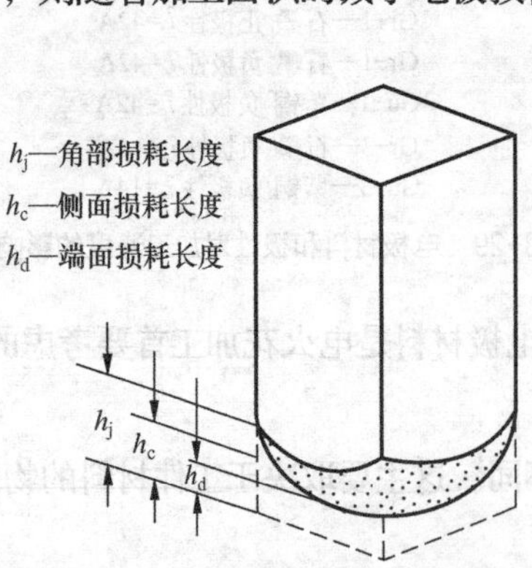

图3-30 电极损耗长度说明图

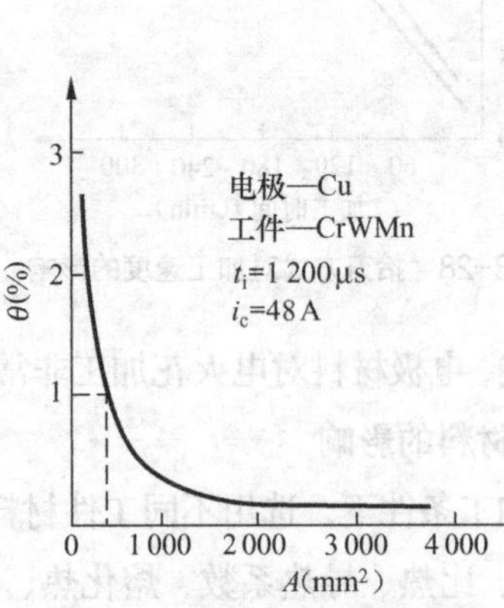

图3-31 加工面积对电极相对损耗的影响

2. 冲油或抽油的影响

由前面所述，对形状复杂、深度较大的型孔或型腔加工时，若采用适当的冲油或抽油的方法进

行排屑，有助于提高加工速度。但另一方面，冲油或抽油压力过大反而会加大电极的损耗。因为强迫冲油或抽油会使加工间隙的排屑和消电离速度加快，这样减弱了电极上的覆盖效应。当然，不同的工具电极材料对冲、抽油的敏感性不同。如图 3-32 所示，用石墨电极加工时，电极损耗受冲油压力的影响较小，而紫铜电极损耗受冲油压力的影响较大。

因此，在电火花成形加工中，应谨慎使用冲、抽油。加工本身较易进行稳定的电火花加工时，不宜采用冲、抽油；若为非采用冲、抽油不可的电火花加工，也应注意使冲、抽油压力维持在较小的范围内。

冲、抽油方式对电极损耗无明显影响，但对电极端面损耗的均匀性有较大影响。冲油时电极损耗成凹形端面，抽油时则形成凸形端面（见图 3-33）。这主要是因为冲油进口处所含各种杂质较少，温度比较低，流速较快，使进口处覆盖效应减弱的缘故。

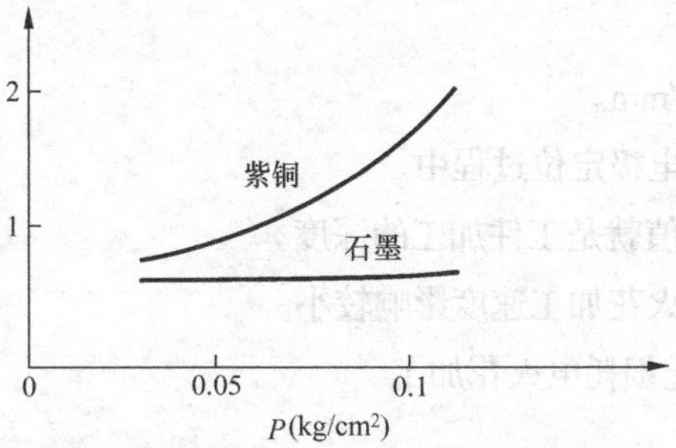

图3-32　冲油压力对电极相对损耗的影响

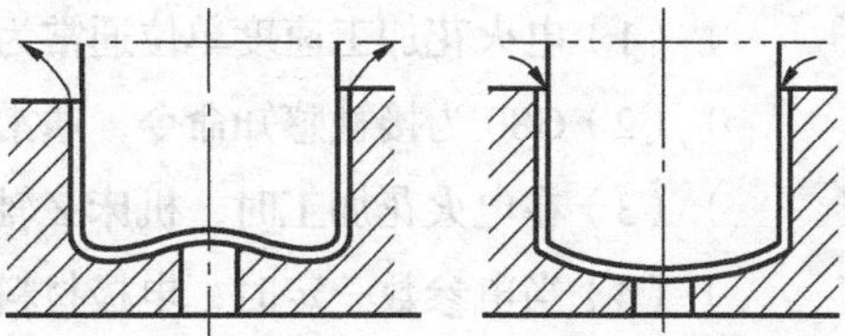

图3-33　冲油、抽油方式对电极端面损耗的影响

实践证明，当油孔的位置与电极的形状对称时用交替冲油和抽油的方法，可使冲油或抽油所造成的电极端面形状的缺陷互相抵销，得到较平整的端面。另外，采用脉动冲油（冲油不连续）或抽油比连续的冲、抽油的效果好。

3. 电极的形状和尺寸的影响

在电极材料、电参数和其他工艺条件完全相同的情况下，电极的形状和尺寸对电极损耗影响也很大（如电极的尖角、棱边、薄片等）。如图 3-34（a）所示的型腔，用整体电极加工较困难。在实际中首先加工主型腔［见图 3-34（b）］，再用小电极加工副型腔［见图 3-34（c）］。

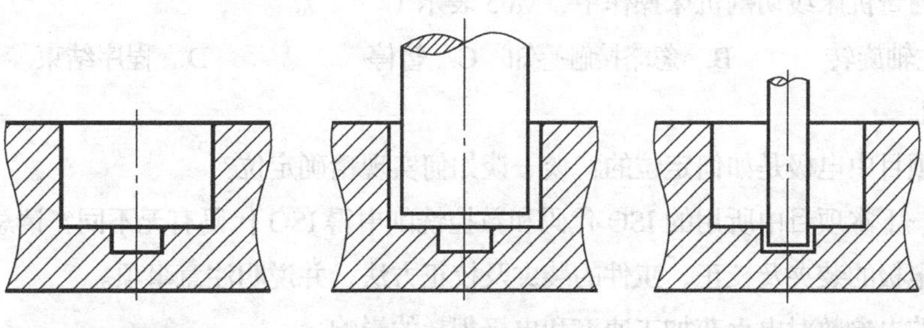

（a）型腔　（b）加工主型腔　（c）加工副型腔

图3-34　分解电极图

4. 工具电极材料的影响

工具电极损耗与其材料有关，损耗的大致顺序为：银钨合金<铜钨合金<石墨（粗规准）<紫铜<

钢<铸铁<黄铜<铝。

小结

本项目主要介绍电火花加工常用的 ISO 代码、电极的精确定位方法、电极的装夹与校正方法、非电参数（加工面积、排屑条件、电极材料、加工极性、工件材料、工作液等）对电火花加工速度的影响、非电参数（加工面积、冲油或抽油、电极的形状和尺寸、电极材料等）对电极损耗的影响。重要知识点有：电极的精确定位方法，非电参数对电火花加工速度及电极损耗的影响。

习题

1. 判断题

（　　）（1）电火花加工速度单位通常为 mm^2/min。

（　　）（2）G80 为接触感知命令，通常用于电极定位过程中。

（　　）（3）在电火花加工时，机床 Z 轴坐标值就是工件加工的深度。

（　　）（4）当电参数一定时，电极材料对电火花加工速度影响较小。

（　　）（5）当电极损耗小于 1%，通常称为无损耗电火花加工。

2. 选择题

（1）与精加工相比，粗加工的相对电极损耗（　　）。

A. 大　　B. 小　　C. 等于　　D. 不能确定

（2）ISO 代码中 M00 表示（　　）。

A. 绝对坐标　　B. 相对坐标　　C. 程序暂停　　D. 程序结束

（3）ISO 代码中 G00 表示（　　）。

A. 绝对坐标　　B. 相对坐标　　C. 程序起点　　D. 快速定位

（4）北京阿奇机床线切割机床操作中，G80 表示（　　）。

A. 接触感知　　B. 忽略接触感知　　C. 钻孔　　D. 喷流

（5）北京阿奇机床线切割机床操作中，M05 表示（　　）。

A. 主轴旋转　　B. 忽略接触感知　　C. 暂停　　D. 程序结束

3. 问答题

（1）在本项目中电极是如何定位的？谈一谈如何实现精确定位？

（2）比较一下本项目中所用的 ISO 代码和数控铣削中得 ISO 代码有无不同？请总结。

（3）总结电极的装夹及校正、工件的装夹及校正方法，并说明注意事项。

（4）总结非电参数对电火花加工速度和电极损耗的影响。

Chapter 4

项目四

孔形模具型腔的电火花加工

【能力目标】

1. 熟练校正电极。
2. 正确装夹及校正工件。
3. 熟练掌握电火花机床的接触感知功能，对电极进行精确定位。

【知识目标】

1. 掌握电火花平动原理。
2. 掌握电火花加工条件的选用。
3. 掌握电火花加工工艺规律。
4. 掌握先粗后精的加工方法。
5. 掌握常见电火花加工方法。

一、项目导入

模具型腔零件图如图 4-1 所示。如何加工模具型腔？这类零件加工的特点是：材料较硬，尺寸精度高，表面粗糙度要求高，位置精度高。用电火花加工孔形模具型腔的实施要点及相关知识分析如表 4-1 所示。

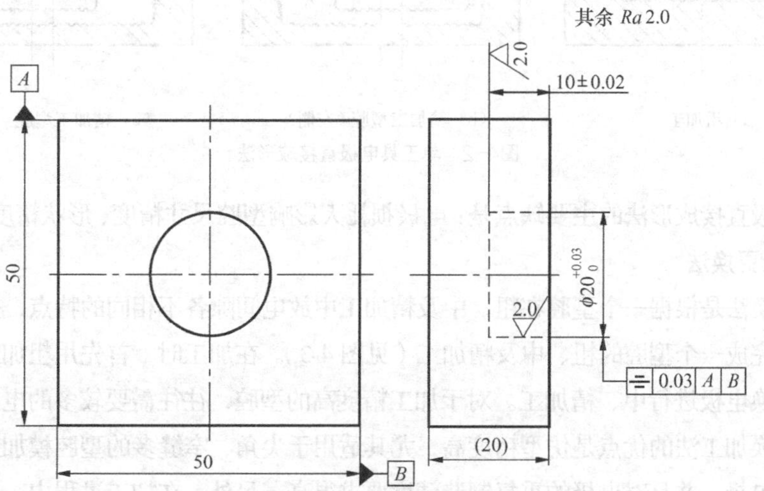

图4-1 零件图

表 4-1　　实施要点及相关知识分析

	零件要求	实施要点	相关知识
1	表面光滑，表面粗糙度要求高	先粗加工，后精加工	
2	位置尺寸精度要求高	电极的精确定位 工件的校正方法 电极的校正方法	ISO 代码 电极的精确定位方法
3	形状尺寸精度高	先粗加工，再精加工 电极的平动	电火花加工方法 电极的平动

二、相关知识

（一）电火花加工方法

根据加工对象、精度、表面粗糙度等要求和机床的性能（是否为数控机床、加工精度、最佳表面粗糙度等）确定加工方法。

电火花成形加工的加工方法通常有如下 3 种。

1. 单工具电极直接成形法

单工具电极直接成形法（见图 4-2）是采用同一个工具电极完成模具型腔的粗、中及精加工。单电极平动法加工时，工具电极只需一个电极并且只需要一次装夹定位，避免了因反复装夹带来的定位误差。

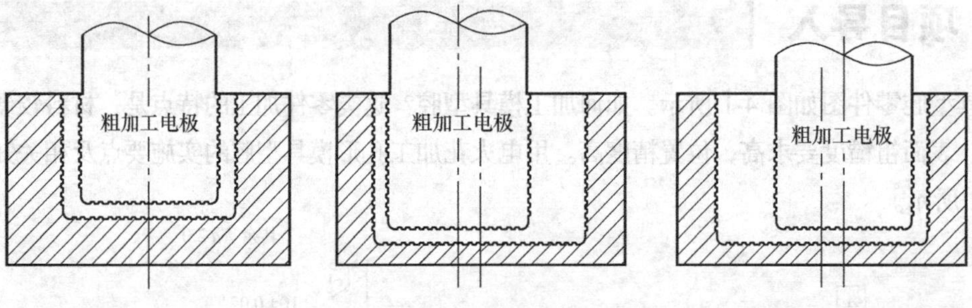

（a）粗加工　　（b）精加工型腔（左侧）　　（c）精加工型腔（右侧）

图4-2　单工具电极直接成形法

单工具电极直接成形法的主要缺点是：电极损耗大影响型腔尺寸精度、形状精度和表面粗糙度。

2. 多电极更换法

多电极更换法是根据一个型腔在粗、中及精加工中放电间隙各不相同的特点，采用几个不同尺寸的工具电极完成一个型腔的粗、中及精加工（见图 4-3）。在加工时，首先用粗加工电极蚀除大量金属，然后更换电极进行中、精加工。对于加工精度高的型腔，往往需要较多的电极来精修型腔。

多电极更换加工法的优点是仿型精度高，尤其适用于尖角、窄缝多的型腔模加工。它的缺点是需要制造多个电极，并且对电极的重复制造精度要求很高。另外，在加工过程中，电极的依次更换需要有一定的重复定位精度。

3. 分解电极加工法

分解电极加工法是根据型腔的几何形状，把电极分解成主型腔电极和副型腔电极，分别进行制造。先用主型腔电极加工出主型腔，后用副型腔电极加工尖角、窄缝等部位的副型腔（见图 4-4）。此方法的优点是能根据主、副型腔不同的加工条件，选择不同的加工规准，有利于提高加工速度和改善加工表面质量，同时还可简化电极制造，便于电极修整。缺点是主型腔和副型腔间的精确定位较难解决。

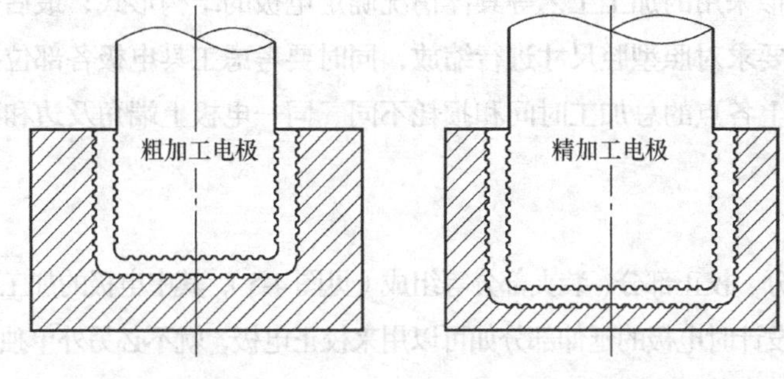

（a）粗加工　　（b）更换大电极精加工

图4-3　多电极更换法

图4-4　分解电极加工法

（二）电极的平动

如项目三电极功能所述，电极在加工中可以进行数控平动是现代数控电火花加工机床的一项基本功能。平动加工的编程代码通常由各公司自己规定，北京阿奇夏米尔工业电子有限公司对平动规定如下。

平动分为两种，一种为自由平动，另一种为伺服平动。

1. 自由平动

所谓自由平动即在主轴加工时，其他二轴反复进行特定程序的合成动作的加工方法，此合成运动简称为自由平动。在自由平动中，主轴各侧面间隙由于平动动作而循环开闭，产生了排屑效果，可用于液处理不均衡的复杂形状及盲孔的加工。当极间短路时，平动动作暂停。

自由平动共有 5 种平动轨迹。对于自由平动只需输入平动方式和平动半径。自由平动的最大平动半径为 9.999 mm，伺服平动的最大平动半径为 5 mm。

平动方式（OBT）：3 位十进制数，每一位有特定的定义，如表 4-2 所示。

表 4-2　　电极平动方式代码

图形 / 伺服平面		不平动	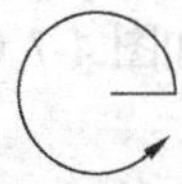	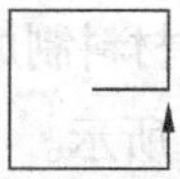	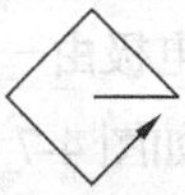		
自由平动	*XOY* 平面	000	001	002	003	004	005
	XOZ 平面	010	011	012	013	014	015
	YOZ 平面	020	021	022	023	024	025

2. 伺服平动

伺服平动是指主轴加工到指定尺寸后再进行扩大运动平动轨迹，有圆形和 20 边以内的正多边形。对于圆只需输入开始角和平动半径，对于正多边需要输入开始角度、平动半径和角数。伺服平动的最大平动半径为 5 mm。开始角度是指起始轨迹与 X 正向的夹角；平动半径是指输入平动的半径或矢量的长度，范围为 0~5 mm；角数是输入正多边形的角数，数值范围为 1~20。圆形伺服平动无需输入角数。

（三）电极的设计

电极设计是电火花加工中的关键点之一。在设计中，首先是详细分析产品图纸，确定电火花加工位置；其次是根据现有设备、材料、拟采用的加工工艺等具体情况确定电极的结构形式；最后是根据不同的电极损耗、放电间隙等工艺要求对照型腔尺寸进行缩放，同时要考虑工具电极各部位投入放电加工的先后顺序不同、工具电极上各点的总加工时间和损耗不同、同一电极上端角及边和面上的损耗值不同等因素来适当补偿电极。

1. 电极的结构形式

电极的结构通常由加工部分、延伸部分、校正部分、装夹部分等组成（见图 4-5），其中电极的加工部分必不可少，其他部分应尽可能简化。在设计时电极的延伸部分如可以用来校正电极，就不必另外单独设计校正部分。在确定电极的结构时，还需要考虑电极如何确定在 X 方向、Y 方向及 Z 方向的定位。如图 4-6（a）所示的电极为加工一个凸形曲面的电极，该电极容易装夹校正及 X 方向、Y 方向的定位，但 Z 方向的定位较难。若设计成图 4-6（b）形式，则如图 4-6（c）所示，用基准球就很容易实现 Z 方向的定位。

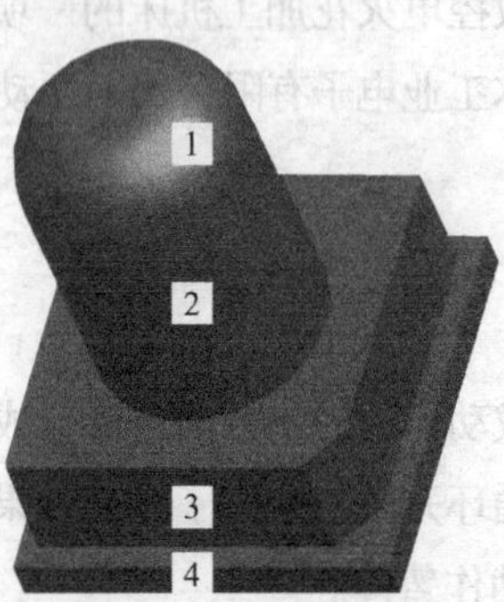

图4-5 电极的结构

1. 加工部分；2. 延伸部分；
3. 校正部分；4. 装夹部分

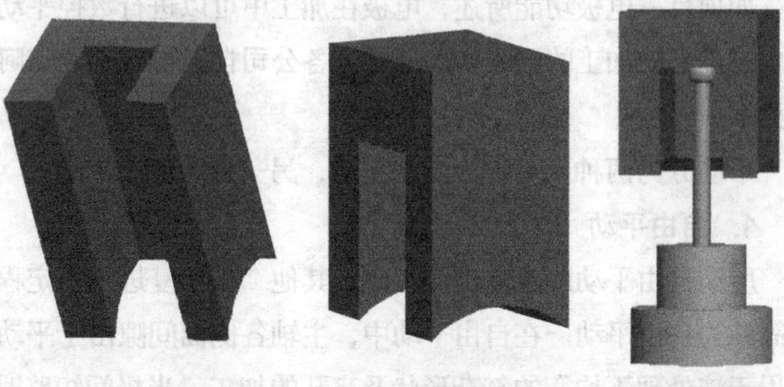

（a）电极　（b）电极　（b）电极定位

图4-6 电极的结构设计

在实际生产中，根据型孔或型腔的尺寸大小、复杂程度及电极的加工工艺性等来确定电极的结构形式。常用的电极结构形式如下。

（1）整体电极。整体式电极由一整块材料制成，如图 4-7（a）所示。若电极尺寸较大则在内部设置减轻孔及多个冲油孔，如图 4-7（b）所示。

（2）镶拼式电极。镶拼式电极是对形状复杂而制造困难的电极分成几块来加工，然后再镶拼成整体的电极。如图 4-8 所示，将方形电极分成 4 块，加工完毕后再镶拼成整体。这样既可以保证电极的制造精度，得到了尖锐的凹角，又简化了电极的加工，节约了材料，降低了制造成本，但在制造中应保证各电极分块之间的位置准确，配合要紧密牢固。

（a）整体式电极　　（b）有减轻孔的整体式电极

图4-7　整体式电极

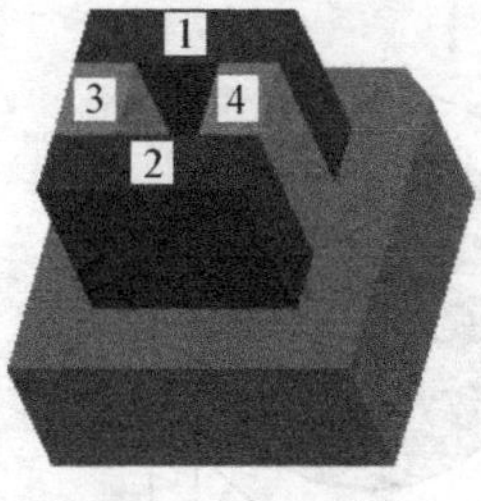

图4-8　镶拼式电极

2. 电极的尺寸

电极的尺寸包括垂直尺寸和水平尺寸，它们的公差通常是型腔相应部分公差的 1/2。

（1）垂直尺寸。电极的垂直尺寸取决于采用的加工方法、加工工件的结构形式、加工深度、电极材料、型孔的复杂程度、装夹形式、使用次数、电极定位校正、电极制造工艺等一系列因素。在设计中，综合考虑上述各种因素后很容易确定电极的垂直尺寸，下面举例简述如下。

如图 4-9（a）所示的凹模穿孔加工电极，L_1 为凹模板挖孔部分长度尺寸，在实际加工中，L_1 部分虽然不需电火花加工，但在设计电极时必须考虑该部分长度；L_3 为电极加工中端面损耗部分，在设计中也要考虑。

图 4-9（b）所示的电极用来清角，即清除某型腔的角部圆角。由于加工部分电极较细，受力易变形，基于电极定位、校正的需要，在实际中应适当增加长度 L_1 的部分。

如图 4-9（c）所示的电火花成形加工电极，电极尺寸包括了加工一个型腔的有效高度 L、加工一个型腔位于另一个型腔中需增加的高度 L_1、加工结束时电极夹具和夹具或压板不发生碰撞而应增加的高度 L_2 等。

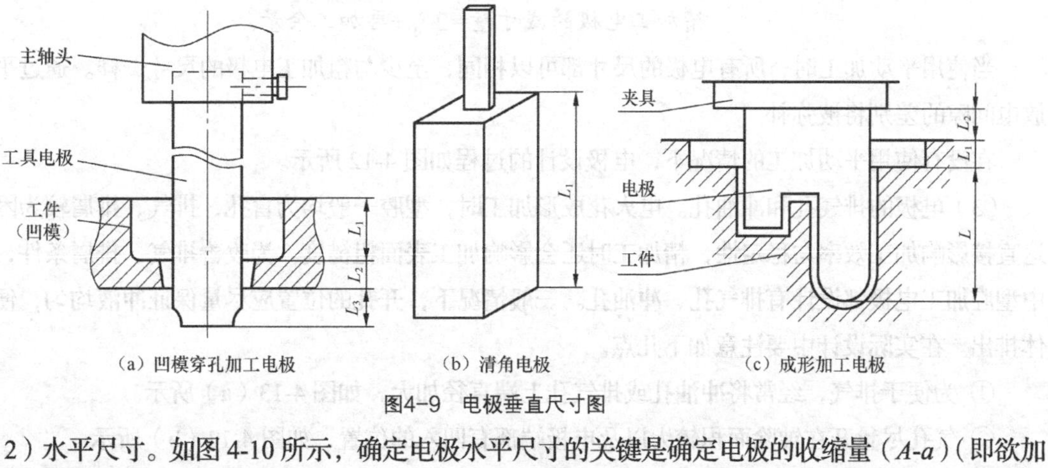

（a）凹模穿孔加工电极　　（b）清角电极　　（c）成形加工电极

图4-9　电极垂直尺寸图

（2）水平尺寸。如图 4-10 所示，确定电极水平尺寸的关键是确定电极的收缩量（A-a）（即欲加工型腔面与电极之间的尺寸差）。

当无平动加工时，精加工电极的减寸量主要由电火花加工的放电间隙 $2\delta_0$（见图 4-11）决定，粗加工电极的减寸量主要由安全间隙 M（见图 4-11）决定。

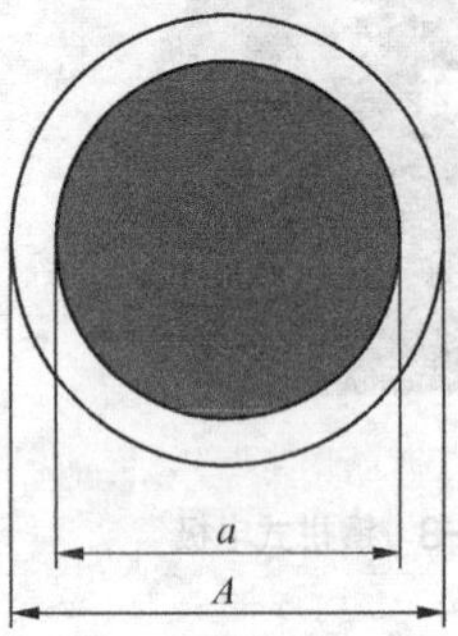

图4-10 电极水平截面尺寸缩放示意图

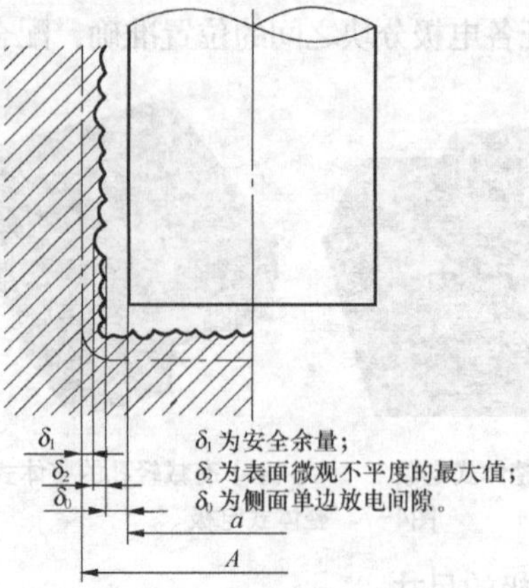

图4-11 电极单边缩放量原理图

一般来说，安全间隙值 M 包含放电间隙、粗加工侧向表面粗糙度和安全余量（主要考虑温度影响、表面粗糙度测量误差），即

$$M = 2（\delta_0 + \delta_1 + \delta_2） \tag{4-1}$$

δ_1、δ_2、δ_0 的意义如图 4-11 所示。另外需要注意的是，如果工件加工后需要抛光，那么在水平尺寸的确定过程中需要考虑抛光余量等再加工余量。一般情况下，加工钢时，抛光余量为精加工粗糙度 R_{max} 的 3 倍；加工硬质合金钢时，抛光余量为精加工粗糙度 R_{max} 的 5 倍。

综上所述，当无平动加工且电火花加工后不需再加工时：

粗加工电极的减寸量 $= M$；

精加工电极的减寸量$=2\delta_0$。

当无平动加工且电火花加工后需要再加工时：

粗加工电极的减寸量 $= M +$ 再加工余量；

精加工电极的减寸量$=2\delta_0$ +再加工余量。

当使用平动加工时，所有电极的尺寸都可以相同，至少与粗加工电极的尺寸一样。通过平动，放电间隙的差别将被弥补。

在没有使用平动加工的情况下，电极设计的过程如图 4-12 所示。

（3）电极的排气孔和冲油孔。电火花成形加工时，型腔一般均为盲孔，排气、排屑较为困难，这直接影响加工效率与稳定性，精加工时还会影响加工表面粗糙度。为改善排气、排屑条件，大、中型腔加工电极都设计有排气孔、冲油孔。一般情况下，开孔的位置应尽量保证冲液均匀，便于气体排出。在实际设计中要注意如下几点。

① 为便于排气，经常将冲油孔或排气孔上端直径加大，如图 4-13（a）所示。

② 气孔尽量开在蚀除面积较大以及电极端部有凹入的位置，如图 4-13（b）所示。

③ 冲油孔要尽量开在不易排屑的拐角、窄缝处，图 4-13（c）所示的形式不好，而图 4-13（d）所示的形式较好。

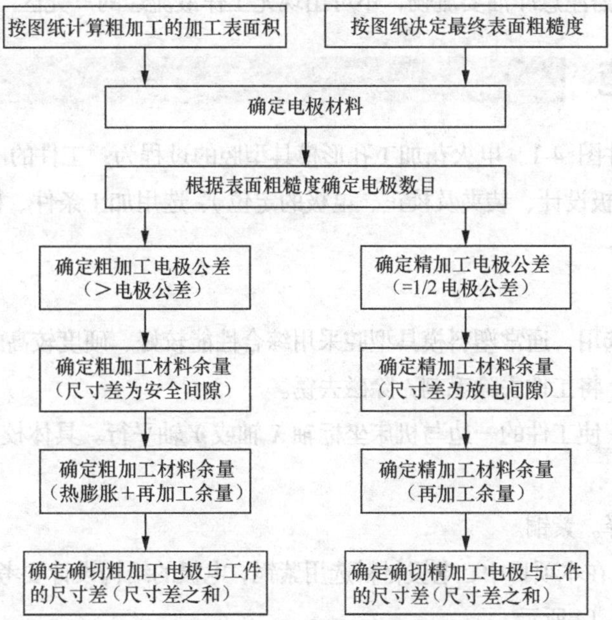

图4-12　电极的设计过程

④ 排气孔和冲油孔的直径约为平动量的 1～2 倍，一般取$\phi 1$～$\phi 1.5$ mm；为便于排气排屑，常把排气孔、冲油孔的上端孔径加大到$\phi 5$～$\phi 8$ mm；孔距在 20～40 mm 左右，位置相对错开，以避免加工表面出现“波纹”。

⑤ 尽可能避免冲油孔在加工后留下的柱芯，如图 4-13（f）、图 4-13（g）、图 4-13（h）所示较好，图 4-13（e）所示的形式不好。

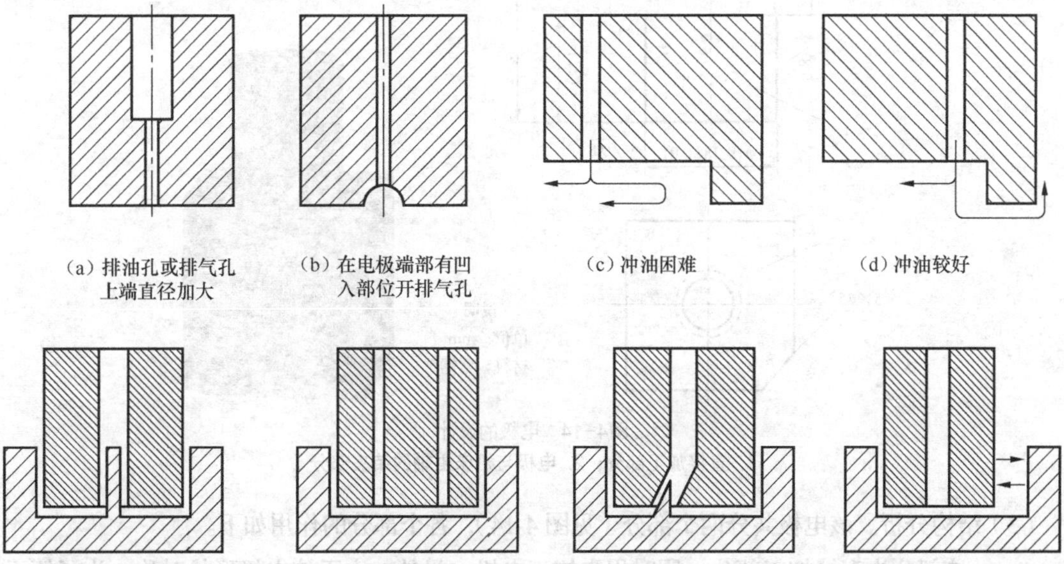

（a）排油孔或排气孔上端直径加大　（b）在电极端部有凹入部位开排气孔　（c）冲油困难　（d）冲油较好

（e）冲油孔过大，出现铁屑　（f）小冲油孔（直径<2 倍单边放电间隙）　（g）倾斜冲油孔　（h）平动（电极必须小一点）

图4-13　电极开设示意图

⑥ 冲油孔的布置需注意冲油要流畅，不可出现无工作液流经的“死区”。

三、项目实施

仔细分析加工零件图 4-1。电火花加工孔形模具型腔的过程为：工件的准备（工件的装夹与校正）、电极的准备（电极设计、装夹及校正、电极的定位）、选用加工条件、机床操作/加工等。

（一）加工准备

1. 工件的准备

（1）工件材料的选用。通常塑料模具型腔采用综合性能较好、硬度较高的硬质合金钢。

（2）工件的准备。将工件去除毛刺，除磁去锈。

（3）将工件校正，使工件的一边与机床坐标轴 X 轴或 Y 轴平行。具体校正方法参照项目三。

2. 电极的准备

（1）电极材料选择。紫铜。

（2）电极的设计。在本项目中，电极材料选用紫铜，电极的结构设计要考虑电极的装夹与校正。本项目电极设计如图 4-14 所示。

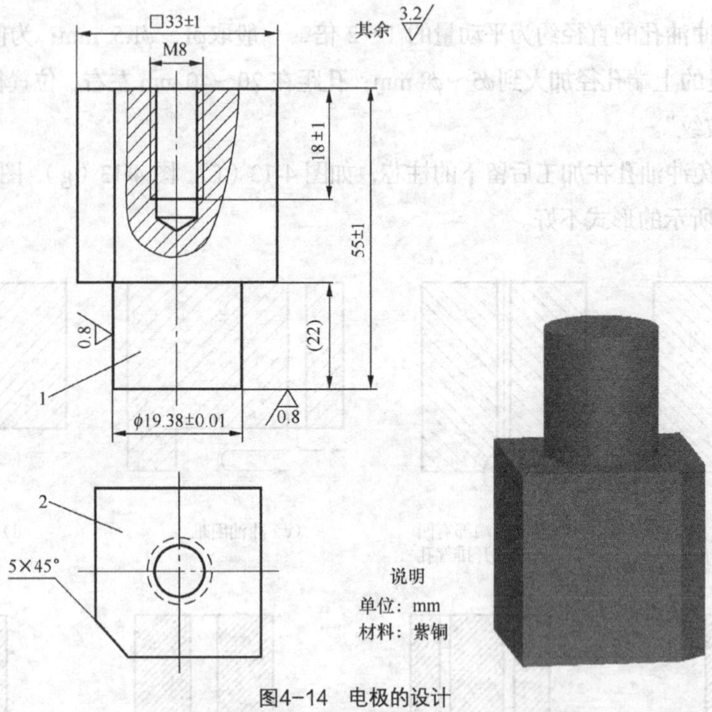

图4-14 电极的设计

1. 直接加工部分；2. 电极与机床主轴的装夹部分

（3）结构分析。该电极共分两个部分（见图 4-14），各个部分的作用如下。

1——该部分为直接加工部分，同时用来校正电极；另外，由于该电极形状对称，为了便于识别方向，特意在本电极的 3 部分设计了 5 mm 的倒角。

2——电极与机床主轴的装夹部分。该部分的结构形式应根据电极装夹的夹具形式确定。

（4）尺寸分析。垂直方向尺寸分析：电极 1 部分用来加工，根据经验在加工型腔深度 10 mm 的基础上需要增加 10～20 mm。

水平方向尺寸分析：横截面尺寸最好根据加工条件确定或根据经验值确定。在没有实际经验的情况下根据加工条件来选定。

根据加工孔的面积 $A = 3.14 \times 1^2 = 3.14\ \text{cm}^2$，若采用标准型参数表（见表 4-3，兼顾加工效率和电极损耗）选加工条件 C131，则理想的电极横截面尺寸为加工孔的直径减去安全间隙，即 20−0.61 = 19.39 mm。

表 4-3　　铜打钢标准型参数表

条件号	面积 (cm²)	安全间隙 (mm)	放电间隙 (mm)	加工速度 (mm³/min)	损耗 (%)	粗糙度 (R_a)		极性	电容	高压管数	管数	脉冲间隙	脉冲宽度	模式	损耗类型	伺服基准	伺服速度	极限值	
						侧面	底面											脉冲间隙	伺服基准
121	—	0.045	0.040	—	—	1.1	1.2	+	0	0	2	4	8	8	0	80	8	—	—
123	—	0.070	0.045	—	—	1.3	1.4	+	0	0	3	4	8	8	0	80	8	—	—
124	—	0.10	0.050	—	—	1.6	1.6	+	0	0	4	6	10	8	0	80	8	—	—
125	—	0.12	0.055	—	—	1.9	1.9	+	0	0	5	6	10	8	0	75	8	—	—
126	—	0.14	0.060	—	—	2.0	2.6	+	0	0	6	7	11	8	0	75	10	—	—
127	—	0.22	0.11	4.0	—	2.8	3.5	+	0	0	7	8	12	8	0	75	10	—	—
128	1	0.28	0.165	12.0	0.40	3.7	5.8	+	0	0	8	11	15	8	0	75	10	5	52
129	2	0.38	0.22	17.0	0.25	4.4	7.4	+	0	0	9	13	17	8	0	75	12	6	52
130	3	0.46	0.24	26.0	0.25	5.8	9.8	+	0	0	10	13	18	8	0	70	12	6	50
131	4	0.61	0.31	46.0	0.25	7.0	10.2	+	0	0	11	13	18	8	0	70	12	5	48
132	6	0.72	0.36	77.0	0.25	8.2	12	+	0	0	12	14	19	8	0	65	15	5	48
133	8	1.00	0.53	126.0	0.15	12.2	15.2	+	0	0	13	14	22	8	0	65	15	5	45
134	12	1.06	0.544	166.0	0.15	13.4	16.7	+	0	0	14	14	23	8	0	58	15	7	45
135	20	1.581	0.84	261.0	0.15	15.0	18.0	+	0	0	15	16	25	8	0	58	15	8	45

（5）电极装夹与校正。根据项目三中电极的装夹与校正的方法将电极装夹在电极夹头上，校正电极。

（6）电极的定位。本项目电极定位十分精确，电火花加工定位过程如图 4-15 所示，通常采用机床的自动找外中心功能实现电极在工件中心的定位。

电极定位时，首先通过目测将电极移到工件中心正上方约 5 mm 处，如图 4-15（a）所示，将机床的工作坐标清零，然后通过手控盒将电极移到工件的左下方，如图 4-15（b）所示。电极移到工件左下方的具体数值可参考：在 X-Y 平面上，电极距离工件的侧边距离为 10～15 mm，在 X-Z 平面上，电极低于工件上表面约 5～10 mm。记下此时机床屏幕上的工件坐标，取整数分别输入到机床的找外中心屏幕上的 X 向行程、Y 向行程、下移距离，如图 4-15（c）所示）。然后将电极移到工件坐标系的零点，即最开始目测的工件中心上方约 5 mm 的地方。最后按照机床的相应说明操作机床，分别在 $X+$、$X-$、$Y+$、$Y-$ 4 个方向对电极进行感知，并最终将电极定位于工件的中心。同理，电极通过 G80Z−可以实现电极在 Z 方向的定位，如图 4-15（e）所示。

思考 如何实现电极的精确定位？先通过目测将电极移到工件中心，然后再移到工件的左下方，其目的是什么？

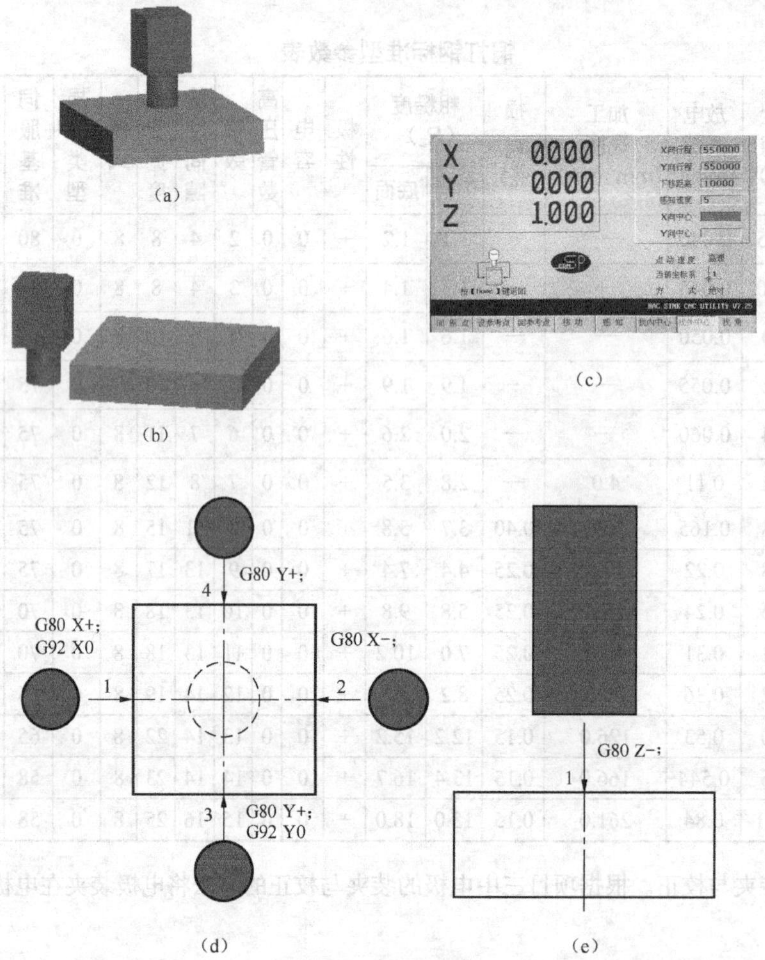

图4−15 电极的定位

3. 加工条件的选择

根据要加工型腔的面积，确定电极的理想尺寸为 ϕ19.39 mm，因此电极的设计尺寸为 ϕ19.38 ± 0.01 mm。根据设计尺寸，实际加工出来的电极的尺寸可能刚好等于 19.39 mm，也可能小于 19.39 mm，也可能大于 19.39 mm。下面分别以电极尺寸为 19.41 mm、19.39 mm、19.37 mm 为例，说明加工条件的选择。

（1）电极尺寸为 19.41 mm。

① 电极横截面尺寸为 3.14 cm^2，根据表 4-3，可选择初始加工条件 C131，但采用 C131 时电极的最大尺寸为 19.39 mm（型腔尺寸减去安全间隙：20-0.61 = 19.39 mm）。现有电极若大于 19.39 mm，则只能选下一个条件 C130 为初始加工条件。当选 C130 为初始加工条件时，电极的最大直径为 20−0.46 = 19.54 mm。现电极尺寸为 19.41 mm，因此最终选择初始加工条件为 C130。

② 图 4-1 所示型腔加工的最终表面粗糙度为 R_a2.0，由表 4-2 选择最终加工条件 C125。因此，工件最终的加工条件为 C130—C129—C128—C127—C126—C125。

③ 平动半径的确定。平动半径为电极尺寸收缩量的一半，即（型腔尺寸−电极尺寸）/2 =（20−19.41）/2 = 0.295mm。

④ 每个条件的底面留量的计算方法。最后一个加工条件按该条件的单边火花放电间隙值δ_0留底面加工余量。除最后一个加工条件外，其他底面留量按该加工条件的安全间隙值的一半（即 *M*/2）留底面加工余量，具体如表 4-4 所示。

表 4-4　　加工条件与底面留量对应表　　单位：mm

项目＼加工条件	C130	C129	C128	C127	C126	C125
底面留量	0.23	0.19	0.14	0.11	0.07	0.027 5
电极在 Z 方向位置	−10 + 0.23	−10 + 0.19	−10 + 0.14	−10 + 0.11	−10 + 0.07	−10 + 0.027 5
放电间隙	0.24	0.22	0.165	0.11	0.06	0.055
该条件加工完后的孔深	−10 + 0.23 −0.24/2 = −9.89	−10 + 0.19 −0.22/2 = −9.92	−10 + 0.14 −0.165/2 = −9.943	−10 + 0.11 −0.11/2 = −9.945	−10 + 0.07 −0.06/2 = −9.96	−10 + 0.027 5 −0.055/2 = −10
Z 方向加工量	9.89	0.03	0.023	0.002	0.015	0.04
备注	粗加工	粗加工	粗加工	粗加工	粗加工	精加工

（2）电极尺寸为 19.39 mm。

① 根据上面所述选择初始加工条件 C131，采用 C131 时电极的最大尺寸为 19.39mm。现有电极尺寸刚好为 19.39 mm，因此最终选择初始加工条件为 C131。

② 图 4-1 所示型腔加工的最终表面粗糙度为 R_a2.0，由表 4-3 选择最终加工条件 C125。因此，工件最终的加工条件为 C131—C130—C129—C128—C127—C126—C125。

③ 平动半径的确定。平动半径为电极尺寸收缩量的一半，即（型腔尺寸−电极尺寸）/2 =（20−19.39）/2 = 0.305 mm。

④ 每个条件的底面留量具体如表 4-5 所示。

表 4-5　　加工条件与底面留量对应表　　单位：mm

项目＼加工条件	C131	C130	C129	C128	C127	C126	C125
底面留量	0.305	0.23	0.19	0.14	0.11	0.07	0.027 5
备注	粗加工	粗加工	粗加工	粗加工	粗加工	粗加工	精加工

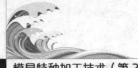

（3）电极尺寸为 19.37 mm。

① 根据上面所述选择初始加工条件 C131，采用 C131 时电极的最大尺寸为 19.39 mm。现有电极尺寸为 19.37 mm，因此最终选择初始加工条件为 C131。

② 图 4-1 所示型腔加工的最终表面粗糙度为 R_a2.0，由表 4-3 选择最终加工条件 C125。因此，工件最终的加工条件为 C131—C130—C129—C128—C127—C126—C125。

③ 平动半径的确定。平动半径为电极尺寸收缩量的一半，即（型腔尺寸-电极尺寸）/2 =（20-19.37）/2 = 0.315mm。

④ 每个条件的底面留量具体如表 4-6 所示。

表 4-6　　加工条件与底面留量对应表　　单位：mm

项目 \ 加工条件	C131	C130	C129	C128	C127	C126	C125
底面留量	0.305	0.23	0.19	0.14	0.11	0.07	0.027 5
备注	粗加工	粗加工	粗加工	粗加工	粗加工	粗加工	精加工

（思考：为什么电极尺寸为 19.37 mm 时，初始加工条件也为 C131？能否选择 C130 或 C132？）

4. 生成 ISO 代码

当电极直径为 1.41 mm 时，其程序如下。

```
停止位置 = 1.000 mm
加工轴向 = Z-
材料组合 = 铜-钢
工艺选择 = 标准值
加工深度 = 10.000 mm
尺 寸 差 = 0.590 mm
粗 糙 度 = 2.000 mm        方式 = 打开    形腔数 = 0
投影面积 = 3.14 cm²        自由圆形平动  平动半径：0.295 mm
T84; //液泵打开
G90; //绝对坐标系
G30 Z+; //设定抬刀方向
H970 = 10.0000; (machine depth)  //加工深度值，便于编程计算
H980 = 1.0000; (up-stop position)  //机床加工后停止高度
G00 Z0 + H980; //机床由安全高度快速下降定位到 Z = 1 mm 的位置
M98 P0130; //调用子程序 N0130
M98 P0129; //调用子程序 N0129
M98 P0128; //调用子程序 N0128
M98 P0127; //调用子程序 N0127
M98 P0126; //调用子程序 N0126
M98 P0125; //调用子程序 N0125
T85 M02; //关闭油泵，程序结束
;
```

```
N0130;
G00 Z+0.5; //快速定位到工件表面 0.5 mm 的地方
C130 OBT001 STEP0065; //采用 C130 条件加工，平动量为 65 μm
G01 Z+0.230-H970; //加工到深度为-10+0.23=-9.77 mm 的位置
M05 G00 Z0+H980; //忽略接触感知，电极快速抬刀到工件表面 1 mm 的位置
M99; //子程序结束，返回主程序
;
N0129;
G00 Z+0.5; //快速定位到工件表面 0.5 mm 的地方
C129 OBT001 STEP0143; //采用 C129 条件加工，平动量为 143 μm
G01 Z+0.190-H970; //加工到深度为-10+0.19=-9.81 mm 的位置
M05 G00 Z0+H980; //忽略接触感知，电极快速抬刀到工件表面 1 mm 的位置
M99;
;
N0128;
G00 Z+0.5;
C128 OBT001 STEP0183; //采用 C128 条件加工，平动量为 183 μm
G01 Z+0.140-H970; //加工到深度为-10+0.14=-9.86 mm 的位置
M05 G00 Z0+H980;
M99;
;
N0127;
G00 Z+0.5;
C127 OBT001 STEP0207; //采用 C127 条件加工，平动量为 207 μm
G01 Z+0.110-H970; //加工到深度为-10+0.11=-9.89 mm 的位置
M05 G00 Z0+H980;
M99;
;
N0126;
G00 Z+0.5;
C126 OBT001 STEP0239; //采用 C126 条件加工，平动量为 239 μm
G01 Z+0.070-H970; //加工到深度为-10+0.07=-9.93 mm 的位置
M05 G00 Z0+H980;
M99;
;
N0125;
G00 Z+0.5;
C125 OBT001 STEP0268; //采用 C125 条件加工，平动量为 268 μm
G01 Z+0.027-H970; //加工到深度为-10+0.027=-9.973 mm 的位置
M05 G00 Z0+H980;
M99;
```

说明

带平动加工时平动量的计算。

若用尺寸差为 0.59 mm 的电极加工此工件，则需要使用平动加工。平动量的选择也需要实际经验，北京阿奇夏米尔技术服务有限责任公司推荐一种计算方法，具体如下。

平动半径 R = 电极尺寸收缩量/2 =（20−19.41）/2 = 0.295mm

每个条件的平动量 = $R-M/2$（首要条件）

= $R-0.4M$（中间条件）

= $R-\delta_0$（最终条件）

具体平动量如表 4-7 所示。

表 4-7　加工条件与平动量的理论计算对应表

加工条件	C130	C129	C128	C127	C126	C125
确定方法	取 $R-M/2$ 值	取 $R-0.4M$ 值				取 $R-\delta_0$ 值
平动量	0.295−0.23 = 0.065	0.295−0.4 × 0.38 = 0.143	0.295−0.4 × 0.28 = 0.183	0.295−0.4 × 0.22 = 0.207	0.295−0.4 × 0.14 = 0.239	0.295−0.5 × 0.055 = 0.268

（二）加工

启动机床进行加工。仔细分析表 4-3，可得出如下结论。

（1）第一个加工条件几乎去除整个加工量的 99%，因此加工效率高。

（2）与中间其他加工条件 C129、C128、C127、C126 相比，最后一个加工条件 C125 的加工余量（深度方向为 0.04 mm）很大，同时因为 C125 为精加工条件，加工效率最低，因此，最后一个加工条件加工的时间较长。

（3）在实际加工中第一个加工条件与最后一个加工条件所花费的时间长。之所以第一个加工条件加工时间长，是因为需要用该条件去除几乎 99%的加工量，而最后一个加工条件花费时间长则是因为加工余量相对加大且加工效率低。

根据上面的分析可知，若在粗加工阶段没有加工到位，则精加工（最后一个加工条件）所花费的时间就更长，因此在实际加工中应尽可能保证每个加工条件加工深度到位，同时根据实际经验减少最后一个条件加工量。为了保证每个加工条件的加工深度到位，必须及时在线检测加工深度。如，在第一个条件加工完后测量孔深是否为 9.89 mm，若没有达到，则应再用该条件加工到 9.89 mm。在测量时，为了保证精度，通常采用百分表在线测量。测量时首先将百分表座固定在机床主轴，然后下降 Z 轴，使百分表探针充分接触到工件上表面，并转动百分表刻度盘，使百分表指示针指向 0 刻度（其目的是便于记忆），如图 4-16（a）所示，记下机床 Z 轴坐标。然后将百分表抬起，移动机床工作台到加工的型腔中心。再次下降 Z 轴，使百分表探针逐步接触型腔表面，并使指示针指向 0 刻度，如图 4-16（b）所示，记下此时机床 Z 轴坐标。两次 Z 轴坐标的差值即为型腔的深度。

（a）百分比指向工件表面　　（b）百分表指向型孔表面

图4-16　工件深度的在线测量

四、拓展知识

（一）复杂电极的水平尺寸

设计电极的水平尺寸主要就是确定电极的尺寸收缩量 $A-a$。前面叙述了简单电极的尺寸收缩量，复杂电极的尺寸收缩量可用下式确定：

$$A-a=\pm Kb \tag{4-2}$$

式中：a——电极水平方向的尺寸；

A——型腔的水平方向的尺寸；

K——与型腔尺寸标注法有关的系数；

b——电极单边缩放量。

当粗加工时，$b=\delta_1+\delta_2+\delta_0$（注：$\delta_1$、$\delta_2$、$\delta_0$ 的意义如图 4-12 所示）。

式（4-2）中的±号和 K 值的具体含义如下。

（1）凡图样上型腔凸出部分，其相对应的电极凹入部分的尺寸应放大，即用“−”号；反之，凡图样上型腔凹入部分，其相对应的电极凸出部分的尺寸应缩小，即用“+”号。

（2）K 值的选择原则。当图中型腔尺寸完全标注在边界上（即相当于直径方向尺寸或两边界都为定形边界）时，K 取 2；一端以中心线或非边界线为基准（即相当于半径方向尺寸或一端边界定形另一端边界定位）时，K 取 1；对于图中型腔中心线之间的位置尺寸（即两边界为定位尺寸）以及角度值和某些特殊尺寸（见图 4-17 中的 a_1），电极上相对应的尺寸不增不减，K 取 0。对于圆弧半径，亦按上述原则确定。

根据以上叙述，在图 4-17 中，电极尺寸 a 与型腔尺寸 A 有如下关系：

$a_1=A_1$；$a_2=A_2-2b$；$a_3=A_3-b$；$a_4=A_4$；$a_5=A_5-b$；$a_6=A_6+b$

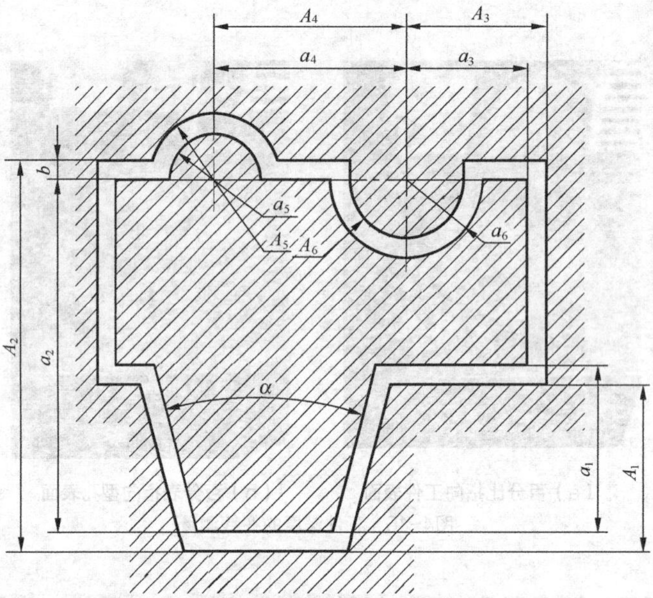

图4-17 电极型腔水平尺寸对比图

（二）电参数对加工速度的影响

（1）脉冲宽度对加工速度的影响。单个脉冲能量的大小是影响加工速度的重要因素（见图 4-18）。对于矩形波脉冲电源，当峰值电流一定时，脉冲能量与脉冲宽度成正比。脉冲宽度增加，加工速度随之增加，因为随着脉冲宽度的增加，单个脉冲能量增大，使加工速度提高。但若脉冲宽度过大，加工速度反而下降。这是因为单个脉冲能量虽然增大，但转换的热能有较大部分散失在电极与工件之中，不起蚀除作用。同时，在其他加工条件相同时，随着脉冲能量过分增大，蚀除产物增多，排气、排屑条件恶化，间隙消电离时间不足，导致拉弧、加工稳定性变差等问题，致使加工速度反而降低。

（2）脉冲间隔对加工速度的影响。在脉冲宽度一定的条件下，若脉冲间隔减小，则加工速度提高。这是因为脉冲间隔减小将导致单位时间内工作脉冲数目增多、加工电流增大，故加工速度提高。但若脉冲间隔过小，会因放电间隙来不及消电离而引起加工稳定性变差，导致加工速度降低（见图 4-19）。

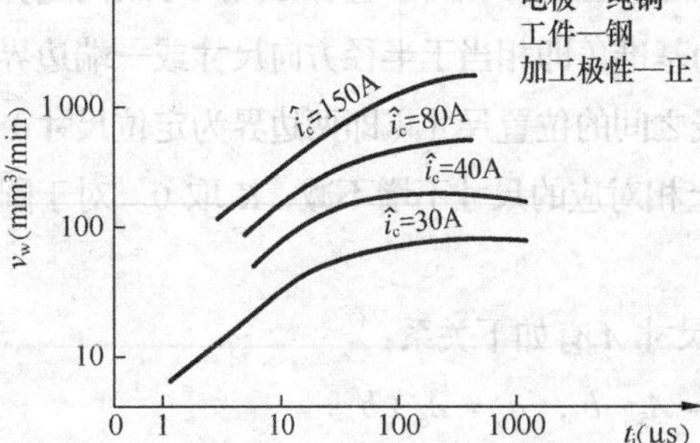

图4-18 脉冲宽度与加工速度的关系

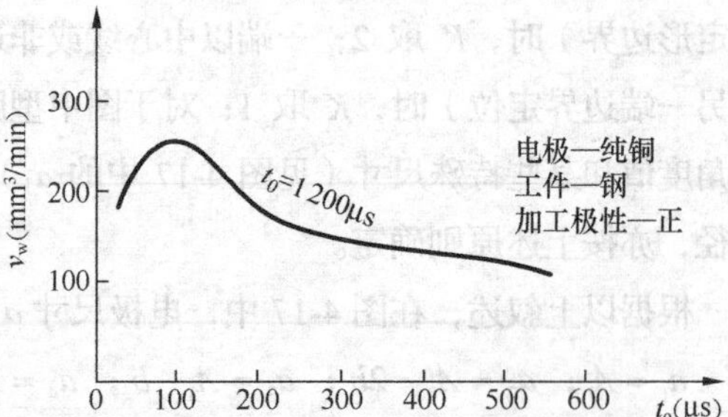

图4-19 脉冲间隔与加工速度的关系

在脉冲宽度一定的条件下，为了最大限度地提高加工速度，应在保证稳定加工的同时，尽量缩短脉冲间隔时间。带有脉冲间隔自适应控制的脉冲电源，能够根据放电间隙的状态，在一定范围内调节脉冲间隔的大小，这样既能保证稳定加工，又可以获得较大的加工速度。

（3）峰值电流对加工速度的影响。当脉冲宽度和脉冲间隔一定时，随着峰值电流的增加，加工速度也增加。因为加大峰值电流，等于加大单个脉冲能量，所以加工速度也就提高了。但若峰值电流过大（即单个脉冲放电能量很大），加工速度反而下降。

此外，峰值电流增大将降低工件表面粗糙度和增加电极损耗。在生产中，应根据不同的要求，选择合适的峰值电流。

（三）电参数对电极损耗的影响

（1）脉冲宽度对电极损耗的影响。在峰值电流一定的情况下，随着脉冲宽度的减小，电极损耗增大。脉冲宽度越窄，电极损耗θ上升的趋势越明显（见图 4-20）。所以，精加工时的电极损耗比粗加工时的电极损耗大。

脉冲宽度增大，电极相对损耗降低的原因如下。

① 脉冲宽度增大，单位时间内脉冲放电次数减少，使放电击穿引起电极损耗的影响减少。同时，负极（工件）承受正离子轰击的机会增多，正离子加速的时间也长，极性效应比较明显。

② 脉冲宽度增大，电极覆盖效应增强，也减少了电极损耗。在加工中电蚀产物（包括被熔化的金属和工作液受热分解的产物）不断沉积在电极表面，对电极的损耗起补偿作用。但如果这种飞溅沉积的量大于电极本身损耗，就会破坏电极的形状和尺寸，影响加工效果；如飞溅沉积的量恰好等于电极的损耗，两者达到动态平衡，则可得到无损耗加工。由于电极端面、角部、侧面损耗的不均匀性，无损耗加工是难以实现的。

（2）峰值电流对电极损耗的影响。对于一定的脉冲宽度，加工时的峰值电流不同，电极损耗也不同（见图 4-21）。

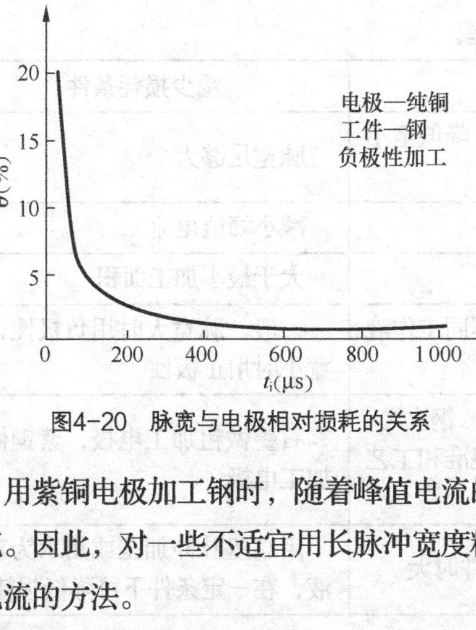

图4-20　脉宽与电极相对损耗的关系

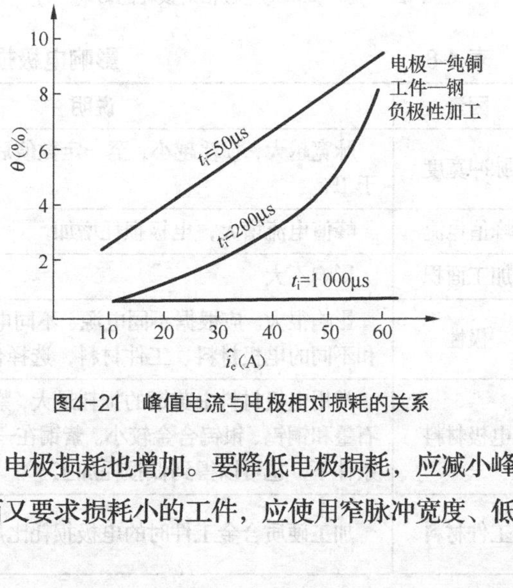

图4-21　峰值电流与电极相对损耗的关系

用紫铜电极加工钢时，随着峰值电流的增加，电极损耗也增加。要降低电极损耗，应减小峰值电流。因此，对一些不适宜用长脉冲宽度粗加工而又要求损耗小的工件，应使用窄脉冲宽度、低峰值电流的方法。

由以上内容可见，脉冲宽度和峰值电流对电极损耗的影响效果是综合性的。只有脉冲宽度和峰值电流保持一定关系，才能实现低损耗加工。

（3）脉冲间隔的影响。在脉冲宽度不变时，随着脉冲间隔的增加，电极损耗增大（见图4-22）。因为脉冲间隔加大，引起放电间隙中介质消电离状态的变化，使电极上的覆盖效应减弱。

随着脉冲间隔的减小，电极损耗也随之减少，但超过一定限度，放电间隙将来不及消电离而造成拉弧烧伤，反而影响正常加工的进行。尤其是粗规准、大电流加工时，更应注意。

（4）加工极性的影响。在其他加工条件相同的情况下，加工极性不同对电极损耗影响很大。当脉冲宽度 t_i 小于某一数值时，正极性损耗小于负极性损耗；反之，当脉冲宽度 t_i 大于某一数值时，负极性损耗小于正极性损耗。如图4-23所示，一般情况下，采用石墨电极和铜电极加工钢时，粗加工用负极性，精加工用正极性。但在钢电极加工钢时，无论粗加工或精加工都要用负极性，否则电极损耗将大大增加。结合前面非电参数对电极损耗的影响，总结影响电极损耗的因素如表4-8所示。

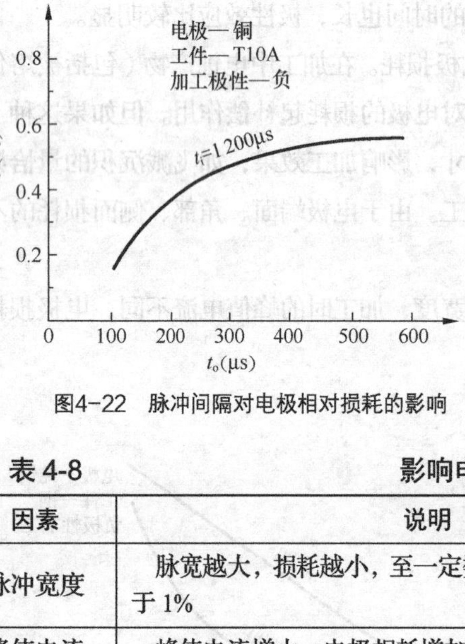

图4-22　脉冲间隔对电极相对损耗的影响

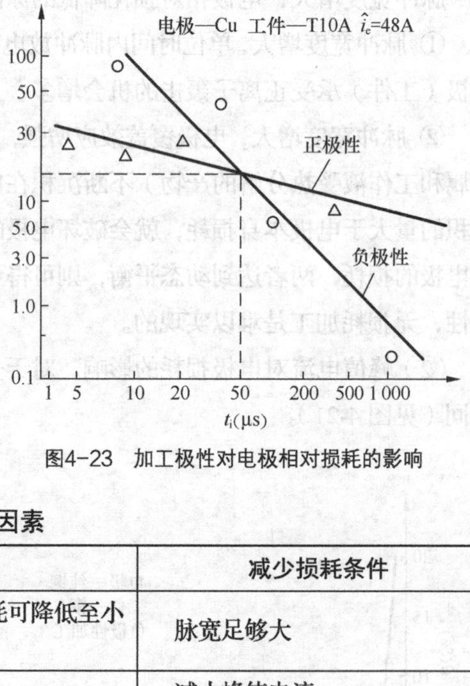

图4-23　加工极性对电极相对损耗的影响

表4-8　影响电极损耗的因素

因素	说明	减少损耗条件
脉冲宽度	脉宽越大，损耗越小，至一定数值后，损耗可降低至小于1%	脉宽足够大
峰值电流	峰值电流增大，电极损耗增加	减小峰值电流
加工面积	影响不大	大于最小加工面积
极性	影响很大。应根据不同电源、不同电规准、不同工作液和不同的电极材料、工件材料，选择合适的极性	一般，脉宽大时用负极性，脉宽小时用正极性
电极材料	常用电极材料中黄铜的损耗最大，紫铜、铸铁、钢次之，石墨和铜钨、银钨合金较小。紫铜在一定的电规准和工艺条件下，也可以得到低损耗加工	石墨做粗加工电极，紫铜做精加工电极
工件材料	加工硬质合金工件时的电极损耗比加工钢工件时大	用高压脉冲加工或用水为工作液，在一定条件下可降低损耗

续表

因素	说明	减少损耗条件
工作液	常用的煤油、机油获得低损耗加工需具备一定的工艺条件；水和水溶液比煤油容易实现低损耗加工（在一定条件下），如硬质合金工件的低损耗加工，黄铜和钢电极的低损耗加工	
排屑条件和二次放电	在损耗较小的加工时，排屑条件越好则损耗越大，如紫铜，有些电极材料则对此不敏感，如石墨。损耗较大的规准加工时，二次放电会使损耗增加	在许可条件下，最好不采用强迫冲（抽）油

（四）影响表面粗糙度的主要因素

表面粗糙度是指加工表面上的微观几何形状误差。电火花加工表面粗糙度的形成与切削加工不同，它是由若干电蚀小凹坑组成的，能存润滑油，其耐磨性比同样粗糙度的机加工表面要好。在相同表面粗糙度的情况下，电加工表面比机加工表面亮度低。

工件的电火花加工表面粗糙度直接影响其使用性能，如耐磨性、配合性质、接触刚度、疲劳强度和抗腐蚀性等。尤其对于高速、高压条件下工作的模具和零件，其表面粗糙度往往决定其使用性能和使用寿命。

电火花加工工件表面的凹坑大小与单个脉冲放电能量有关，单个脉冲能量越大则凹坑越大。若把粗糙度值大小简单地看成与电蚀凹坑的深度成正比，则电火花加工表面粗糙度随单个脉冲能量的增加而增大。

当峰值电流一定时，脉冲宽度越大，单个脉冲的能量就大，放电腐蚀的凹坑也越大越深，所以表面粗糙度就越差。

在脉冲宽度一定的条件下，随着峰值电流的增加，单个脉冲能量也增加，表面粗糙度就变差。

在一定的脉冲能量下，不同的工件电极材料表面粗糙度值大小不同。熔点高的材料表面粗糙度值要比熔点低的材料小。

工具电极表面的粗糙度值大小也影响工件的加工表面粗糙度值。例如，石墨电极表面比较粗糙，因此它加工出的工件表面粗糙度值也大。

由于电极的相对运动，工件侧边的表面粗糙度值比端面小。

干净的工作液有利于得到理想的表面粗糙度。因为工作液中含蚀除产物等杂质越多，越容易发生积碳等不利状况，从而影响表面粗糙度。

（五）影响加工精度的主要因素

电加工精度包括尺寸精度和仿型精度（或形状精度）。影响精度的因素很多，这里重点探讨与电火花加工工艺有关的因素。

（1）放电间隙。电火花加工中，工具电极与工件间存在着放电间隙，因此工件的尺寸、形状与工具并不一致。如果加工过程中放电间隙是常数，根据工件加工表面的尺寸、形状可以预先对工具尺寸、形状进行修正。但放电间隙随电参数、电极材料、工作液的绝缘性能等因素变化而变化，从而影响了加工精度。

间隙大小对形状精度也有影响。间隙越大，则复制精度越差，特别是对复杂形状的加工表面，更是如此。如电极为尖角时，由于放电间隙的等距离，工件则为圆角。因此，为了减少加工尺寸误差，应该采用较小的加工规准，缩小放电间隙，另外还必须尽可能使加工过程稳定。放电间隙在精加工时一般为 0.01～0.1 mm，粗加工时可达 0.5 mm 以上（单边）。

（2）加工斜度。电火花加工时，产生斜度的情况如图 4-24 所示。由于工具电极下面部分加工时间长，损耗大，所以电极变小，而入口处由于电蚀产物的存在，易发生由于电蚀产物的介入而再次进行的非正常放电，即“二次放电”，因而产生加工斜度。

（3）工具电极的损耗。在电火花加工中，随着加工深度的不断增加，工具电极进入放电区域的时间是从端部向上逐渐减少的。实际上，工件侧壁主要是靠工具电极底部端面的周边加工出来的。因此，电极的损耗也必然从端面底部向上逐渐减少，从而形成了损耗锥度（见图 4-25），工具电极的损耗锥度反映到工件上是加工斜度。

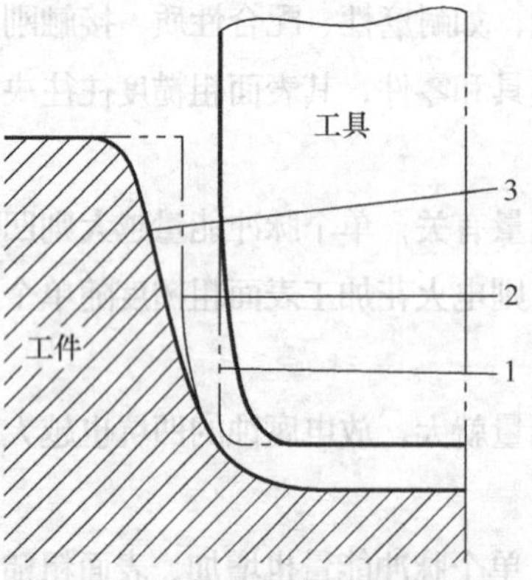

图4-24 电火花加工时的加工斜度

1. 电极无损耗时工具轮廓线；2. 电极有损耗而不考虑二次放电时的工件轮廓线；3. 实际工件轮廓线

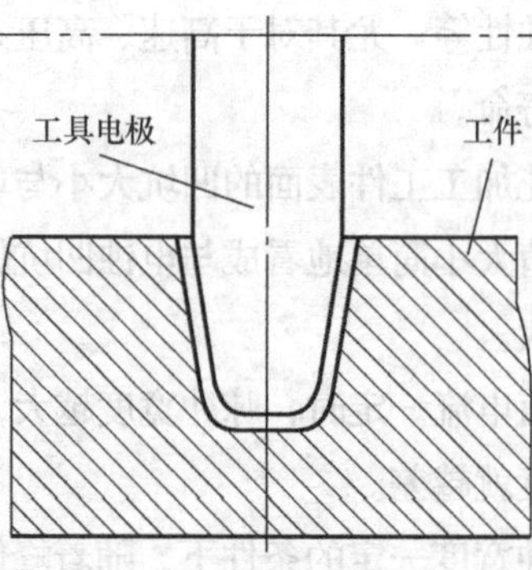

图4-25 工具斜度图形

小结

本项目主要介绍电极的平动、电极的结构、电极垂直尺寸和水平尺寸，电参数（脉冲宽度、脉冲间隔、峰值电流）对电火花加工速度的影响、电参数（脉冲宽度、脉冲间隔、峰值电流、加工极性）对电极损耗的影响、电火花加工中影响表面粗糙度的主要因素。重要知识点有：电极水平尺寸的确定、如何根据电极尺寸选择电火花加工条件。

习题

1. 判断题

（　　）（1）若要加工深 5 mm 的孔，则意味着加工到终点时电极底部与工件的上表面相距 5 mm。

（　　）（2）为了保证加工过程中排屑较好，电极冲油孔的直径可以设计得较大。

(　　)(3)在电极的设计中，粗加工电极的横截面尺寸等于型腔尺寸减去放电间隙。

(　　)(4)电火花加工中，型腔的面积对电极的损耗有较大影响。

(　　)(5)由于“二次放电”等因素，电火花加工中型腔会产生加工斜度。

2. 选择题

(1)电极感知完工件表面后停留在距工件表面 1 mm 的地方，若要把工件表面设为 Z 方向的零点，则应把 Z 方向的坐标(　　)。

A. 置 0　　B. 置 1 mm　　C. 置 2 mm　　D. 置 3 mm

(2)电火花加工一个较深的盲孔时，其成型尺寸一般为：孔口尺寸较孔底的尺寸(　　)。

A. 相等　　B. 大　　C. 小　　D. 不确定

(3)选择电火花精加工条件的主要因素是(　　)。

A. 表面粗糙度　　B. 放电面积　　C. 加工速度　　D. 加工精度

(4)选择电火花粗加工条件的主要因素是(　　)。

A. 放电时间　　B. 放电面积　　C. 加工速度　　D. 加工精度

(5)下列参数中对电火花加工速度影响最明显的是(　　)。

A. 脉冲宽度　　B. 脉冲间隔　　C. 峰值电流　　D. 峰值电压

3. 问答题

(1)简述电极水平尺寸的确定，参考表 4-4，写出表 4-5、表 4-6 相应的电极在 Z 方向的位置、放电间隙、该条件加工完后孔深、Z 方向加工量等。

(2)如图 4-26 所示的零件，若电极横截面尺寸为 30 mm × 28 mm，请问：

① 电火花加工的条件如何选择？

② 电极如何在 X 方向和 Y 方向定位？请详细写出电极的定位过程。

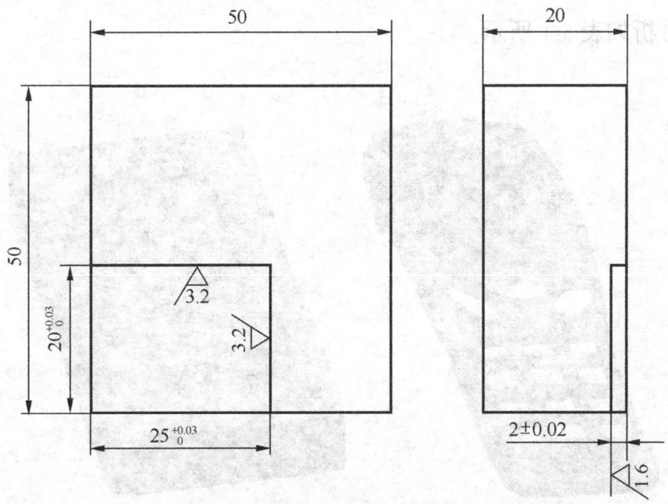

图4-26　电火花加工零件

Chapter 5

项目五

手机模具型腔的电火花加工

【能力目标】

1. 熟练掌握电极的校正及定位。
2. 熟练掌握基准球定位操作技能。
3. 综合提高电火花加工操作技能。

【知识目标】

1. 熟练掌握复杂电极的设计方法。
2. 熟练掌握电火花加工条件的选用。
3. 熟练掌握电极的精确定位方法。

一、项目导入

如何加工手机模具型腔如图 5-1 所示？这类零件加工的特点是：材料硬度高，型腔面积大，尺寸精度高，表面粗糙度要求高（通常 R_a0.8 或以上），位置精度高。用电火花加工孔形模具型腔的实施要点及相关知识分析如表 5-1 所示。

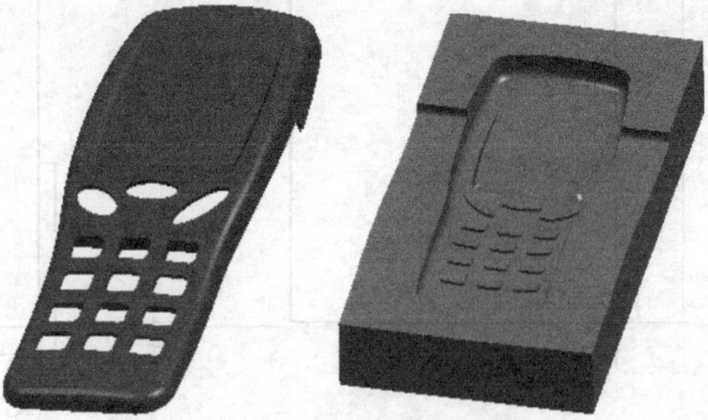

图5-1 手机外壳及其模具型腔零件图

表 5-1 实施要点及相关知识分析

序号	零件要求	实施要点	相关知识
1	位置尺寸精度要求高	电极的高精度定位 工件的校正方法 电极的校正方法	① 基准球 ② 电极的精确定位方法
2	加工面积尺寸较大，表面光滑	先数控铣开粗，然后电火花粗加工，再精加工	
3	形状尺寸精度高	先粗加工，再精加工 电极的平动	电火花加工方法 电极的平动

二、相关知识

（一）基准球定位方法

电火花加工中电极通常利用电极与工件进行直接感知定位，但由于电极的接触面积较大、电极或工件有毛刺等因素的影响，电极定位精度通常在 0.01 mm 左右。目前，现代化的企业纷纷采用基准球定位（见图 5-2）。基准球定位过程中采用的是点接触，接触面积小，定位准确，定位精度小于 0.005 mm。

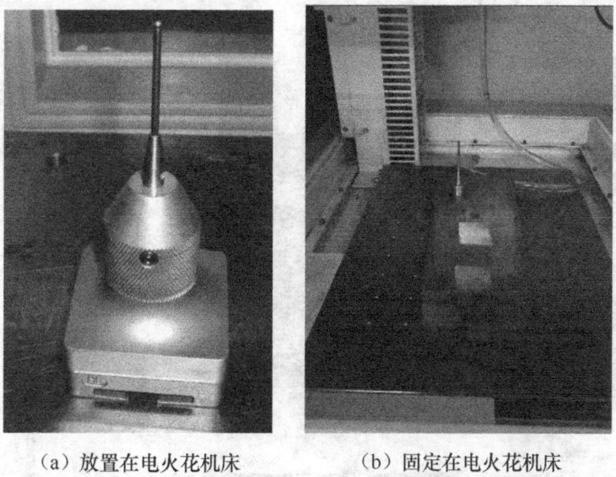

（a）放置在电火花机床主轴上的基准球　　（b）固定在电火花机床工作台上的基准球

图5-2 基准球

目前使用的基准球定位方法主要有两种。一是使用安装在电火花机床主轴上的基准球定位，工作台上不需要基准球。这种定位方法的前提是电极主轴安装 3R 或 EROWA 等标准夹具。如图 5-2（a）所示，基准球安装在机床主轴上，与主轴中心完全重合。电极固定在 3R 或 EROWA 夹具上，且电极的放电部位中心与夹具中心重合（如果不重合需要测量电极中心与夹具中心的距离）。二是使用两个基准球，一个基准球安装在电火花机床主轴上，另一个放置在机床工作台上，如图 5-2（b）所示。这种定位方法应用较广。安装在电火花机床主轴上的基准球不需要与机床主轴重合，电极也不需要与机床主轴重合。现以使用两个基准球为例，详细介绍使用基准球将电极定位于工件中心的方法。其主要定位过程分 3 个阶段，具体如下。

1. 放置在工作台上基准球位置的确定

放置在工作台上的基准球的位置主要通过安装在电火花机床主轴上的基准球与工作台上的基准球感知来确定，具体如图 5-3 所示。设定一个工件坐标系或直接采用机械坐标系。首先操作机床面板，通过目测方法将安装在机床主轴上的基准球移到工作台基准球的正上方 5～10 mm 处，两个基准球沿 *Z* 轴方向进行感知，图 5-3（c）中的箭头 1 所示。感知完后安装在机床主轴上的基准球自动上升到设定的高度，两个基准球脱离接触。然后，安装在机床主轴上的基准球沿设定的距离向 *X* 或 *Y* 方向平移，再沿 *Z* 轴下降（通常以刚才 *Z* 方向两基准球接触感知时的 *Z* 坐标为基础再下降一个基准球的直径，保证两基准球球心在同一高度上），再分别沿图 5-3（c）中的箭头 2、3、4、5 所示方向进行接触感知。通过这样感知，得到固定在机床工作台上基准球球心的 *X*、*Y* 坐标及基准球最高点的 *Z* 坐标。由于开始从图 5-3（c）所示箭头 1 方向进行感知时，两个基准球的球心的 *X*、*Y* 坐标并不完全重合，因此通过两基准球感知而得到的工作台上基准球的最高点的 *Z* 坐标可能有较大误差。因此，通常需要按照上述过程，两个基准球分别沿图 5-3（c）中箭头 1、2、3、4、5 所示方向再进行感知，然后比较两次感知的坐标误差。如果误差大于允许的值，则需要再一次重复感知，直至最后两次感知的误差在许可的范围内。如果多次感知得到的结果均不理想，则需要分析原因，如是否基准球表面太脏，必要时用干净的布片蘸酒精擦拭基准球表面。通过上述操作，得到放置在工作台上基准球最高点的坐标（*X*，*Y*，*Z*）。

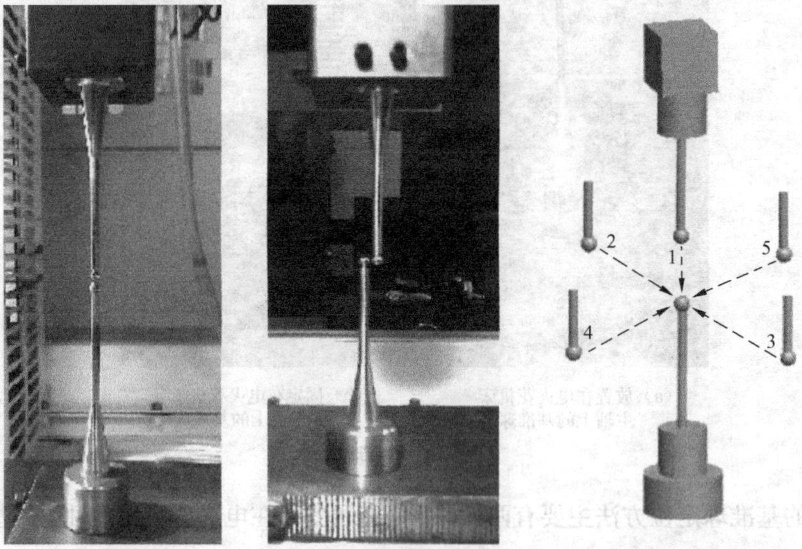

（a）基准球顶部感知　（b）基准球侧面感知　（c）基准球感知示意图

图5-3　工作台上基准球位置的确定

2. 确定工件中心

安装在机床主轴上的基准球首先从 *Z* 方向感知工件，如图 5-4（a）所示，得到工件上表面的坐标，然后如图 5-4（b）、图 5-4（c）、图 5-4（d）、图 5-4（e）所示分别从 *X*+、*X*−、*Y*+、*Y*−4 个方向对工件进行感知，得到工件的中心位置坐标。

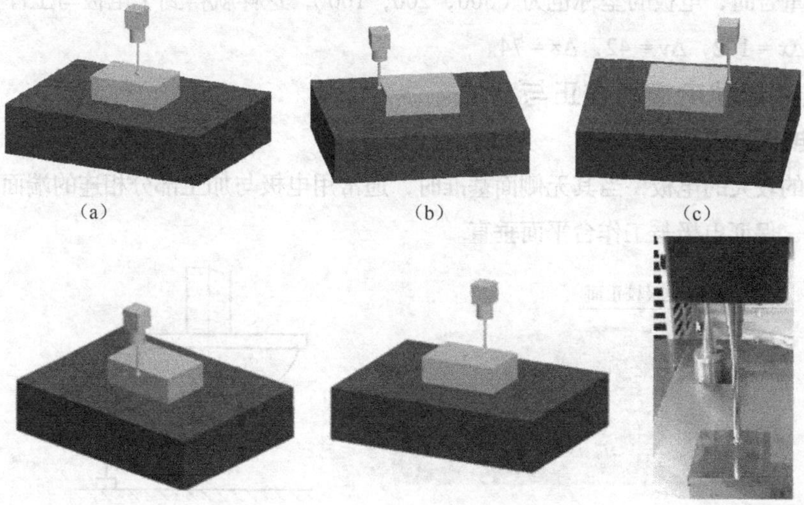

（a）　（b）　（c）

（d）　（e）　（f）

图5-4　工件中心坐标的确定

3. 电极坐标的确定

取下安装在机床主轴上的基准球，在机床主轴上安装并校正好电极。如图 5-5 所示，电极分别按箭头 1、2、3、4、5 所示 5 个方向与固定在机床工作台上的基准球感知。通过感知可知：当电极下表面的中心位置与固定在机床工作台上的基准球最高点处重合时，工作台上基准球最高点的坐标就是电极下表面中心的坐标。这样就可知电极下表面中心与工件中心的相对位置，根据相对位置的坐标差值，就很容易将电极定位于工件的中心。

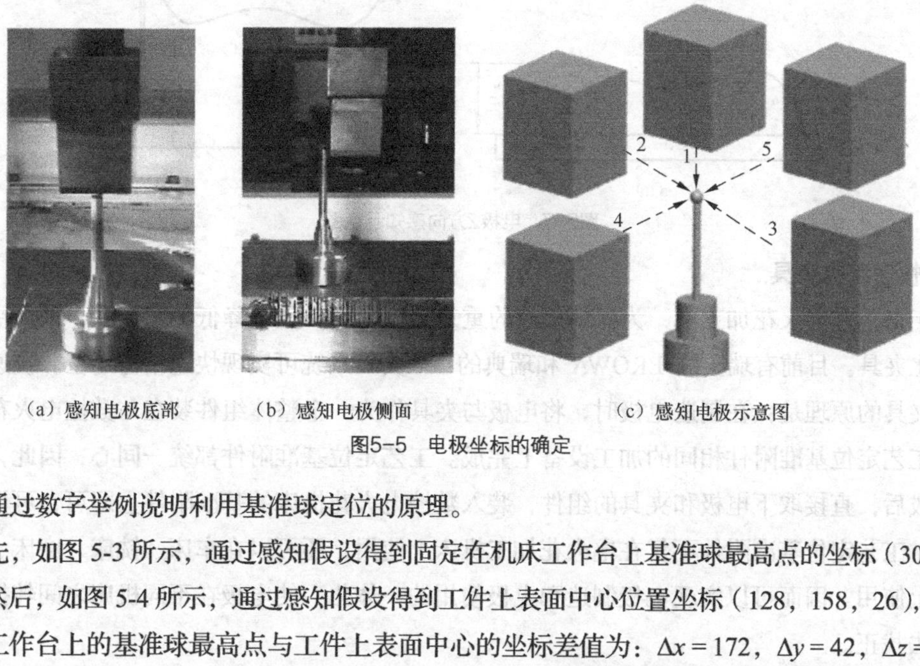

（a）感知电极底部　（b）感知电极侧面　（c）感知电极示意图

图5-5　电极坐标的确定

现通过数字举例说明利用基准球定位的原理。

首先，如图 5-3 所示，通过感知假设得到固定在机床工作台上基准球最高点的坐标（300，200，100）。然后，如图 5-4 所示，通过感知假设得到工件上表面中心位置坐标（128，158，26），则固定在机床工作台上的基准球最高点与工件上表面中心的坐标差值为：$\Delta x = 172$，$\Delta y = 42$，$\Delta z = 74$。最后，如图 5-5 所示，将电极对固定在工作台上的基准球从 Z、X、Y 方向感知。当电极的下表面与基准球的最高点重合时，电极的坐标也为（300，200，100），这样就得到了电极与工件上表面中心的坐标差值也为$\Delta x = 172$，$\Delta y = 42$，$\Delta z = 74$。

（二）复杂形状电极的校正与定位

1. 复杂电极校正与定位

对于复杂的较大的电极，当其无侧面基准时，通常用电极与加工部分相连的端面（见图 5-6）为电极校正面，保证电极与工作台平面垂直。

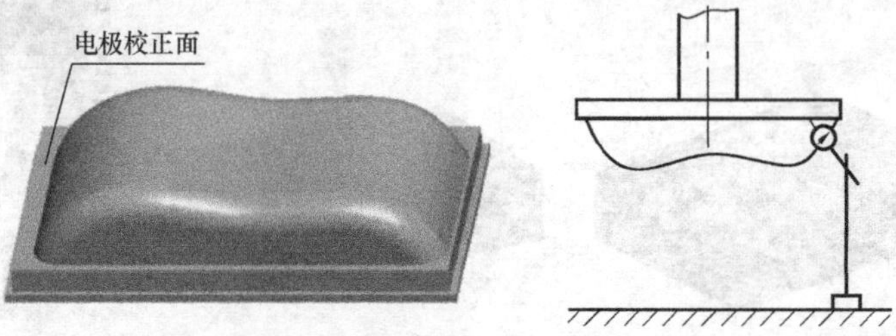

（a）复杂电极　　（b）电极校正

图5-6　复杂电极校正示意图

对于较复杂的电极，当其不容易通过电极的最底部与基准球或工件表面感知时，通常采用电极上端面与基准球感知的方法来确定电极 Z 方向的位置。如图 5-7 所示，电极加工部分最大尺寸为 10.5 mm，通过基准球与电极上端面的感知［见图 5-7（b）］、安装在主轴上的基准球和安装在工作台上基准球的感知、安装在主轴上的基准球与工件的感知，可知电极底部与工件表面的相对位置，从而实现电极在 Z 方向的定位。（结合基准球的定位方法，仔细理解。）

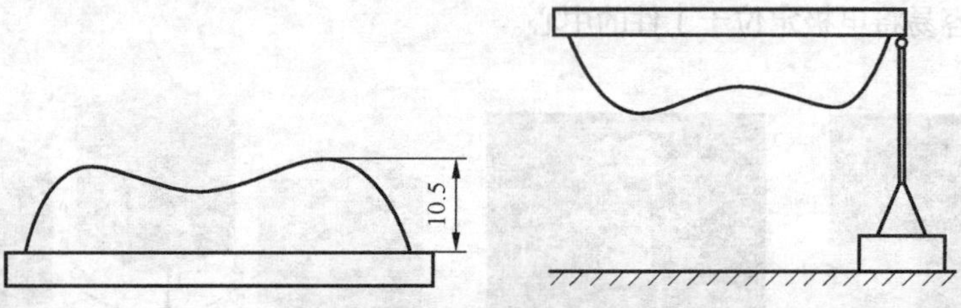

（a）　　（b）

图5-7　电极Z方向感知示意图

2. 快速装夹夹具

近年来，在电火花加工中，为保证极高的重复定位精度，且不降低加工效率，采用快速装夹的标准化夹具。目前有瑞士的 EROWA 和瑞典的 3R 夹具系统可实现快速精密定位。快速装夹的标准化夹具的原理是：在制造电极时，将电极与夹具作为一个整体组件装在与数控电火花机床上配备的工艺定位基准附件相同的加工设备上完成。工艺定位基准附件都统一同心，因此，在电极制造完成后，直接取下电极和夹具的组件，装入数控电火花机床的基准附件上即可，可以不用校正电极。工艺定位基准附件不仅在电火花加工机床上使用，还可以在车床、铣床、磨床、线切割等机床上使用。因而可以实现电极制造和电极使用的一体化，使电极在不同机床之间转换时不必再费时去找正。

图 5-8 所示为 EROWA 快速夹具系统。电极装夹系统的卡盘通过夹紧插销与定位片连接。在卡盘外部有两种相互垂直的基准面。中小型电极可以通过电极夹头装夹在定位板上。图 5-9（a）所示为使用 3R 夹具把基准球装夹在机床主轴。在自动装夹电极中，电极夹头的快速装夹与精确定位是依靠安装在机床主轴上的卡盘（卡盘内有定位的中心孔，四周有多个定位凸爪）来实现的。

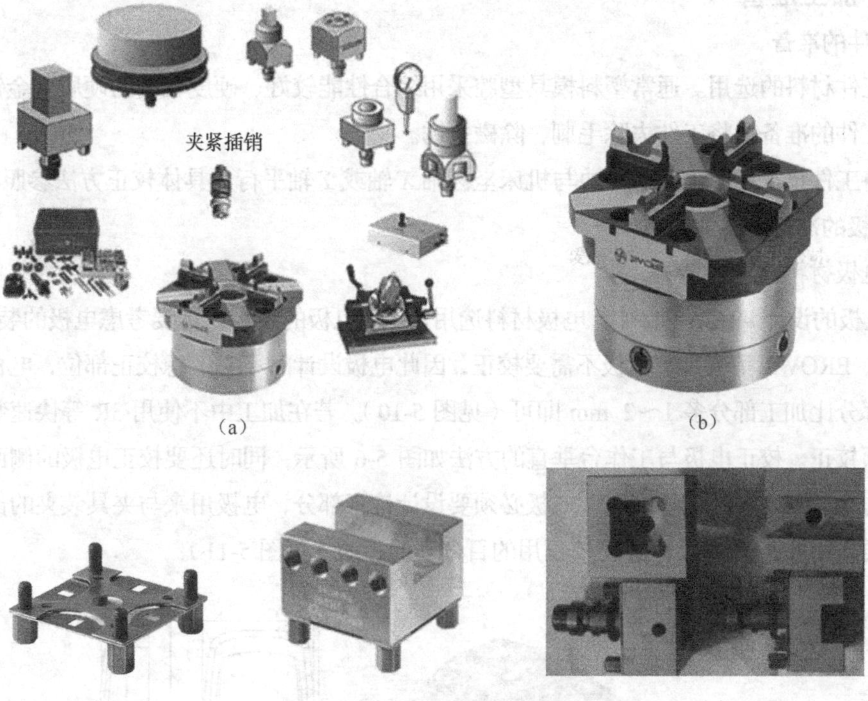

（a）　（b）

（c）　（d）　（e）

图5-8　EROWA 快速夹具系统

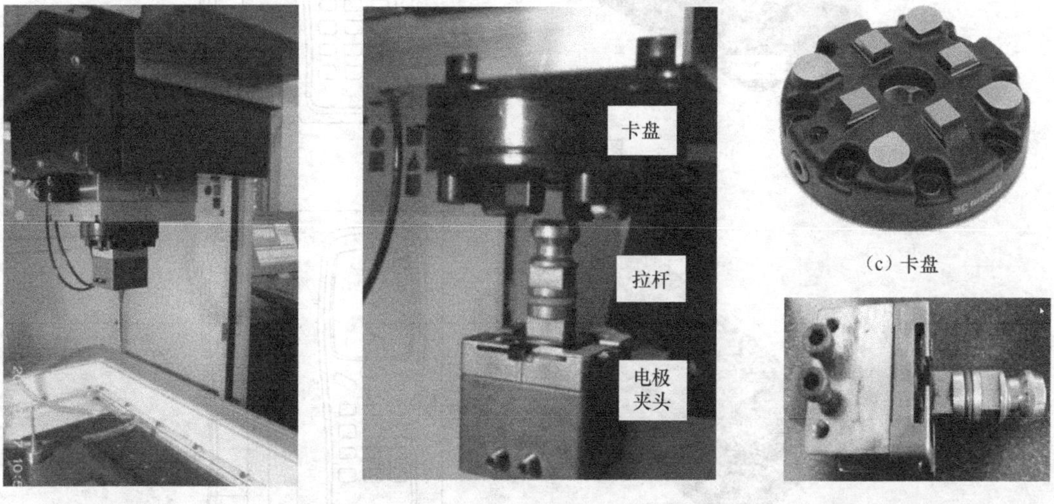

（a）基准球装夹在 3R 夹具上　（b） 3R 夹具　（c）卡盘　（d）电极夹头与拉杆

图5-9　3R夹具

三、项目实施

仔细分析加工零件图 5-1。电火花加工手机模具型腔的过程为：工件的准备（工件的装夹与校正）、电极的准备（电极设计、装夹及校正、电极的定位）、选用加工条件、机床操作及加工等。

（一）加工准备

1. 工件的准备

（1）工件材料的选用。通常塑料模具型腔采用综合性能较好、硬度较高的硬质合金钢。

（2）工件的准备。将工件去除毛刺，除磁去锈。

（3）将工件校正，使工件的一边与机床坐标轴 X 轴或 Y 轴平行。具体校正方法参照项目三。

2. 电极的准备

（1）电极材料选择。紫铜。

（2）电极的设计。在本项目中，电极材料选用紫铜，电极的结构设计要考虑电极的装夹与校正。若采用 3R、EROWA 等夹具，电极不需要校正，因此电极设计时不必考虑校正部位，电极用来与夹具装夹的部分比加工部分多 1～2 mm 即可（见图 5-10）。若在加工中不使用 3R 等快速装夹夹具，则电极必须校正。校正电极与工作台垂直的方法如图 5-6 所示，同时还要校正电极的侧面，使电极与工作台的 X 轴或 Y 轴平行。此时，电极必须要设计校正部分，电极用来与夹具装夹的部分比加工部分则需要多 10 mm 左右，以方便校正用的百分表的移动（见图 5-11）。

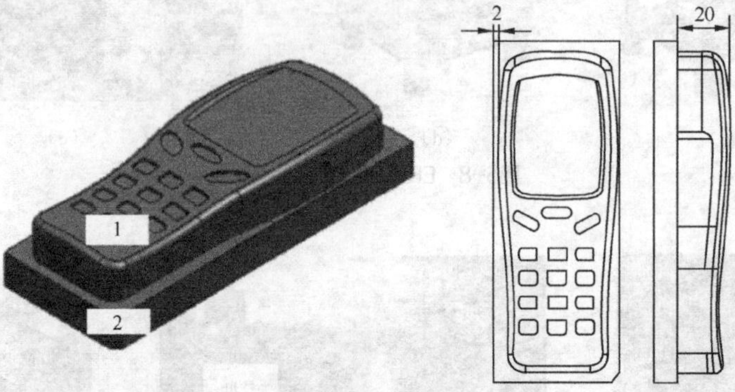

图5-10 电极的设计

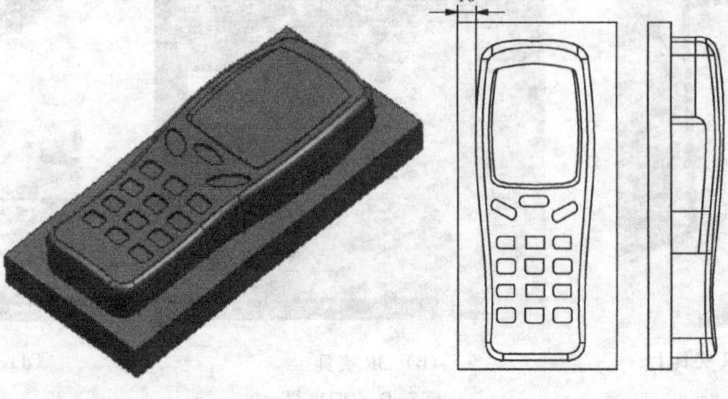

图5-11 电极的设计

（3）结构分析。该电极共分为两个部分（见图 5-10），各个部分的作用如下。

1——该部分为直接加工部分。另外，由于该电极形状对称。为了方便识别方向，特意在本电极 2 部分设计了 5 mm 的倒角。

2——电极与机床主轴的装夹部分。该部分的结构形式应根据电极装夹的夹具形式确定。

（4）尺寸分析。

横截面尺寸分析：横截面尺寸最好根据加工条件确定或根据经验值确定。在没有实际经验的情况下，根据加工条件来选定。在实际生产中电火花加工的效率较低，机械切削加工的效率较高。为了提高加工效率，对于大面积型腔，通常先用高速加工中心铣去绝大部分余量，然后再用电火花加工型腔到规定的尺寸。因此，手机型腔先用高速加工中心去除大部分余量，然后再用电火花加工到实际尺寸。如果经过高速加工中心铣削后余量均匀且较小，则只需用一个电极精加工；若经过高速加工中心铣削后余量不均匀，导致型腔部分位置加工余量较大，则需要两个电极。通常，粗加工电极的单侧缩放量为 0.2～0.5 mm，精加工电极的单侧缩放量为 0.05～0.15 mm。本项目设计两个电极，粗加工电极的单侧缩放量为 0.3 mm，精加工电极的单侧缩放量为 0.1 mm。

长度方向尺寸分析：电极 1 部分用来加工。由于型腔大部分余量被高速加工中心去除，电火花加工的余量小。所以，根据经验，若在加工型腔深度的基础上增加，需要增加 2 mm 即可。本手机型腔最深尺寸为 18 mm，因此电极加工部分最大尺寸为 20 mm（见图 5-10）。

（5）电极装夹与校正。现代手机模具制造企业通常采用 3R 等专用夹具来快速装夹，电极通常不需要校正。如果不采用专用夹具，可参考项目四及图 5-6 所示的方法进行电极的装夹与校正。

（6）电极的定位。本项目电极定位要求高，拟通过基准球感知，确定电极相对于工件的位置。

手机模具电极定位于工件的具体过程如下。

① 放置在工作台上基准球位置的确定。通过安装在电火花机床主轴上的基准球与放置在机床工作台上基准球的感知，确定放置在机床工作台上基准球最高点坐标（即基准球球心 X、Y 坐标及基准球最高点的 Z 坐标）。通常为了保证定位精确，至少要感知两次以上，最后两次基准球最高点坐标差值不得超过允许值（如某企业选定感知误差不得大于 0.003 mm）。为了好理解。假设在某一工作坐标系下，感知后得到基准球最高点的坐标为（400，500，150）。

② 确定工件中心坐标。通过安装在电火花机床主轴上的基准球与工件的感知，确定工件上表面中心位置。假设感知后得到的工件上表面中心位置坐标为（200，230，58）。

③ 电极坐标的确定。取下安装在机床主轴上的基准球，安装好电极。操作机床，使电极从 5 个方向与固定在机床工作台上的基准球感知（见图 5-5）。注意，由于电极下表面为曲面，电极最底部与基准球感知不太容易。因此，基准球在 Z 方向感知电极上与加工部分相连的端面（见图 5-12）。通过感知，电极的中心与固定在机床

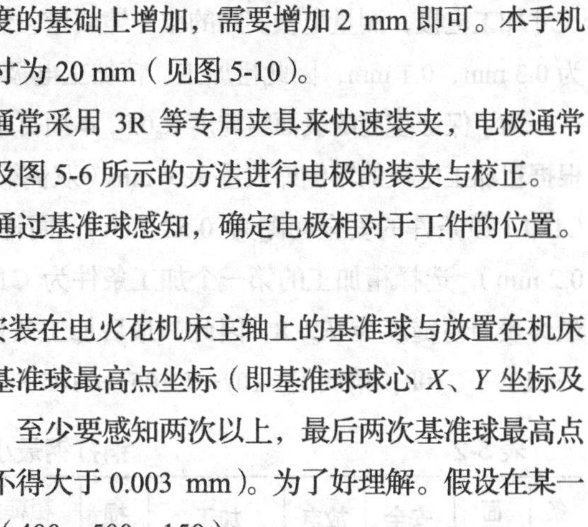

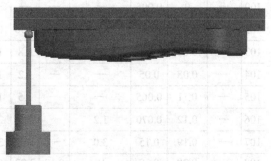

图5-12 手机电极Z方向感知

工作台上的基准球中心重合（即 X、Y 坐标相同），电极上与加工部分相连的端面与固定在机床上的基准球的最高点 Z 坐标在感知结束瞬间相同。根据前面的感知，固定在机床上的基准球的最高点坐标为（400，500，150）。因此，电极与固定在机床上基准球感知时，电极下端面中心的坐标也为（400，500，150）。由图 5-10 可知，电极的加工部分高度为 20 mm，因此电极感知时电极最底部中心位置坐标为（400，500，130）。当然，电极与基准球感知后，电极一般在 Z 方向会升高一个数值，这个数值通常是可知的。假设电极从 Z 方向感知后升高 10 mm，则电极与固定在机床工作台上的基准球感知后，电极最底部中心位置为（400，500，130 + 10）。通过上述操作，工件上表面的中心位置坐标为（200，230，58），电极底部中心位置为（400，500，140）。这样，电极底部中心到工件上表面中心的坐标差值为：$\Delta x = 200$，$\Delta y = 270$，$\Delta z = 82$。

总之，通过放置在工作台上的基准球与装夹在机床主轴上的基准球的感知、基准球与工件的感知、电极与基准球的感知，可实现手机模具电极精确定位于工件上。

3. 加工条件的选择

本项目手机模具型腔首先经过高速加工中心铣削去除大部分余量，然后采用两个电极加工。设计时，粗加工电极的单侧缩放量为 0.3 mm，精加工电极的单侧缩放量为 0.1 mm。根据电极的设计尺寸加工电极，测量电极实际的单侧缩放量。假定加工后粗加工、精加工电极的实际单侧缩放量仍为 0.3 mm、0.1 mm，因此粗加工、精加工电极的平动半径为 0.3 mm、0.1 mm。

为了保证型腔的表面粗糙度 R_a0.8，本项目电极按最小损耗参数表进行选择。由表 5-2 可以看出，根据粗加工电极的单侧缩放量 0.3 mm（双侧缩放量为 0.6 mm），选择粗加工的第一个加工条件为 C110（该条件的安全间隙为 0.58 mm）；同样精加工电极的单侧缩放量 0.1 mm（双侧缩放量为 0.2 mm），选择精加工的第一个加工条件为 C107（该条件的安全间隙为 0.19 mm）。型腔加工后最终表面粗糙度为 R_a0.8，因此，最后加工条件为 C101。因此，整个加工条件为：粗加工 C110—C109—C108；精加工 C107—C106—C105—C104—C103—C102—C101。

表 5-2 铜打钢最小损耗参数表

条件号	面积 (cm^2)	安全间隙 (mm)	放电间隙 (mm)	加工速度 (mm^3/min)	损耗 (%)	粗糙度 (R_a)		极性	电容	高压管数	管数	脉冲间隙	脉冲宽度	模式	损耗类型	伺服基准	伺服速度	极限值	
						侧面	底面											脉冲间隙	伺服基准
100	—	0	0.005	—	—	—	—	−	0	0	3	2	2	8	0	85	8	—	—
101	—	0.04	0.025	—	—	0.56	0.7	+	0	0	2	6	9	8	0	80	8	—	—
103	—	0.06	0.045	—	—	0.8	1.0	+	0	0	3	7	11	8	0	80	8	—	—
104	—	0.08	0.05	—	—	1.2	1.5	+	0	0	4	8	12	8	0	80	8	—	—
105	—	0.11	0.065	—	—	1.5	1.9	+	0	0	5	9	13	8	0	75	8	—	—
106	—	0.12	0.070	1.2	—	2.0	2.6	+	0	0	6	10	14	8	0	75	10	6	55
107	—	0.19	0.15	3.0	—	3.04	3.8	+	0	0	7	12	16	8	0	75	10	6	55
108	1	0.28	0.19	10	0.10	3.92	5.0	+	0	0	8	13	17	8	0	75	10	6	55
109	2	0.40	0.25	15	0.05	5.44	6.8	+	0	0	9	13	18	8	0	75	12	6	52

续表

条件号	面积（cm^2）	安全间隙（mm）	放电间隙（mm）	加工速度（mm^3/min）	损耗（%）	粗糙度（R_a）		极性	电容	高压管数	管数	脉冲间隙	脉冲宽度	模式	损耗类型	伺服基准	伺服速度	极限值	
						侧面	底面											脉冲间隙	伺服基准
110	3	0.58	0.32	22	0.05	6.32	7.9	+	0	0	10	15	19	8	0	70	12	8	52
111	4	0.70	0.37	43	0.05	6.8	8.5	+	0	0	11	16	20	8	0	70	12	8	48
112	6	0.83	0.47	70	0.05	9.68	12.1	+	0	0	12	16	21	8	0	65	15	8	48
113	8	1.22	0.60	90	0.05	11.2	14.0	+	0	0	13	16	24	8	0	65	15	10	50
114	12	1.55	0.83	110	0.05	12.4	15.5	+	0	0	14	16	25	8	0	58	15	12	50
115	20	1.65	0.89	205	0.05	13.4	16.7	+	0	0	15	17	26	8	0	58	15	13	50

（二）加工

启动机床进行加工。开始加工时，要观察放电效果及加工坐标正确与否。加工结束后，及时清理机床。

四、拓展知识

（一）电火花加工表面变化层和机械性能

1. 表面变化层

在电火花加工过程中，工作物熔融除去部位的内部和边缘，常有一部分残留熔融体再凝固的现象发生。因此，在加工面表层有一部分残留的已熔融再凝固的电极材料及由加工液燃烧所生成的碳化物（见图 5-13）。

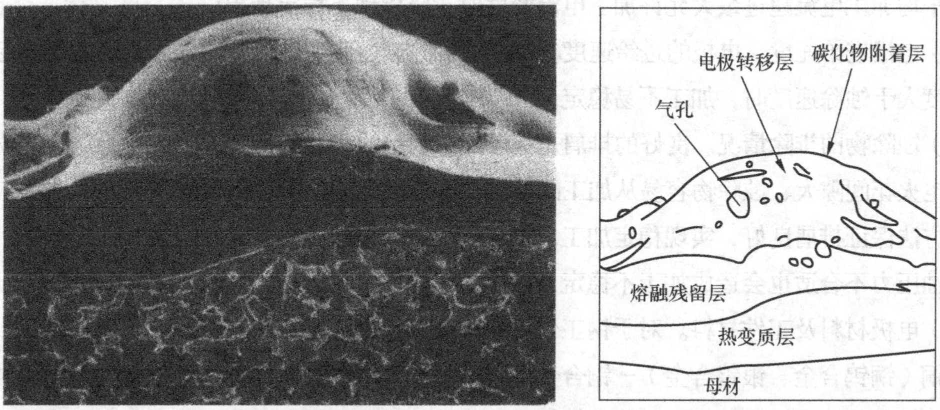

（a）电火花加工表面（×350）　（b）电火花加工表面示意图

图5-13 电火花加工表面变化层

由于放电去除作用的反复进行而产生急热、急冷等现象，所以在熔融残留层的下面有热变质层。热变质层的厚度在 0.01～0.5 mm 之间，一般将其分为熔化层和热影响层。

（1）熔化层：熔化层位于电火花加工后工件表面的最上层。它被电火花脉冲放电产生的瞬时高温所熔化，又受到周围工作液介质的快速冷却作用而凝固。

（2）热影响层：热影响层位于熔化层和基体之间。热影响层的金属被熔化，只是受热的影响而没有发生金相组织变化，它与基体没有明显的界限。

2. 表面变质层的机械性能

（1）显微硬度及耐磨性：一般来说，电火花加工表面外层的硬度比较高，耐磨性好。但对于滚动摩擦，由于是交变载荷，尤其是干摩擦，因熔化层和基体结合不牢固，容易剥落而磨损。因此，有些要求较高的模具需要把电火花加工后的表面变质层预先研磨掉。

（2）残余应力：电火花表面存在着由于瞬时先热后冷作用而形成的残余应力，而且大部分表现为拉应力。对表面层质量要求较高的工件，应尽量避免使用较大的加工规准，同时在加工中一定要注意工件热处理的质量，以减少工件表面的残余应力。

（3）疲劳性能：电火花加工工件表面的耐疲劳性能比机械加工表面低很多。通常采用回火处理、喷丸处理，甚至去掉表面变化层或采用小的加工规准等方法来提高其表面耐疲劳性能。

（二）电火花加工稳定性

在电火花加工中，加工的稳定性是一个很重要的概念。加工的稳定性，不仅关系到加工的速度，而且关系到加工的质量。

（1）电规准与加工稳定性。一般来说，单个脉冲能量较大的规准，容易达到稳定加工。但是，当加工面积很小时，不能用很强的规准加工。另外，加工硬质合金不能用太强的规准加工。

脉冲间隔太小常易引起加工不稳。在微细加工、排屑条件很差、电极与工件材料不太合适时，可增加脉冲间隔来改善加工不稳定的问题，但这样会引起生产率的降低。

对每种电极材料，必须有合适的加工波形和适当的击穿电压，才能实现稳定加工。

当平均加工电流超过最大允许加工电流密度时，将出现不稳定现象。

（2）电极进给速度。电极的进给速度与工件的蚀除速度应相适应，这样才能使加工稳定进行。进给速度大于蚀除速度时，加工不易稳定。

（3）蚀除物的排除情况。良好的排屑是保证加工稳定的重要条件。单个脉冲能量大则放电爆炸力强，电火花间隙大、蚀除物容易从加工区域排出，加工就稳定。在用弱规准加工工件时，必须采取各种方法保证排屑良好，实现稳定加工。

冲油压力不合适也会造成加工不稳定。

（4）电极材料及工件材料。对于钢工件，各种电极材料的加工稳定性好坏次序如下：

紫铜（铜钨合金、银钨合金）→铜合金（包括黄铜）→石墨→铸铁→不相同的钢→相同的钢

淬火钢比不淬火钢工件加工时稳定性好。

硬质合金、铸铁、铁合金、磁钢等工件的加工稳定性差。

（5）极性。不合适的极性可能导致加工极不稳定。

（6）加工形状。形状复杂，具有内外尖角、窄缝、深孔等的工件加工不易稳定，其他如电极或工件松动、烧弧痕迹未清除、工件或电极带磁性等均会引起加工不稳定。

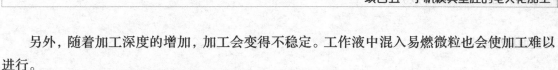

另外，随着加工深度的增加，加工会变得不稳定。工作液中混入易燃微粒也会使加工难以进行。

（三）影响电火花加工质量的因素

影响加工质量的原因是多方面的，大致与电极材料的选择、电极设计与制造、电极装夹找正及定位、操作工艺是否恰当等有关。

（1）正确选择电极材料。在电火花加工中，紫铜和石墨是常用的电极材料。石墨的品种很多，不是所有的石墨材料都可作为电加工的电极材料，应该使用电加工专用的高强度、高密度、高纯度的特种石墨。实际加工中应根据紫铜和石墨电极的特点灵活选用电极材料。

（2）设计及制造电极时正确控制电极的缩放尺寸。设计及制造电极是电火花加工的第一步。根据实际加工工艺，选择合适的电极尺寸缩放量。通常，电极的尺寸要偏“小”一些，也就是“宁小勿大”。若放电间隙留小了，电极做“大”了，则会使实际的加工尺寸偏差太大，造成不可修废品。如电极略微偏“小”，在尺寸上留有调整的余地，经过平动调节或稍加配研，可最终保证图纸的尺寸要求。电极制造完成后要进行测量，根据测量值选择合适的加工条件及电极平动半径。

（3）正确进行电极和工件装夹、校正及电极定位。电极和工件装夹、校正及电极定位是电火花加工中最重要的环节之一，操作不当可能直接导致工件报废，操作中需要认真自我检查。精密电火花加工中通常需要多个电极加工，电极定位精度不高可能影响加工余量，从而影响加工效率。如电极在深度上没有对准，导致粗加工深度过浅，则会使精加工余量加大，加工效率降低；如电极深度没有对准，导致粗加工深度过深，则精加工余量不够，工件表面粗糙度可能会达不到要求或者工件报废。

（4）注意实际进给深度由于电极损耗引起的误差。在进行尺寸加工时，由于电极长度相对损耗会使加工深度产生误差，往往使实际加工深度小于图纸要求。因此一定要在加工程序中，计算、补偿上电极损耗量，或者在半精加工阶段停机进行尺寸复核，并及时补偿由于电极损耗造成的误差，然后再转换成最后的精加工。

（5）要密切注意和防止电弧烧伤。加工过程中由于放电条件选择不恰当、局部电蚀物密度过高，排屑不良，放电通道、放电点不能正常转移，将使工件局部放电点温度升高，在工件表面形成明显的烧伤痕迹或者小坑，引起恶性循环，使放电点更加固定集中，进而转化为稳定电弧，使工具工件表面积碳烧伤。防止办法是增大脉间及加大冲油，增加抬刀频率和幅度，改善排屑条件。发现加工状态不稳定时就采取措施，防止转变成稳定电弧。

（四）混粉电火花加工技术简介

混粉电火花加工是通过在工作液中添加具有一定导电性的微细粉末（如硅、铝等），改变工作液的介电常数和击穿特性，改善加工间隙中放电状态，进而获得更好的表面粗糙度甚至获得类似镜面加工效果的放电加工方法。该技术只需改进加工工作液，而对机床、电极等并无特殊要求，因此具有良好的实用性。混粉电火花加工中，工作液里面的粉末容易沉淀积聚，因此要求电火花机床有防止粉末沉淀的装置。同时，混粉电火花加工主要是针对大面积的高光洁度加工，所以电火花机床具有镜面精加工电路。

小结

本项目主要介绍基准球的定位方法、复杂电极的装夹与校正方法、电火花加工表面变化层和机械性能、影响电火花加工质量的常见因素。重要知识点有：基准球定位方法、复杂电极校正方法、手机模具型腔电火花加工条件的选择。

习题

1. 判断题

（　）（1）石墨的机械强度差，加工时尖角易崩裂，所以不宜用作电极材料。

（　）（2）电火花加工时，粗加工的放电间隙比精加工的放电间隙小。

（　）（3）电火花加工中，采用基准球定位的优点之一是定位精度高。

（　）（4）对于形状复杂的电极，若不容易通过电极底面与基准球接触感知，可以采用电极上端面与基准球感知来确定电极在高度方向的位置。

（　）（5）电火花成形机床周围必须严禁烟火，并应配备适用于油类的灭火器，同时保持室内空气流通顺畅。

2. 选择题

（1）有关电火花工件准备工作的叙述中，不正确的是（　）

A. 进行适当的热处理　　B. 进行去锈退磁

C. 将工件的所有面磨平，方便对刀　　D. 用机械加工的方法去除部分加工余量

（2）大面积型腔的粗加工电极最好选择（　）。

A. 石墨　　B. 紫铜　　C. 黄铜　　D. 钼

（3）在电火花成形加工中，（　）状态属于正常放电状态。

A. 电压表剧烈摆动　　B. 电流表剧烈摆动

C. 均匀的炸裂声　　D. 发出蓝色电弧

（4）电火花成形机床在放电时，电压表摇摆不定表示（　）。

A. 电压表质量不好　　B. 加工不稳定

C. 机床重心不稳　　D. 接触不良

（5）若电火花加工时选择第一个加工条件表为 C109，根据表 5-2 可以推测加工的型腔面积为（　）。

A. 4 cm^2　　B. 2 cm^2　　C. 4 mm^2　　D. 2 mm^2

3. 应用题

现欲加工一边长为 20 mm，深 3 mm 的方形孔，表面粗糙度要求 $R_a = 1.6\mu m$，要求损耗、效率兼顾，材料为铜打钢。设工件表面 $Z = 0$，根据表 5-2 铜打钢最小损耗参数表，填写加工条件与结果

对应表 5-3。

表 5-3　　加工条件与结果对应表　　单位：mm

选用的加工条件 / 项目	C111	C110	C109	C108	C107	C106	C105	C104
加工完该条件时电极的 Z 轴坐标								
加工完该条件时孔的实际深度								
备注	设工件表面坐标 $Z=0$							

PART 2

第二篇 电火花线切割加工

Chapter 6

项目六

图案的线切割加工

【能力目标】

1. 熟练操作电火花线切割机床操作面板。
2. 熟练启动、关闭机床。

【知识目标】

1. 掌握电火花线切割加工原理。
2. 了解电火花线切割机床结构。
3. 初步掌握线切割加工过程。

一、项目导入

日常生活中有很多形状复杂的装饰品图案，如心形、奔马、动物图案等（见图 6-1）。这些图案的特点是：边缘轮廓表面粗糙度较好，零件厚度薄，图案较复杂，尺寸精度一般。如何在一块金属板上加工出如此精美漂亮的图案呢？通常，用电火花线切割机床切割是加工该类图案的最佳方法之一。下面以一个简单的五角星形图案加工为例，介绍线切割加工的基本过程及基本原理。

图6-1　工艺美术图案

本项目在实施中难度不高。在实施本项目过程中，学生需要掌握线切割加工原理、线切割机床结构、线切割机床的界面操作及线切割加工基本过程。

二、相关知识

（一）线切割加工原理

1. 线切割加工原理

电火花线切割加工原理同电火花成形加工原理一样（注：电火花成形加工和线切割加工统称为电火花加工，人们习惯将电火花成形加工简称为电火花加工，电火花线切割加工简称为线切割加工），都是利用工具电极（电极丝）和工件两极之间脉冲放电时产生的热能对工件进行尺寸加工。线切割加工时（见图 6-2），绕在滚丝筒（又称贮丝筒）上的电极丝沿滚丝筒的回转方向以一定的速度移动。装夹在机床工作台上的工件由工作台按预定控制轨迹相对于电极丝做成形运动。脉冲电源的一极接工件，另一极接电极丝。工件与电极丝之间总是保持一定的放电间隙且持续喷洒工作液。电极之间的火花放电蚀出一定的缝隙，这样，连续不断的脉冲放电就切出了所需形状和尺寸的工件。

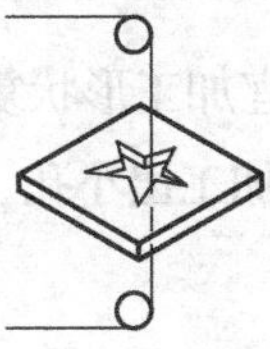

（a）加工示意图

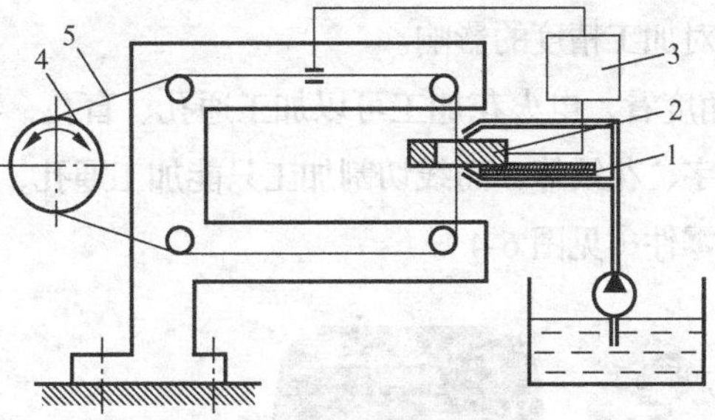

（b）线切割加工原理示意图

图6-2 线切割加工原理

1. 绝缘底板；2. 工件；3. 脉冲电源；4. 滚丝筒；5. 电极丝

2. 电火花成形加工、电火花线切割加工的特点

电火花成形加工、电火花线切割加工都是利用火花放电产生的热量来去除金属的，它们加工的工艺和机理有较多的相同点，又有各自独有的特性。

（1）共同特点。

① 二者的加工原理相同，都是通过电火花放电产生的热量来熔化去除金属的，所以二者加工材料的难易与材料的硬度无关，加工中不存在显著的机械切削力。

② 二者的加工机理、生产率、表面粗糙度等工艺规律基本相似，可以加工硬质合金等一切导电材料。

③ 最小角部半径有限制。电火花加工中最小角部半径为加工间隙，线切割加工中最小角部半径为电极丝的半径加上加工间隙。

（2）不同特点。

① 从加工原理上看，电火花成形加工是将电极形状复制到工件上的一种工艺方法。在实际中可以加工通孔（穿孔加工）和盲孔（成形加工），如图 6-3（a）、图 6-3（b）所示；而线切割加工是

利用移动的细金属导线（铜丝或钼丝）作电极，对工件进行脉冲火花放电、切割成形的一种工艺方法（见图6-2）。

② 从产品形状角度看，电火花加工必须先用数控加工等方法加工出与产品形状相似的电极。线切割加工中产品的形状是通过工作台按给定的控制程序移动而合成的，只对工件进行轮廓图形加工，余料仍可利用。

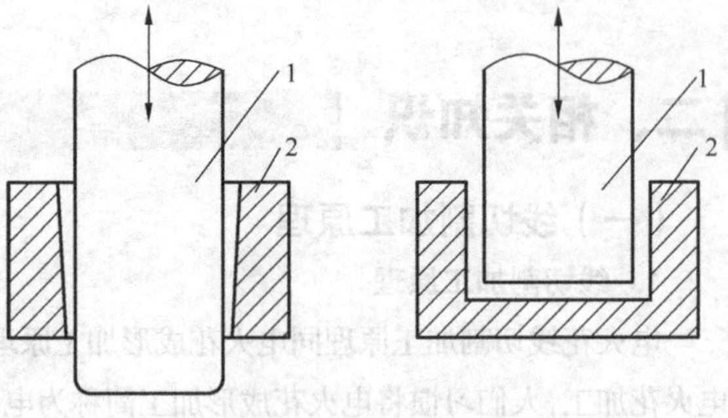

（a）电火花穿孔加工　（b）电火花成形加工

图6-3　电火花加工

1. 电极；2. 工件

③ 从电极角度看，电火花加工必需制作成形用的电极（一般用铜、石墨等材料制作而成），而线切割加工用移动的细金属导线（铜丝或钼丝）作电极。

④ 从电极损耗角度看，电火花加工中电极相对静止，易损耗，故通常采用多个电极加工；而线切割加工中由于电极丝连续移动，新的电极丝不断地补充和替换在电蚀加工区受到损耗的电极丝，避免了电极损耗对加工精度的影响。

⑤ 从应用角度看，电火花加工可以加工通孔、盲孔，特别适宜加工形状复杂的塑料模具等零件的型腔或刻文字、花纹等，而线切割加工只能加工通孔，能方便加工出小孔、形状复杂的窄缝及各种形状复杂的零件（见图6-4）。

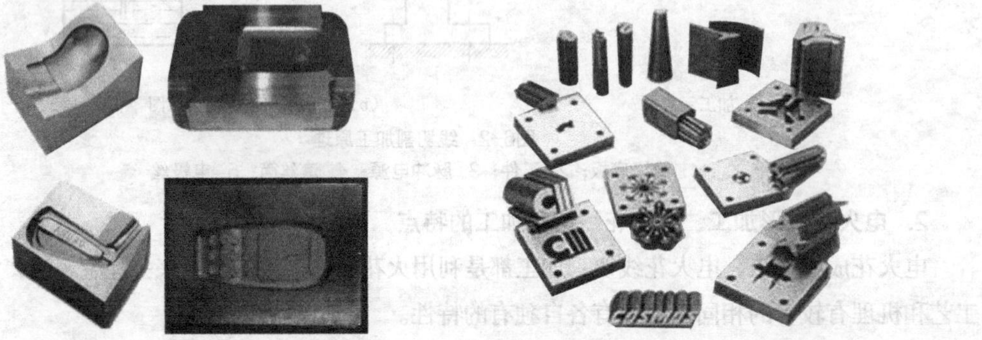
（a）电火花加工产品　（b）线切割加工产品

图6-4　加工产品实例

（二）电火花线切割机床介绍

1. 电火花线切割机床的分类

线切割加工的基本原理是利用移动的细金属导线（铜丝或钼丝）作电极，对工件进行脉冲火花放电，切割成形。

根据电极丝的移动速度即走丝速度，电火花线切割机床通常分为两大类。一类是高速走丝电火花线切割机床或往复走丝（又称快走丝）电火花线切割机床（WEDM-HS），如图6-5所示。这类机床的电极丝作高速往复运动，一般走丝速度为8～10 m/s，这是我国生产和使用的主要机种，也是我国独创的电火花线切割加工模式，用于加工中、低精度的模具和零件。另一类是低速走丝电火花线切割机床或单向走丝（又称慢走丝）电火花线切割机床（WEDM-LS），如图 6-6 所示。这类机床的电极丝作低速单向运动，一般走丝速度低于 0.2 m/s，这是国外生产和使用的主要机种，用于加工高精度的模具和零件，主要生产厂家有瑞士阿奇夏米尔集团、日本沙迪克公司、日本三菱公司等。

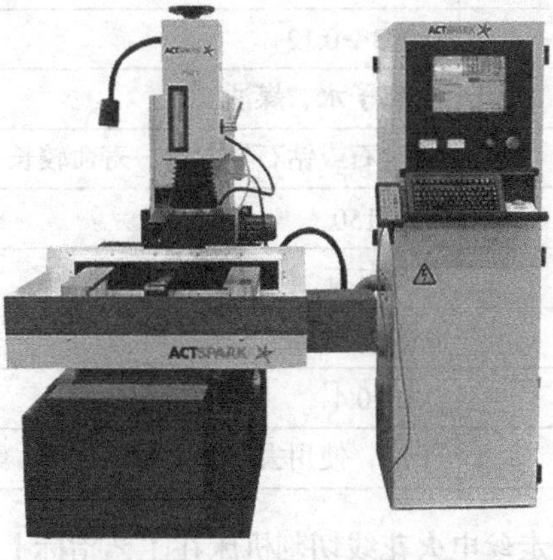

图6-5 快走丝电火花线切割机床

图6-6 慢走丝电火花线切割机床

2. 快走丝电火花线切割机床与慢走丝电火花线切割机床的主要区别

（1）结构。走丝系统是结构上的主要区别，慢走丝电火花线切割机床的电极丝是单向移动的，其一端是放丝轮，一端是收丝轮，加工区的电极丝由高精度的导向器定位；快走丝电火花线切割机床的电极丝是往复移动的，电极丝的两端都固定在贮丝筒上，因走丝速度高，加工区的电极丝是由导丝轮定位的。

（2）功能。从性价比的角度看，慢走丝电火花线切割机床的功能完善、先进、可靠。例如，控制系统是闭环控制、电极丝的恒张力控制、拐角控制、自动穿丝等高精度加工常用功能，大多数快走丝电火花线切割机床目前还不具备。

（3）工艺指标。快走丝电火花线切割机床和慢走丝电火花线切割机床的工艺指标如表 6-1 所示。

表 6-1 快走丝电火花线切割机床与慢走电火花丝线切割机床工艺指标

工艺指标 \ 机型	快走丝	慢走丝
走丝速度（m/s）	≥2.5，常用值 6～10	<2.5，常用值 0.26～0.001
电极丝工作状态	往复运动，反复使用	单向运行，一次性使用
电极丝材料	钼、钨钼合金	黄铜、以铜为主的合金或镀覆材料
电极丝直径	常用值ϕ0.12～ϕ0.20	常用值ϕ0.1～ϕ0.25
穿丝方式	只能手动穿丝	可手动穿丝，可自动穿丝
电极丝长度	数百米	数千米
电极丝张力	上丝后即固定不变	可调节，通常为 2.0～25 N
运丝系统结构	较简单	复杂
电极丝损耗	均布于参与工作的电极丝全长	忽略不计

续表

机型 工艺指标	快走丝	慢走丝
脉冲电源	开路电压 80～110 V，工作电流 1～5 A	开路电压 300 V，工作电流 1～32 A
单边放电间隙（mm）	0.01～0.03	0.003～0.12
工作液	线切割乳化液或水基工作液	去离子水、煤油
导丝机构形式	普通导丝轮，寿命较短	蓝宝石或钻石导向器，寿命较长
机床价格（万元）	2～20	25～150
最大切割速度（mm^2/min）	180 左右	400 左右
加工精度（mm）	0.01	0.001～0.005
表面粗糙度 R_a（μm）	0.8～3.2	0.1～0.4
工作环保	较脏，有污染	干净，使用去离子水做工作液，无害

20 世纪 80 年代初期，快走丝电火花线切割机床与慢走丝电火花线切割机床在工艺指标上还各有所长，差距不明显。近 20 年来，慢走丝电火花线切割机床的发展很快，快走丝电火花线切割机床虽然在加工速度、表面粗糙度、大厚度切割上有一定的提高，并开始采用多次切割（习惯将采用多次切割的快走丝电火花线切割机床称为中走丝），但是在加工精度上仍然停滞不前。从表 6-1 可以看出，快走丝比慢走丝线切割在工艺指标方面已经差了一个档次。

3. 电火花线切割机床的型号

目前国内使用的电火花线切割机床分国内企业生产的机床和境外企业生产的机床。境外生产电火花线切割机床的企业主要分布于日本和瑞士两国，主要公司有瑞士阿奇夏米尔公司、日本沙迪克公司、日本三菱机电公司、日本牧野公司等。境外机床的编号一般以系列代码加基本参数代号来编制，如日本沙迪克的 A 系列、AQ 系列、AP 系列。国内生产电火花线切割机床的企业有主要有苏州三光科技公司、苏州新火花机床有限公司、汉川机床集团公司等。

我国电火花线切割机床型号是根据 JB/T 7445.2—1998《特种加工机床　型号编制方法》的规定编制的，例如，快走丝电火花线切割机床型号 DK7725 的含义如下：

D K 7 7 25

- 25 —— 主参数（工作台横向行程的 250 mm 的 1/10）
- 7 —— 系代号（7 表示快走丝电火花线切割机床，6 表示慢走丝电火花线切割机床）
- 7 —— 组代号（电火花成形机床或电火花线切割机床）
- K —— 通用特性代号（数控）
- D —— 机床类别代号（电火花加工机床）

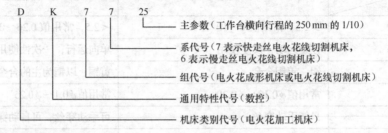

4. 电火花线切割机床的结构

（1）快走丝电火花线切割机床的结构。

快走丝电火花线切割机床（见图 6-7）主要由机床、脉冲电源、控制系统 3 大部分组成。机床由床身、工作台、走丝系统组成。电极丝的移动是由丝架和贮丝筒完成的。因此，丝架和贮丝筒也称为走丝系统。

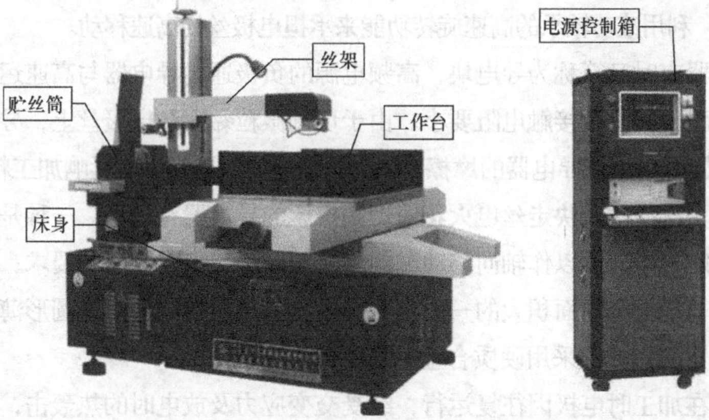

图6-7 快走丝电火花线切割加工设备组成

下面重点介绍机床各组成部分。

① 床身部分。床身一般为铸件，是工作台、绕丝机构及丝架的支承和固定基础。通常采用箱式结构，应有足够的强度和刚度。床身内部安置电源和工作液箱，考虑电源的发热和工作液泵的振动、有些机床将电源和工作液箱移出床身外另行安放。

② 工作台部分。工作台由上滑板和下滑板组成，电火花线切割机床最终都是通过工作台与电极丝的相对运动来完成对零件加工的。为保证机床精度，对导轨的精度、刚度和耐磨性有较高的要求。一般都采用"十"字滑板、滚动导轨和丝杆传动副将电动机的旋转运动变为工作台的直线运动，通过两个坐标方面各自的进给移动，可合成获得各种平面图形曲线轨迹。为保证工作台的定位精度和灵敏度，传动丝杆和螺母之间必须消除间隙。

③ 走丝系统。快走丝电火花线切割机床的走丝系统如图 6-2 所示。走丝系统使电极丝以一定的速度运动并保持一定的张力。在快走丝机床上，一定长度的电极丝平整地卷绕在贮丝筒上（见图 6-8），电极丝张力与排绕时的拉紧力有关，贮丝筒通过联轴节与驱动电动机相连。为了重复使用该段电极丝，电动机由专门的换向装置控制作正反向交替运转。走丝速度等于贮丝筒周边的线速度，通常为 8～10 m/s。在运动过程中，电极丝由丝架支撑，并依靠导丝轮保持电极丝与工作台垂直或倾斜一定的几何角度（锥度切割时）。

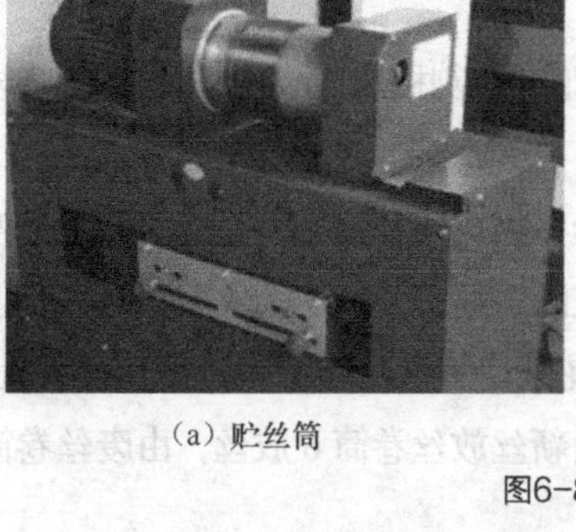

（a）贮丝筒

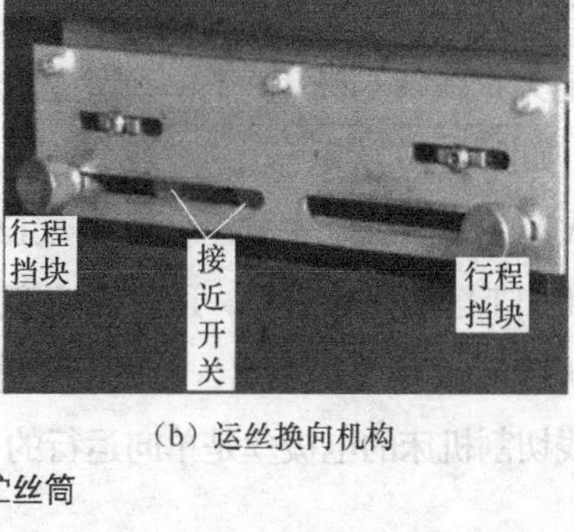

（b）运丝换向机构

图6-8 贮丝筒

导丝轮：图 6-9 所示的导丝轮又称导向轮或导轮。在线切割加工中电极丝的丝速通常为 8～10 m/s，如采用固定导向器来定位快速运动的电极丝，即使是高硬度的金刚石，寿命也很短。因此，采用由滚动轴承支承的导丝轮，利用滚动轴承的高速旋转功能来承担电极丝的高速移动。

导电器：导电器有时又简称为导电块，高频电源的负极通过导电器与高速运行的电极丝连接。因此，导电器必须耐磨，而且接触电阻要小。由于切割微粒黏附在电极丝上，导电器磨损后拉出一条凹糟，凹糟会增加电极丝与导电器的摩擦，加大电极丝的纵向振动，影响加工精度和表面粗糙度。因此，导电器要能多次使用。快走丝电火花线切割机床的导电器有两种：一种是圆柱形，电极丝与导电器的圆柱面接触导电，可以作轴向移动和圆周转动以满足多次使用的要求；另一种是方形或圆形的薄片，电极丝与导电器的面积大的一面接触导电，方形薄片的移动和圆形薄片的转动满足多次使用的要求。导电器的材料都采用硬质合金，既耐磨又导电。

张力调节器：在加工时电极因往复运行，经受交变应力及放电时的热轰击，被伸长了的电极丝张力减小，影响了加工精度和表面粗糙度。没有张力调节器，就需人工紧丝。如果加工大工件，中途紧丝就会在加工表面形成接痕，影响表面粗糙度。张力调节器的作用就是把伸长的丝收入张力调节器，使运行的电极丝保持在一个恒定的张力上，也称恒张力机构。张力调节器如图 6-9 所示。张紧重锤 2 在重力作用下，带动张紧滑块 4，2 个张紧轮 5 沿导轨移动，始终保持电极丝处于拉紧状态，保证加工平稳。

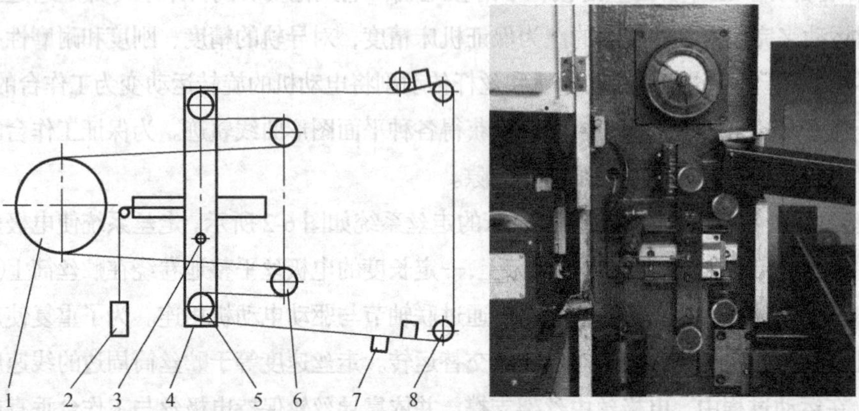

图6-9　导丝系统组成

1. 贮丝筒；2. 重锤；3. 固定插销；4. 张紧滑块；5. 张紧轮；6. 导丝轮；7. 导电块；8. 导丝轮

（2）慢走丝电火花线切割机床的结构。

与快走丝电火花线切割机床一样，慢走丝电火花线切割机床主要由机床、脉冲电源、控制系统 3 大部分组成，如图 6-10 所示。

慢走丝电火花线切割机床的数控装置 9 与工作台 7 组成闭环控制，提高了加工精度。为了保证电介液的电阻率和加工区的热稳定性，适应高精度加工的需要，去离子水 4 配备有一套过滤、空冷和离子交换系统。从图 6-10 中可以看出，与快走丝电火花线切割机床相比，其主要的区别还是走丝系统。慢走丝电火花线切割机床的电极丝是单向运行的，由新丝放丝卷筒 6 放丝，由废丝卷筒 11 收丝。

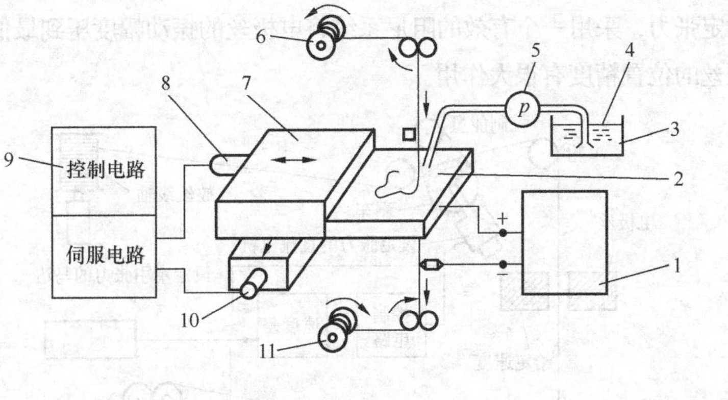

图6-10 慢走丝电火花线切割机床加工设备组成

1. 脉冲电源；2. 工件；3. 工作液箱；4. 去离子水；5. 泵；6. 新丝放丝卷筒；7. 工作台；8. X轴电动机；9. 数控装置；10. Y轴电动机；11. 废丝卷筒

慢走丝系统如图 6-11 所示。未使用的金属丝筒 2（绕有 1～3 kg 金属丝）靠废丝卷丝轮 1 的转动使金属丝以较低的速度（通常 0.2 m/s 以下）移动。为了提供一定的张力（2～25 N），在走丝路径中装有一个机械式或电磁式张力机构 4 和 5。为实现断丝时能自动停车并报警的功能，走丝系统中通常还装有断丝检测微动开关。用过的电极丝集中到卷丝筒上或送到专门的收集器中。

为了减轻电极丝的振动，应使其跨度尽可能小（按工件厚度调整），通常在工件的上下采用蓝宝石 V 形导向器或圆孔金刚石模块导向器，其附近装有引电部分，工作液一般通过引电区和导向器再进入加工区，可使全部电极丝通电部分都冷却。性能较好的机床上还装有靠高压水射流冲刷引导的自动穿丝机构，能使电极丝经一个导向器穿过工件上的穿丝孔而被传送到另一个导向器，在必要时也能自动切断并再穿丝，为无人连续切割创造了条件。

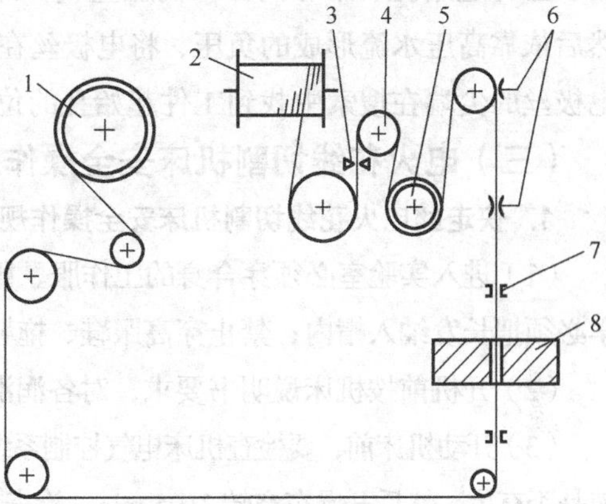

图6-11 慢走丝系统示意图

1. 废丝卷丝轮；2. 未使用的金属丝筒；3. 拉丝模；4. 张力电动机；5. 电极丝张力调节轴；6. 退火装置；7. 导向器；8. 工件

导向器：在图 6-11 中，加工区两端的导向器 7 是保持加工区电极丝位置精度的关键零件，与快走丝电火花线切割机床相比，慢走丝电火花线切割机床的走丝速度要低 50 倍左右。因此，采用高硬度的蓝宝石或金刚石作为固定导向器，但是导向器仍然会被磨损，要求其能够多次使用。

导向器的结构有两种，一种是 V 形导向器，用两个对顶的圆截锥形组合成 V 形，加上一个作封闭之用的长圆柱，形成完整的三点式导向，在接触点磨损后，转动圆截锥形和长圆柱，满足多次使用的要求；另一种是模块导向器，模块的导向孔对电极丝形成全封闭、无间隙导向，定位精度高，但是导向器磨损后须更换。有的机床把 V 形导向和模块导向器组合在一起使用，称为复合式导向器。

张力控制系统：张力控制系统如图 6-12 所示，这种张力控制系统是利用电极丝的移动速度来控制电极丝的张力的。如加工区的张力小于设定张力，则设定张力的直流电机增大放丝阻力，调整加工区的张力到设定张力，采用一个有效的阻尼系统将电极丝的振动幅度压到最低。在精加工时，该系统对提高电极丝的位置精度有很大作用。

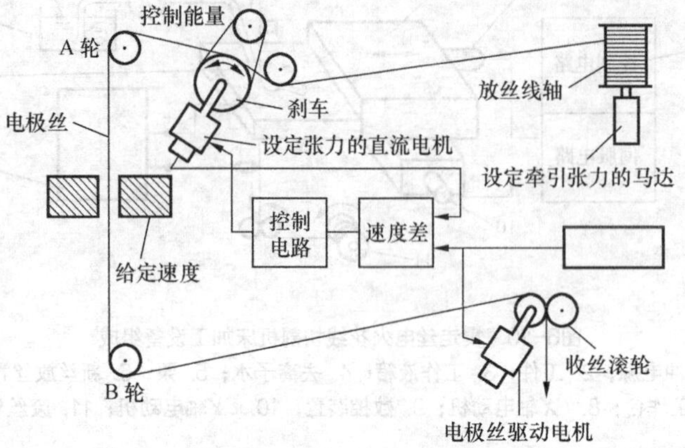

图6-12 张力控制系统

自动穿丝装置：在放丝卷筒换新丝、意外断丝、多孔加工时，都需要把丝重新穿过上导向器、工件起始孔、下导向器，高压空气（即穿丝气流）首先将电极丝通过导向孔穿入导向器，然后依靠高压水流形成的负压，将电极丝在高压冲液水柱的包络下穿入导向器。采用搜索功能，电极丝的尖端在搜索中找到工件起始孔的位置，并可靠地自动插入直径小到 0.3 mm 的起始孔。

（三）电火花线切割机床安全操作规程

1. 快走丝电火花线切割机床安全操作规程

（1）进入实验室必须穿合身的工作服、戴工作帽，衬衫要系入裤内，敞开式衣袖要扎紧，女同学必须把长发纳入帽内；禁止穿高跟鞋、拖鞋、凉鞋、裙子、短裤及戴围巾。

（2）开机前按机床说明书要求，对各润滑点加油。

（3）开动机床前，要检查机床电气控制系统是否正常，工作台和传动丝杆润滑是否充分，检查冷却液是否充足。然后开慢车空转 3～5 min，检查各传动部件是否正常，确认无故障后，才可正常使用。

（4）按照线切割加工工艺正确选用加工参数，按规定的操作顺序操作。

（5）用手摇柄转动贮丝筒后，应及时取下手摇柄，防止贮丝筒转动时将手摇柄摔出伤人。

（6）装卸电极丝时，注意防止电极丝扎手。卸下的废丝应放在规定的容器内，防止造成电器短路等故障。

（7）停机时，要在贮丝筒刚换向后尽快按下“停止”按钮，以防止贮丝筒启动时冲出行程，引起断丝。

（8）应消除工件的残余应力，防止切割过程中工件爆裂伤人。加工前应安装好防护罩。

（9）安装工件的位置时，应防止电极丝切割到夹具；应防止夹具与线架下臂碰撞；应防止超出工作台的行程极限。

（10）加工零件前，应进行无切削轨迹仿真运行，并应安装好防护罩，工件应消除残余应力，防止切削过程中夹丝、断丝，甚至工件迸裂伤人。

（11）定期检查导丝轮的 V 形的磨损情况，如磨损严重，应及时更换。经常检查导电块与钼丝接触是否良好，导电块磨损到一定程度，要及时更换。

（12）不能用手或手持导电工具同时接触工件与床身（脉冲电源的正极与地线），以防触电。

（13）禁止用湿手按开关或接触电器部分。防止工作液及导电物进入电器部分。发生因电器短路起火时，应先切断电源，用四氯化碳等合适的灭火器灭火，不准用水灭火。

（14）在检修时，应先断开电源，防止触电。

（15）加工结束后断开总电源，擦净工作台及夹具，并为其上油。

2. 慢走丝电火花线切割机床安全操作规程

（1）操作者必须经过技术培训才能上机操作。

（2）安装好所有的安全保护盖、板后才能开始加工。

（3）在加工中接触电极丝（包括废丝）会发生触电，同时接触电极丝和机床会发生短路。因此，必须装上或关上所有的防护罩后才能开始加工。打开防护罩（或门）时需中断加工。

（4）选择合理的工作液喷流压力，以减小飞溅。加工时需装上挡水盘，围好挡水帘。

（5）禁止用湿手按开关或接触电器部分。防止导电物进入电器部分，以免触电或造成电气故障。一旦发生因电器短路造成的火灾时，应首先切断电源。

（6）在检修时应先断开电源，防止触电。

（7）加工结束后，断开总电源。

三、项目实施

线切割加工的一般步骤如图 6-13 所示。本项目主要目的是熟悉机床的操作及线切割加工原理，加工零件无尺寸要求。因此，完成本项目的过程为：机床基本操作、工件装夹、零件图形绘制（或阅读）、生成加工路径、设置加工参数、生成加工程序、加工等。

（一）快走丝机床的基本操作

1. 机床的启动及关机

（1）启动。给机床通电，旋动开关到“ON”的位置。检查红色的蘑菇状急停开关，确保急停开关松开。按下绿色的“启动”按钮，机床即开机启动。

（2）关机。关机的方式一般有两种：一种叫硬关机，另一种叫软关机。硬关机就是直接切断电源，使机床的所有活动都立即停止。这种方法适用于遇到紧急情况或危险时紧急停机，在正常情况下一般不采用。具体操作方法是按下“急停”按纽，再按下“OFF”键。软关机则是正常情况下的一种关机方法。它是通过系统程序实现的关机。具体操作方法是：在操作面板上进入关机窗口，按照提示，输入“YES”或“Y”确认后，系统即可自动关机。

2. 电火花线切割机床手控盒

电火花线切割机床的移动等主要通过控制面板、手控盒等来实现，其使用方法如表 6-2 和表 6-3 所示。

（1）控制面板的认识。控制面板是线切割加工中最主要的人机交互界面，各个电火花线切割机床的控制面板大同小异。表 6-2 所示为控制界面常见组件及功能（以北京阿奇快走丝电火花线切割机床为例）。

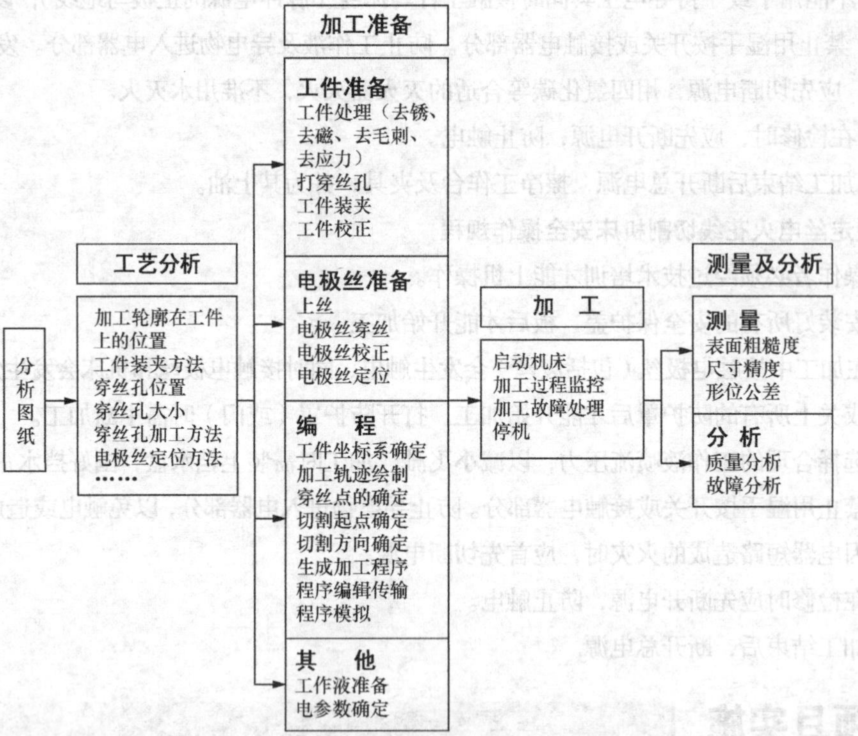

图6-13　线切割加工流程图

表 6-2　　手控盒使用方法

画面图	组件名称	作用及使用方法
	CRT 显示器	显示人机交互的各种信息，如坐标、程序
	电压表	指示加工时流过放电间隙两端的平均电压（即加工电压）
	电流表	指示加工时流过放电间隙两端的平均电流（即加工电流）。当加工稳定时，电流表指针稳定；加工不稳定时，电流表指针急剧左右摆动
	主电源开关	合上后，机床通电。不用时，要关断
	“启动”按钮	绿色按钮，按下后灯亮，机器启动。在加工中，首先合上主电源开关，再按绿色“启动”按钮
	“急停”按钮	红色蘑菇状按钮，在加工中遇到紧急情况即按此按钮，机器立即断电停止工作。机器要重新启动时，必须顺时针拧出“急停”按钮，否则按“启动”按钮机器也不能启动
	键盘	与普通计算机相同
	鼠标	与普通计算机相同
	手控盒	具体用法见表 6-3
	软盘驱动器	与普通计算机相同，在线切割中主要用来读写图形文件。如当切割较复杂零件时，线切割自带的绘图软件不方便绘制，可以先用 AutoCAD 等绘图软件绘制，存在软盘里通过软盘驱动器输入

（2）手控盒的操作（见表 6-3）。

表 6-3 手控盒使用方法

手控盒	键	作用及使用方法
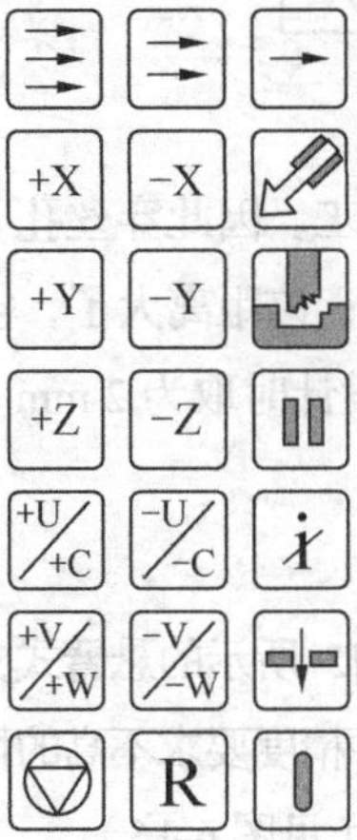		“点移动速度”键：分别代表高、中、低速，与 X、Y、Z “坐标”键配合使用，开机为中速。在实际操作中如果选择了点动高速挡，使用完毕后，最好习惯性地选择点动中速挡
	+X −X +Y −Y +Z −Z +U/+C −U/−C	“点动移动”键：指定轴及运动方向。面对机床正面，工作台向左移动（相当于电极丝向右移动）为 +X，反之为−X；工作台移近工作者为 +Y，远离为−Y；U 轴与 X 轴平行，V 轴与 Y 轴平行，方向定义与 X 轴、Y 轴相同。“点动移动”键要与“点移动速度”键结合使用。如要高速向 +X 方向移动，则先选择“高速点移动速度”键，再按住“点移动”键 +X。+Z、−Z、+C、−C 在线切割机床中无效
		PUMP 键：加工液泵开关。按下开泵，再按停止，开机时为关。开泵功能与 T84 代码相同，关闭液泵功能同 T85 代码相同
		“忽略解除感知”键：当电极丝与工件接触后，按住此键，再按手控盒上的“轴向”键，能忽略接触感知继续进行轴的移动。此键仅对当前的一次操作有效。此键功能与 M05 代码相同
		HALT（暂停）键：在加工状态，按下此键将使机床动作暂停。此键功能与 M00 代码相同
		ACK（确认）键：在出错或某些情况下，其他操作被中止，按此键确认。系统一般会在屏幕上提示
		WR 键：启动或停止丝筒运转。按下运转（相当于执行 T86 代码），再按停止（相当于执行 T87 代码）
		ENT（确认）键：开始执行 NC 程序或手动程序。也可以按键盘上的 Enter 键
	R	RST（恢复加工）键：加工中按“暂停”键，加工暂停，按此键恢复暂停的加工
		OFF 键：中断正在执行的操作。在加工中一旦按 OFF 键后确认中止加工，则按 RST（恢复加工）键不可以从中止的地方再继续加工，所以要慎重操作

注：其他键在本系统中无效，属于电火花成形机床使用键。在手动、自动模式，只要没按 F 功能键，没执行程序，即可用手控盒操作。另外，每次开、关机的时间间隔要大于 10 s，否则有可能出现故障。

（二）加工准备

1. 工艺分析

（1）加工轮廓位置确定。根据毛坯的大小，分析确定五角星图案在毛坯上的位置。假设五角星图案在工件上的位置如图 6-14 所示，该位置没有严格的尺寸精度要求，误差可以在±1 mm 之内。图 6-14 中，O 点为穿丝孔（即线切割加工时，电极丝的起始位置），A 点为起割点（即图案轮廓首先切割点），OA 为辅助切割行程。

（2）装夹方法确定。本项目采用悬臂支撑装夹的方式（见图 6-15）。该装夹方法通用性强，装夹方便，但容易出现上仰或倾斜的问题，一般只在工件精度要求不高的情况下使用。根据本项目要求，对工件的装夹无特殊要求，只需要确保工件加紧即可。

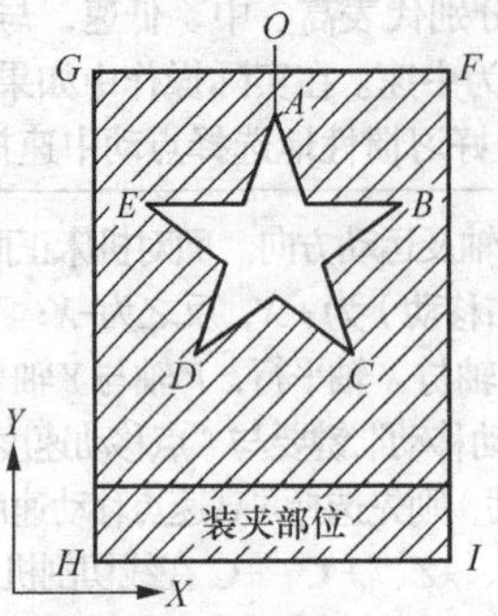

图6-14 零件位置图

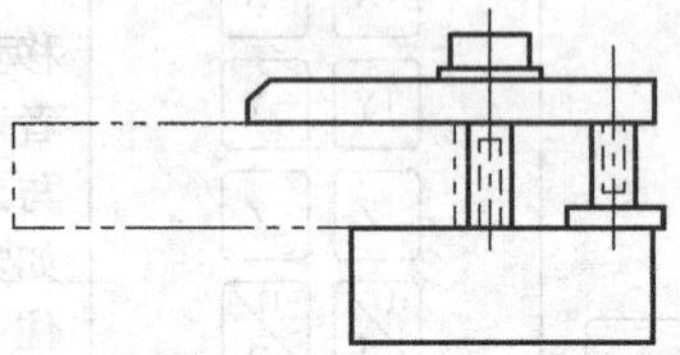
图6-15 工件的装夹

（3）穿丝孔位置确定。线切割加工时工件与电极丝不允许短路，否则无法加工。因此穿丝孔 O 离工件的 GF 边的距离为 1～3 mm。该距离太小了，加工时电极丝抖动可能短路；该距离大了，空切割行程过大，造成浪费。本项目取其为 2 mm，同时起割点 A 到 GF 边的距离设计时取为 2 mm。这样 OA 的距离为 4 mm。

2. **工件准备**

准备一薄钢板，去除毛刺，用螺钉和夹板直接把毛坯装夹在台面上，采用图 6-15 所示的悬臂式支撑。该装夹方法通用性强，装夹方便，但容易出现上仰或倾斜的问题，一般只在工件精度要求不高的情况下使用。本项目要求不高，装夹时可用角尺放在工作台横梁边简单校正工件即可（见图 6-16）。

3. **程序编制**

（1）绘图。如图 6-17 所示，为方便编程，将五角星内接圆的圆心定位坐标零点，建立工件坐标系，按 A，A_1，B，B_1，C 等点的坐标画出切割的轨迹五角星 $ABCDE$。

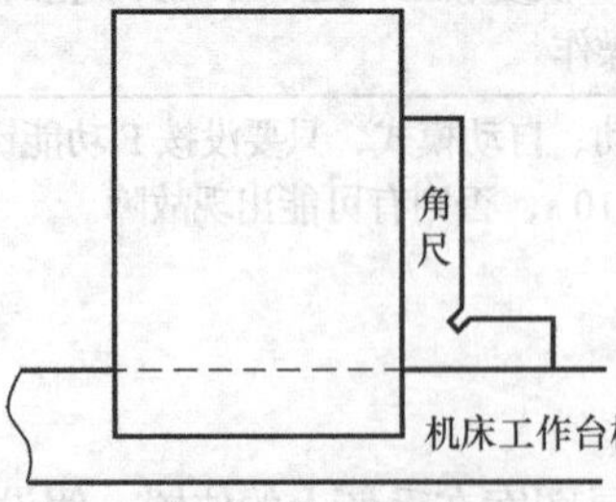

图6-16 工件的校正

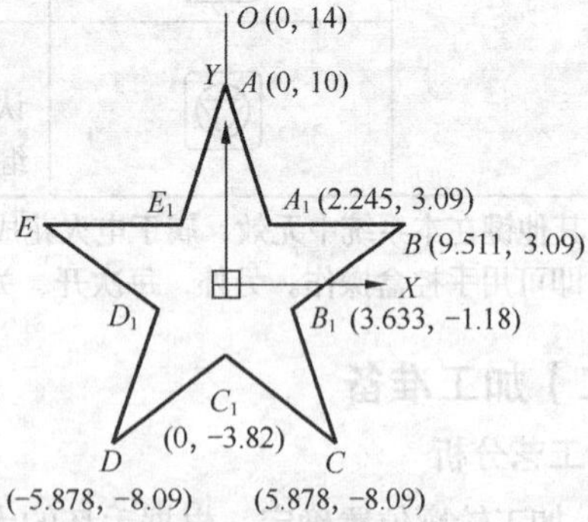

图6-17 图形坐标

（2）编程。输入穿丝孔坐标（0，14），输入或者选择起割点 A。线切割加工中力很小，因此切割方向可以自定，可以逆时针，也可以顺时针。

（3）按照机床说明在指导教师的帮助下生成数控程序。

4. 电极丝准备

通过手控盒或机床操作面板将穿好、校正好的电极丝按照图 6-14 所示移到工件 *GF* 边中间，距离 *GF* 边约 2 mm。由于五星轮廓在工件毛坯上的定位要求不高，因此通过目测移动电极丝即可。

（三）加工

启动机床加工。加工前应注意安全，加工后注意打扫卫生，保养机床。取下工件，测量相关尺寸，并与理论值相比较。若尺寸相差较大，请分析原因。

四、拓展知识

（一）线切割加工主要工艺指标

电火花线切割加工与电火花成形加工一样，都是依靠火花放电产生的热来去除金属的，所以其有较多共同的工艺规律，如增大峰值电流能提高加工速度等。但由于线切割加工与电火花成形加工的工艺条件以及加工方式不尽相同，因此，它们之间的加工工艺过程以及影响工艺指标的因素也存在着较大差异。

和电火花成形加工一样，线切割加工的主要工艺指标有切割速度、加工精度、表面粗糙度等。

（1）切割速度。线切割加工中的切割速度是指在保持一定的表面粗糙度的切割过程中，单位时间内电极丝中心线在工件上切过的面积的总和，单位为 mm^2/min。最高切割速度是指在不计切割方向和表面粗糙度等条件下，所能达到的最大切割速度。通常快走丝线切割加工的切割速度为 40～80 mm^2/min，它与加工电流大小有关。为了在不同脉冲电源、在不同加工电流下比较切割效果，将每安培电流的切割速度称为切割效率，一般切割效率为 20 $mm^2/(min·A)$。

（2）加工精度。加工精度指所加工工件的尺寸精度、形状精度和位置精度的总称。加工精度是一项综合指标，它受到切割轨迹的控制精度、机械传动精度、工件装夹定位精度以及脉冲电源参数的波动、电极丝的直径误差、损耗与抖动、工作液脏污程度的变化、加工操作者的熟练程度等因素的影响。

（3）表面粗糙度。我国和欧洲常用轮廓算术平均偏差 R_a（μm）表示，日本常用 R_{max} 来表示。

（4）电极丝损耗量。对快走丝机床，电极丝损耗量用电极丝在切割 10 000 mm^2 面积后电极丝直径的减少量来表示，一般减小量不应大于 0.01 mm。对慢走丝机床，由于电极丝是一次性的，故电极丝损耗量可忽略不计。

（二）电火花线切割机床主要功能

（1）模拟加工功能。模拟显示加工时电极丝的运动轨迹及其坐标。

（2）短路回退功能。加工过程中，若进给速度太快而电腐蚀速度慢，在加工时出现短路现象，控制器会改变加工条件并沿原来的轨迹快速后退，消除短路，防止断丝。

（3）回原点功能。遇到断丝或其他一些情况，需要回到起割点，可用此操作。

（4）单段加工功能。加工完当前段程序后自动暂停，并有相关提示信息，如：单段停止!按 OFF 键停止加工，按 RST 键继续加工。此功能主要用在检查程序每一段的执行情况。

（5）暂停功能。暂时中止当前的功能（如加工、单段加工、模拟、回退等）。

（6）MDI功能。手动数据输入方式输入程序功能，即可通过操作面板上的键盘，把数控指令逐条输入存储器中。

（7）进给控制功能。能根据加工间隙的平均电压或放电状态的变化，通过取样、变频电路，不断地、定期地向计算机发出中断申请，自动调整伺服进给速度，保持平均放电间隙，使加工稳定，提高切割速度和加工精度。

（8）间隙补偿功能。线切割加工数控系统所控制的是电极丝中心移动的轨迹。因此，加工零件时有补偿量，其大小为单边放电间隙与电极丝半径之和。

（9）自动找中心功能。电极丝能够自动找正后停在孔中心处。

（10）信息显示功能。可动态显示程序号、计数长度、电规准参数、切割轨迹图形等参数。

（11）断丝保护功能。在断丝时，控制机器停在断丝坐标位置上，等待处理，同时高频停止输出脉冲，丝筒停止运转。

（12）停电记忆功能。可保存全部内存加工程序，当前没有加工完的程序可保持24 h以内，随时可停机。

（13）断电保护功能。在加工时如果突然发生断电，系统会自动将当时的加工状态记下来。在下次来电加工时，系统自动进入自动方式，并提示：

“从断电处开始加工吗？按OFF键退出！按RST键继续！”

这时，如果想继续从断电处开始加工，则按下RST键，系统将从断电处开始加工，否则按OFF键退出加工。

使用该功能的前提是不要轻易移动工件和电极丝，否则来电继续加工时，会发生很长时间的回退，影响加工效果甚至导致工件报废。

（14）分时控制功能。可以一边进行切割加工，一边编写另外的程序。

（15）倒切加工功能。从用户编程方向的反方向进行加工，主要用在加工大工件、厚工件时电极丝断丝等场合。电极丝在加工中断丝后穿丝较困难，若从起割点重切，比较耗时间，并且重复加工时，间隙内的污物多，易造成拉弧、断丝。此时采用倒切加工功能，即回到起始点，用倒切加工完成加工任务。

（16）平移功能。主要用在切割完当前图形后，在另一个位置加工同样的图形等场合。这种功能可以省掉重新画图的时间。

（17）跳步功能。将多个加工轨迹连接成一个跳步轨迹（见图6-18），可以简化加工的操作过程。

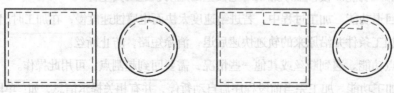

图6-18 轨迹跳步

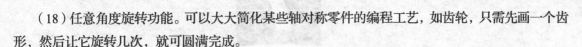

（18）任意角度旋转功能。可以大大简化某些轴对称零件的编程工艺，如齿轮，只需先画一个齿形，然后让它旋转几次，就可圆满完成。

（19）代码转换功能。能将 ISO 代码转换为 3B 代码等。

（20）上下异性功能。能加工出上下表面形状不一致的零件，如上面为圆形，下面为方形等。

小结

本项目主要介绍线切割加工原理、线切割机床、线切割机床安全操作规程、线切割主要工艺指标。重要知识点有：线切割加工原理、线切割主要工艺指标（切割速度、加工精度）。

习题

1. 判断题

（　　）（1）所有快走丝线切割机床没有 MDI 功能。

（　　）（2）电火花线切割机床按照电极丝的运行速度可以分为快走丝和慢走丝两种，其中后者加工速度比前者慢很多。

（　　）（3）慢走丝加工，电极丝通常是一次性使用的。

（　　）（4）DK7125 是数控电火花线切割机床。

（　　）（5）线切割加工零件的形状是由工作台通过数控程序控制移动而合成的。

2. 选择题

（1）线切割加工速度的单位通常为（　　）。

A. mm^2/min　　B. cm^2/min　　C. mm^3/min　　D. cm^2/min

（2）（　　）不能用线切割加工。

A. 锥孔　　B. 上下异形件　　C. 窄缝　　D. 盲孔

（3）线切割机床是一种利用（　　）加工原理来去除金属材料的加工设备。

A. 机械切屑　　B. 电解　　C. 电火花放电　　D. 等离子切割

（4）国产机床 DK7725 型号中的“25”的含义是（　　）轴行程 250 mm。

A. X　　B. Y　　C. U　　D. V

（5）快走丝线切割机床通常用的电极丝是（　　）

A. 钼丝　　B. 铜丝　　C. 钢丝　　D. 镍丝

3. 应用题

（1）比较线切割加工与电火花加工的共同点和不同点。

（2）在图 6-17 中，若在编程时穿丝孔坐标为 O（0，11），加工时其他的操作不改变，请问会产生什么样的后果?

（3）记录加工时间，计算线切割加工速度。

（4）测量零件尺寸，与理论值比较。若尺寸差值较大，请分析原因。

Chapter 7

项目七

切断车刀的线切割加工

【能力目标】

1. 能将电极丝准确定位。
2. 熟练校正电极丝的垂直度。

【知识目标】

1. 掌握 ISO 代码和 3B 代码。
2. 掌握电极丝的定位。
3. 掌握电极丝垂直度的校正方法。
4. 了解电参数对线切割加工的影响。

一、项目导入

在车削加工中经常要用到切断车刀。有的切断车刀是将高速钢车刀条去除部分得到的。在没有线切割加工设备的情况下，人们往往通过砂轮磨削去除多余的预料。若使用线切割将高速钢车刀条（见图 7-1）加工成图 7-2 所示形状，再通过磨削去除少量预料，效率会大幅提高。线切割高速钢车刀尺寸要求不高，但若要将加工的尺寸精度提高到 0.01 mm，则需要掌握电极丝定位等知识。同时，由于工件较厚，电极丝的垂直度需要校正。

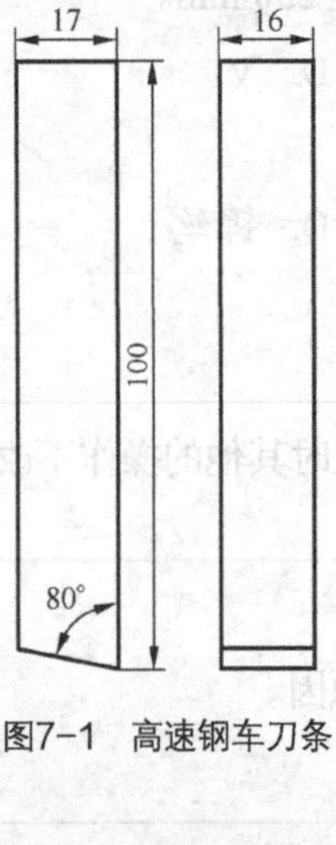

图7-1　高速钢车刀条

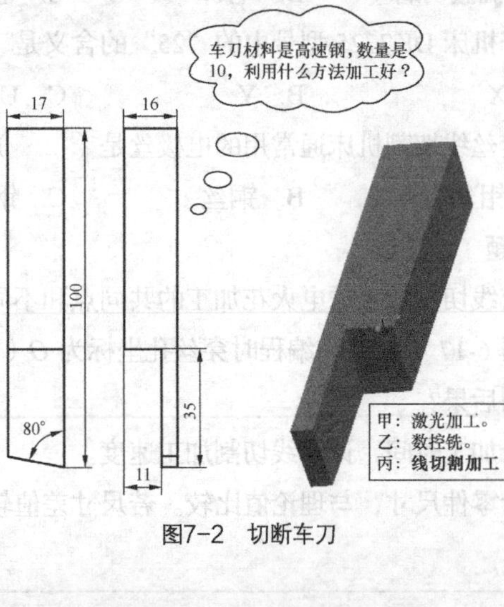

图7-2　切断车刀

二、相关知识

（一）ISO 编程

1. 加工指令代码

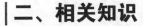

线切割加工的 ISO 代码基本与电火花加工的 ISO 代码相同。不同公司的 ISO 程序大致相同，但具体格式会有所区别。读者可以参考项目三学习 ISO 代码。下面再介绍一些线切割常用的 ISO 代码。

（1）G40、G41、G42（电极丝补偿指令）。分别为取消刀补、左刀补（即向着电极丝行进方向、电极丝左侧偏移）、右刀补（即向着电极丝行进方向、电极丝右侧偏移）。为了消除电极丝半径和放电间隙对加工精度的影响，电极丝中心相对于加工轨迹需偏移一定值。如图 7-3 所示，G41（左补偿）和 G42（右补偿）分别是指沿着电极丝运动的方向前进，电极丝中心沿加工轨迹左侧或右侧偏移一个给定值，G40（取消补偿）为补偿撤销指令。

格式：G41 D_或 G41 H_

G42 D_或 G42 H_

G40

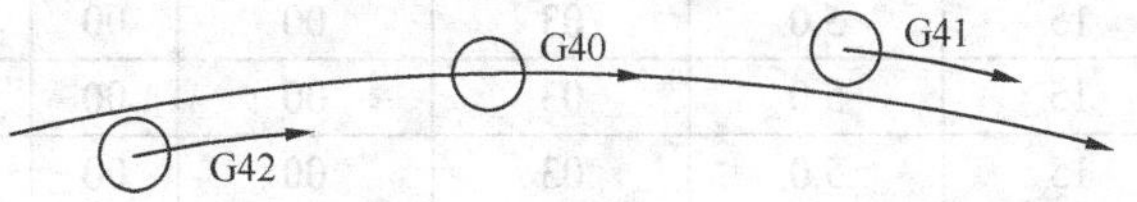

图7-3　电极丝补偿示意图

电极丝加补偿及取消补偿都只能在直线上进行，在圆弧上加补偿或取消补偿都会出错。电极丝补偿时必须移动一个相对直线距离，如果不移动直线距离，则程序会出错，补偿不能加上或取消。现举例如下。

```
G41 G02 X20. Y0 I10. J0 H001;//错误程序，不能在圆弧上加补偿
G91 G41 G00 X0 Y0;//错误程序，不能在原地方加补偿
G91 G40 G00 X0 Y0. //错误程序，不能在原地方取消补偿
```

（2）G04（停歇指令）。此指令能使操作者在执行完该指令的上一个程序段后，暂停一段时间，再执行下一个程序段，X 后面所跟的数即为要停止的时间，单位为 s，最大暂停时间为 99 999.999 s。

格式：G04 X_

（3）C 功能指令。C 代码在程序中用于选择加工条件，格式为 C***，C 和数字间不能有别的字符，数字也不能省略。北京阿奇快走丝线切割机床中，C***含义如图 7.4 所示，表 7-1、表 7-2 为部分加工参数。

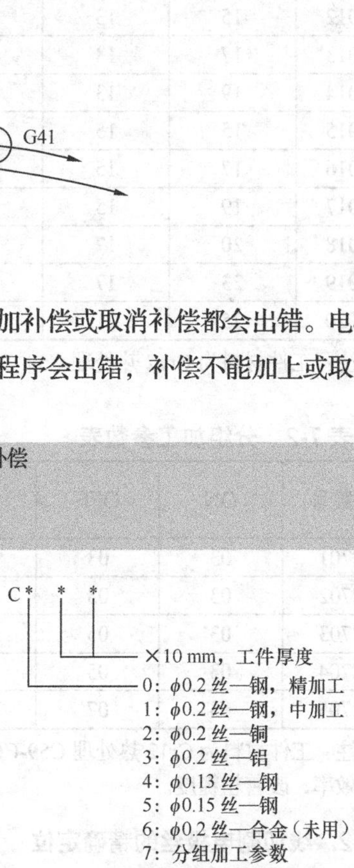

图7-4　C***含义

表 7-1　　精加工参数表

参数号	ON	OFF	IP	SV	GP	V	加工速度 (mm^3/min)	粗糙度 R_a（μm）
C001	02	03	2.0	01	00	00	11	2.5
C002	03	03	2.0	02	00	00	20	2.5
C003	03	05	3.0	02	00	00	21	2.5
C004	06	05	2.0	02	00	00	20	2.5
C005	08	07	3.0	02	00	00	32	2.5
C006	09	07	3.0	02	00	00	30	2.5
C007	10	07	3.0	02	00	00	35	2.5
C008	08	09	4.0	02	00	00	38	2.5
C009	11	11	4.0	02	00	00	30	2.5
C010	11	09	4.0	02	00	00	30	2.5
C011	12	09	4.0	02	00	00	30	2.5
C012	15	13	4.0	02	00	00	30	2.5
C013	17	13	4.0	03	00	00	30	3.0
C014	19	13	4.0	03	00	00	34	3.0
C015	15	15	5.0	03	00	00	34	3.0
C016	17	15	5.0	03	00	00	37	3.0
C017	19	15	5.0	03	00	00	40	3.0
C018	20	17	6.0	03	00	00	40	3.5
C019	23	17	6.0	03	00	00	44	3.5
C020	25	21	7.0	03	00	00	56	4.0

注：工件材料为 Cr12 热处理 C59-C65，钼丝直径为 0.2 mm。

表 7-2　分组加工参数表

参数号	ON	OFF	IP	SV	GP	V	加工速度 (mm^3/min)	粗糙度 R_a（μm）
C701	03	03	3.5	03	01	00	19	2.6
C702	03	03	3.5	03	01	00	22	2.5
C703	03	05	3.5	03	01	00	20	2.5
C704	03	05	4.0	03	01	00	26	2.5
C705	03	07	5.0	03	01	00	30	2.5

注：工件材料为 Cr12 热处理 C59-C65，钼丝直径为 0.2 mm，适用于厚度为 50 mm 及以下工件的加工，以提高效率，改善粗糙度。

2. 线切割电极丝的精确定位

线切割定位一般通过接触感知来实现。北京阿奇工业电子有限公司、日本沙迪克公司等企业的接触感知代码为 G80。G80 指令的用法具体见项目三。为了方便先学线切割加工的读者，下面复习一下 G80 指令的用法。

含义：接触感知。

格式：G80 轴 + 方向

执行该指令，可以指定轴沿给定方向前进，直到和工件接触为止。

如 G80 X –，意思是电极将沿 X 轴的负方向前进，直到接触到工件，然后停在那里。

【例 7.1】 如图 7-5（a）所示，$ABCD$ 为矩形工件，矩形件中有一直径为 $\phi 30$ mm 的圆孔，现由于某种需要欲将该孔扩大到 $\phi 35$ mm。已知 AB、BC 边分别为设计、加工基准，电极丝直径为 0.18 mm，请写出相应操作过程及加工程序。

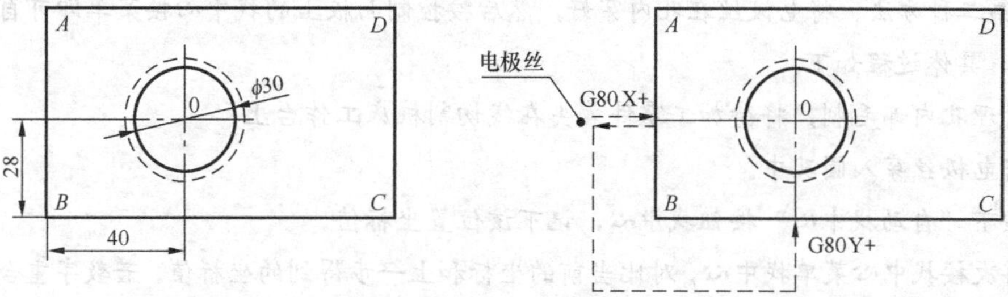

（a）零件图　　（b）电极丝找正轨迹图

图7–5　零件加工示意图

解： 上面任务主要分两部分完成，首先是电极丝定位于圆孔的中心，其次是写出加工程序。电极丝定位于圆孔的中心有两种方法。

（1）第一种方法。首先，电极丝碰 AB 边，X 值清零，再碰 BC 边，Y 值清零，其次解开电极丝到坐标值（40.09，28.09），具体过程如下。

① 清理孔内部毛刺，将待加工零件装夹在线切割机床工作台上，利用千分表找正，尽可能使零件的设计基准 AB、AC 基面分别与机床工作台的进给方向 X、Y 轴保持平行。

② 用手控盒或操作面板等方法将电极丝移到 AB 边的左边，大致保证电极丝与圆孔中心的 Y 坐标相近（尽量消除工件 $ABCD$ 装夹不佳带来的影响，理想情况下工件的 AB 边应与工作台的 Y 轴完全平行，而实际很难做到）。

③ 用 MDI 方式执行指令。

```
G80 X+;
G92 X0;
M05 G00 X-2.;
```

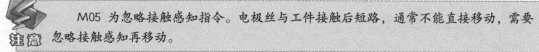

注意 M05 为忽略接触感知指令。电极丝与工件接触后短路，通常不能直接移动，需要忽略接触感知再移动。

④ 用手控盒或操作面板等方法将电极丝移到 BC 边的下边，大致保证电极丝与圆孔中心的 X 坐标相近。

⑤ 用 MDI 方式执行指令

```
G80 Y + ;
```

```
G92 Y0;
T90;        //仅适用慢走丝，目的是自动剪丝；对快走丝机床，则需手动解开电极丝
G00 X40.09 Y28.09;
```

⑥ 为保证定位准确，往往需要确认定位结果。具体方法是：在找到的圆孔中心位置用 MDI 或别的方法执行指令 G55 G92 X0 Y0；然后再在 G54 坐标系（G54 坐标系为机床默认的工作坐标系），按前面步骤①～④所示的方法重新找圆孔中心位置并观察该位置在 G55 坐标系下的坐标值。若 G55 坐标系的坐标值与（0，0）相近或刚好是（0，0），则说明找正较准确，否则需要重新找正，直到最后两次中心孔在 G55 坐标系的坐标相近或相同时为止。

（2）第二种方法。将电极丝在孔内穿好，然后按控制面板上的找中心按菜单即可自动找到圆孔的中心，具体过程如下。

① 清理孔内部毛刺，将待加工零件装夹在线切割机床工作台上。

② 将电极丝穿入圆孔中。

③ 按下“自动找中心”按钮找中心，记下该位置坐标值。

④ 再次按找中心菜单找中心，对比当前的坐标和上一步得到的坐标值。若数字重合或相差很小，则认为找中心成功。

两种方法比较起来，利用找中心按菜单操作简便，速度快，适用于圆度较好的孔或对称形状的孔状零件加工，但若由于磨损等原因（见图 7-6 阴影）造成孔不圆，则不宜采用。而利用设计基准找中心不但可以精确找到对称形状的圆孔、方孔等的中心，还可以精确定位于各种复杂孔形零件内的任意位置。所以，虽然该方法较复杂，但在用线切割修补塑料模具中仍得到了广泛的应用。

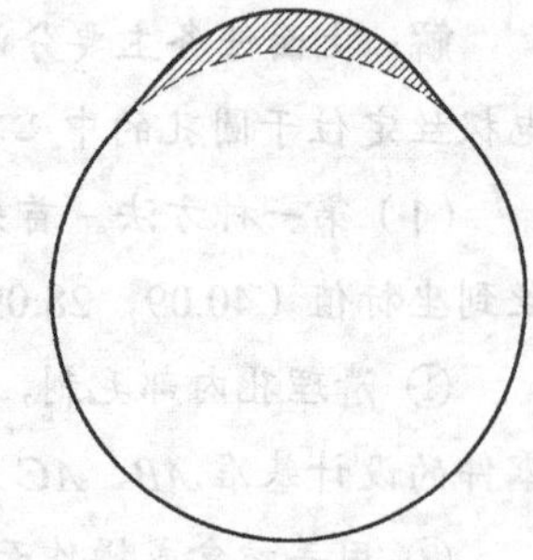

图7-6 孔磨损

综上所述，线切割定位有两种方法，这两种方法各有优劣，但其中关键一点是要采用有效的手段进行确认。一般来说，线切割的找正要重复几次，至少保证最后两次找正位置的坐标值相同或相近。通过灵活使用上述方法，能够实现电极丝定位精度在 0.005 mm 以内，从而有效地保证线切割加工的定位精度。

3. ISO 程序

【例 7.2】 请认真阅读下面的 ISO 程序（北京阿奇 FW 系列快走丝机床的程序），并回答下列问题。

```
H000 = +00000000         H001 = +00000100;
H005 = +00000000;T84 T86 G54 G90 G92X + 0Y + 0; //T84 为打开喷液指令，T86 为送电极丝
C007
G01X + 14000Y + 0;G04X0.0 + H005;
G41H001;
C001;
G01X + 15000Y + 0;G04X0.0 + H005;
G03X-15000Y + 0I-15000J + 0;G04X0.0 + H005;
X + 15000Y + 0I + 15000J + 0;G04X0.0 + H005;
G40H000G01X + 14000Y + 0;
M00;
```

```
C007;
G01X + 0Y + 0;G04X0.0 + H005;
T85 T87 M02; //T85 为关闭喷液指令，T87 为停止送电极丝指令
(:: The Cutting length=  109.247778 MM );
```

（1）G04X0.0 + H005 是什么含义？

（2）请画出加工出的零件图，并标明相应尺寸。

（3）请在零件图上画出穿丝孔的位置，并注明加工中的补偿量。

（4）上面程序中 C001 和 M00 的含义分别是什么？

解：

（1）G04 为暂停指令，X 表示延时时间。由于延时 0 + H005 = 0 + 0 = 0。因此实际不延时。

（2）零件图形如图 7-7 所示。

（3）由 H001 = +00000100 可知，补偿量为 0.1 mm。

（4）C001 代码是用来调用加工参数的。M00 的含义为暂停，直径为 30 mm 的零件可能会掉下来，该代码提示将其拿走。

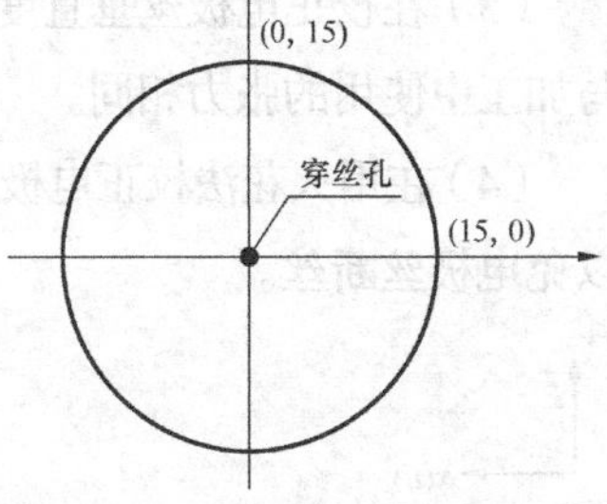

图7–7　加工轨迹示意图

通过理解该程序，总结如下特点。

（1）在本 ISO 代码编程中，通过 C001 等代码来调用加工参数。C001 设定了加工中的各种参数（如 ON、OFF、IP 等）。加工参数的设置调用方法因机床的不同而不同，具体宜参考每种机床相应的操作说明书。

（2）采用 ISO 代码编程的线切割机床的数控系统有庞大的数据库，在其数据库里存放了大量常用的加工参数。

（二）电极丝垂直度的校正

线切割机床有 *U* 轴和 *V* 轴。*U*、*V* 轴位于上丝架前端，轴上连接小型步进电机驱动（见图 7-8）。*U* 轴与 *X* 轴平行，*V* 轴与 *Y* 轴平行，正负方向一致。因为有 *U*、*V* 轴，机床可以切割锥度、上下异形物体。同样，*U*、*V* 轴可能导致机床电极丝与工作台不垂直。因此，在进行精密零件加工或切割锥度等情况下，需要重新校正电极丝对工作台平面的垂直度。电极丝垂直度找正的常见方法有两种，一种是利用找正块，另一种是利用校正器。

1. 利用找正块进行火花法找正

找正块是一个六方体或类似六方体，如图 7-9（a）所示。在校正电极丝垂直度时，首先目测电极丝的垂直度，若明显不垂直，则调节 *U*、*V* 轴，使电极丝大致垂直于工作台。然后，将找正块放在工作台上，在弱加工条件下，将电极丝沿 *X* 轴方向缓缓移向找正块。当电极丝快碰到找正块时，电极丝与找正块之间产生火花放电，肉眼观察产生的火花。若火花上下均匀，如图 7-9（b）所示，则表明在该方向上电极丝垂直度良好；若下面火花多，如图 7-9（c）所示，则说明电极丝右倾，故将 *U* 轴的值调小，直至火花上下均匀；若上面火花多，如图 7-9（d）所示，则说明电极丝左倾，故将 *U* 轴的值调大，直至火花上下均匀。依据同样的原理，调节 *V* 轴的值，使电极丝在 *V* 轴垂直度良好。通常，低速走丝线切割机床用火花法进行校正。

用火花法校正电极丝的垂直度时，需要注意以下几点。

（1）找正块使用一次后，其表面会留下细小的放电痕迹。下次找正时，要重新换位置，不可用有放电痕迹的位置碰火花校正电极丝的垂直度。

（2）在精密零件加工前，分别校正 U、V 轴的垂直度后，需要检验电极丝垂直度校正的效果。具体方法是：重新分别从 U、V 轴方向碰火花，看火花是否均匀。若 U、V 轴方向上火花均匀，则说明电极丝垂直度较好；若 U、V 轴方向上火花不均匀，则重新校正，再检验。

（3）在校正电极丝垂直度之前，电极丝应张紧，张力与加工中使用的张力相同。

（4）在用火花法校正电极丝垂直度时，电极丝要运转，以免电极丝断丝。

图7-8 机床的U、V轴

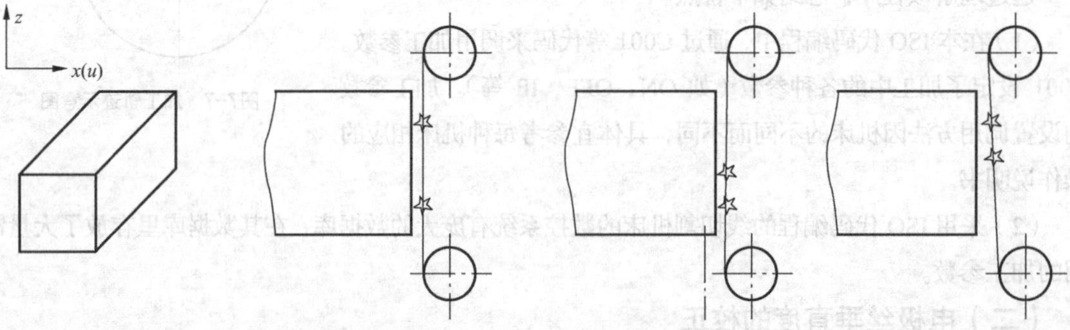

（a）找正块 （b）垂直度较好 （c）垂直度较差（右倾） （d）垂直度较差（左倾）

图7-9 火花法校正电极丝垂直度

2. 用校正器进行校正

校正器是一个触点与指示灯构成的光电校正装置，电极丝与触点接触时指示灯亮。它的灵敏度较高，使用方便且直观。底座用耐磨不变形的大理石或花岗岩制成（见图7-10、图7-11）。

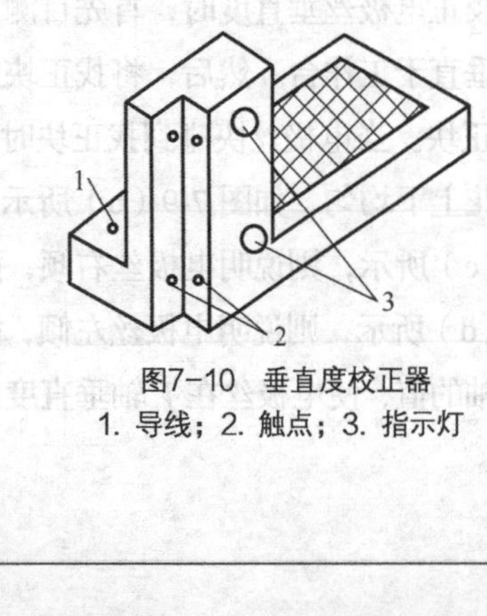

图7-10 垂直度校正器

1. 导线；2. 触点；3. 指示灯

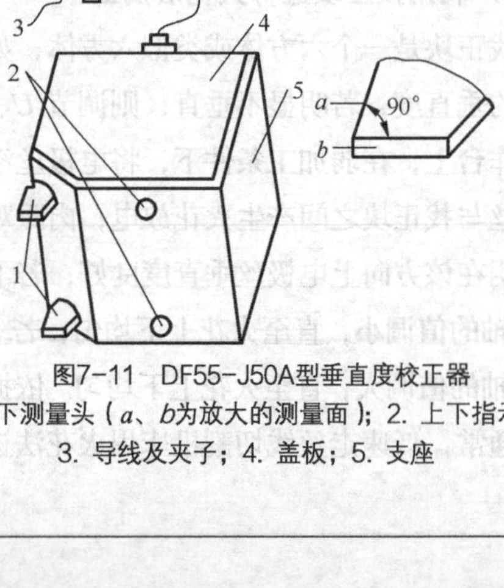

图7-11 DF55-J50A型垂直度校正器

1. 上下测量头（a、b为放大的测量面）；2. 上下指示灯；3. 导线及夹子；4. 盖板；5. 支座使用校正器校正电极丝垂直度的方法与火花法大致相似。主要区别是：火花法是观察火花上下是否均匀，而用校正器校正则是观察指示灯。若在校正过程中，指示灯同时亮，则说明电极丝垂直度良好，否则需要校正。

在使用校正器校正电极丝的垂直度中，要注意以下几点。

（1）电极丝停止走丝时，不能放电。

（2）电极丝应张紧，电极丝的表面应干净。

（3）若加工零件精度高，则电极丝垂直度在校正后需要检查，其方法与火花法类似。

三、项目实施

完成本项目需要掌握电极丝的定位。因此，完成本项目的过程为：工件装夹、零件图形绘制（或阅读）、生成加工路径、设置加工参数、生成加工程序、加工等。

（一）加工准备

1. 工艺分析

（1）加工轮廓位置确定。根据图 7-1、图 7-2，分析确定线切割加工轮廓 *OABCDEAO* 在毛坯上的位置，如图 7-12 所示。画图时各点参考坐标为 *C*（0，0）、*D*（0，50）、*E*（20，50）、*B*（20，0）、*A*（20，38）、*O*（19，38）。

（2）装夹方法确定。本项目采用悬臂支撑装夹的方式来装夹。

（3）穿丝孔位置确定。如图 7-12 所示，*O* 为穿丝孔，*A* 为起割点。实际上 *OA* 段为空走刀，因此 *OA* 值可取 0.5～1 mm，现取为 1 mm。

2. 工件准备

本项目精度要求不高，装夹时可用角尺放在工作台横梁边简单校正工件即可，也可以用电极丝沿着工件边缘 *AB* 方向移动（见图 7-13），观察电极丝与工件的缝隙大小的变化。将电极丝反复移动，根据观察结果敲击工件，使电极丝在 *A* 处和 *B* 处时与工件的缝隙大致相等。

3. 程序编制

（1）绘图。如图 7-12 所示，按 *C*、*B*、*E*、*D* 点的坐标画出矩形 *CBED*。

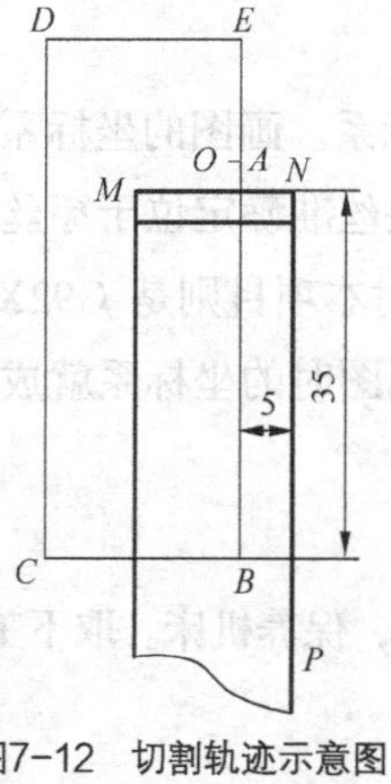

图7-12　切割轨迹示意图

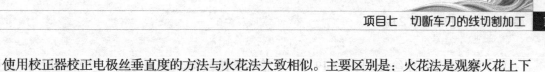

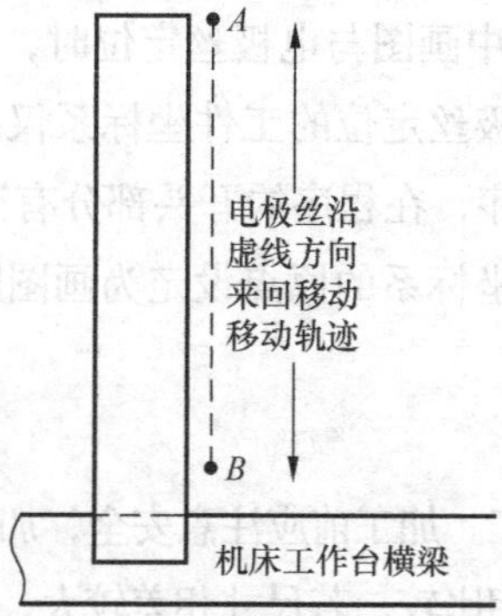

图7-13　电极丝移动校正工件

（2）编程。输入穿丝孔坐标 O（19，38），输入或者选择起割点 A。为了节约加工时间，应选择顺时针加工方向，即 $OABC$。

（3）按照机床说明，在指导教师的帮助下生成数控程序，具体如下。

```
H000 = +00000000         H001 = +00000100;
H005 = +00000000;T84 T86 G54 G90 G92X + 19000Y + 38000;
C007;
G01X + 18000Y + 38000;G04X0.0 + H005;
G42H000;
C001;
G42H000;
G01X + 20000Y + 38000;G04X0.0 + H005;
G42H001;
X + 20000Y + 0;G04X0.0 + H005;
X + 0Y + 0;G04X0.0 + H005;
X + 0Y + 50000;G04X0.0 + H005;
X + 20000Y + 50000;G04X0.0 + H005;
X + 20000Y + 38000;G04X0.0 + H005;
G40H000G01X + 19000Y + 38000;
M00;
C007;
G01X + 20000Y + 38000;G04X0.0 + H005;
T85 T87 M02;
```

4. 电极丝准备

（1）电极丝校正。按照电极丝的校正方向，用校正块法校正电极丝。

（2）电极丝的定位。如图 7-14 所示，用手控盒或操作面板等方法将电极丝（假设电极丝的半径为 0.09 mm）移到工件边的右边 NP，然后在图 7-14 中的①位置执行指令 G80X-;G92X0。然后用手控盒将电极丝移到②位置执行指令 G80Y-;G92Y0。这样，建立了一个工件坐标系 O_1，如图 7-15 的右上角放大图所示，对照图 7-12 穿丝孔相对于 N 点的位置，得到图 7-15 中穿丝孔 O 点的坐标为（−6.09，2.91）。因此，最后执行指令 M05G00X-6.09Y2.91，电极丝移到穿丝孔 O 点。

定位分析如下。

① 图 7-12、图 7-15 实际上有两个坐标。在图 7-12 中，坐标原点在 C 点，图 7-15 中，坐标原点在 O_1 点。通过图 7-12，可知穿丝孔 O 点与工件右上角 N 点的相对位置（$\Delta x = -6$，$\Delta y = 3$）。因此在工件坐标系 O_1 下，穿丝孔 O 点的坐标为（−6.09，2.91）。

② 在线切割中画图与电极丝定位时，通常用到两个坐标系。画图的坐标系是工件加工时用到的坐标系。电极丝定位的工件坐标系仅用于定位，使电极丝准确定位于穿丝孔。读者可以仔细理解线切割程序，在程序的开头部分有语句 G92X_Y_，对本项目则是 G92X19.Y38。这样，程序首先将工件坐标系的原点设定为画图时的坐标原点，画图时的坐标系就成为工件加工时的工件坐标系。

（二）加工

启动机床加工。加工前应注意安全，加工后注意打扫卫生，保养机床。取下工件，测量相关尺寸，并与理论值相比较。若尺寸相差较大，请分析原因。

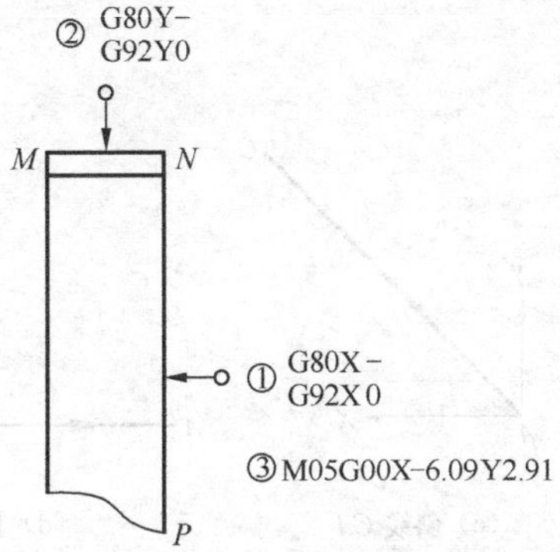

图7-14　电极丝定位示意图

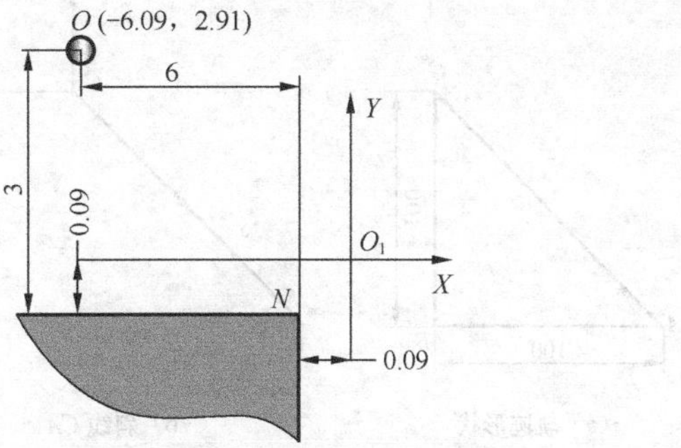

图7-15　工件右上角放大图

四、拓展知识——3B代码编程

国内线切割程序常用格式有3B（个别扩充为4B或5B）格式和ISO格式。其中慢走丝线切割机床普遍采用ISO格式，快走丝机床大部分采用的是3B格式，其发展趋势是采用ISO格式（如北京阿奇快走丝线切割机床）。

1. 线切割3B代码程序格式

线切割加工轨迹图形是由直线和圆弧组成的，它们的3B程序指令格式如表7-3所示。

表7-3　3B程序格式

B	*X*	*B*	*Y*	*B*	*J*	*G*	*Z*
分隔符	*X*坐标值	分隔符	*Y*坐标值	分隔符	计数长度	计数方向	加工指令

其中：

B——间隔符，它的作用是将*X*、*Y*、*J*数码区分开来；

X、*Y*——增量（相对）坐标值；

J——加工线段的计数长度；

G——加工线段计数方向；

Z——加工指令。

2. 直线的3B代码编程

直线程序的3B代码中的各个字母含义如下。

（1）*x*，*y*值的确定。

① 以直线的起点为原点，建立正常的直角坐标系，*x*，*y*表示直线终点的坐标绝对值，单位为μm。

② 在直线3B代码中，*x*，*y*值主要是用于确定该直线的斜率，所以可将直线终点坐标的绝对值除以它们的最大公约数作为*x*，*y*的值，以简化数值。

③ 若直线与*X*或*Y*轴重合，为区别一般直线，*x*，*y*均可为零且可以不写。

如图7-16（a）所示轨迹形状，请读者试着写出图7-16（b）、图7-16（c）、图7-16（d）中图形3B程序中的*x*，*y*值（注：在项目中图形所标注尺寸中若无说明，单位都为mm）。

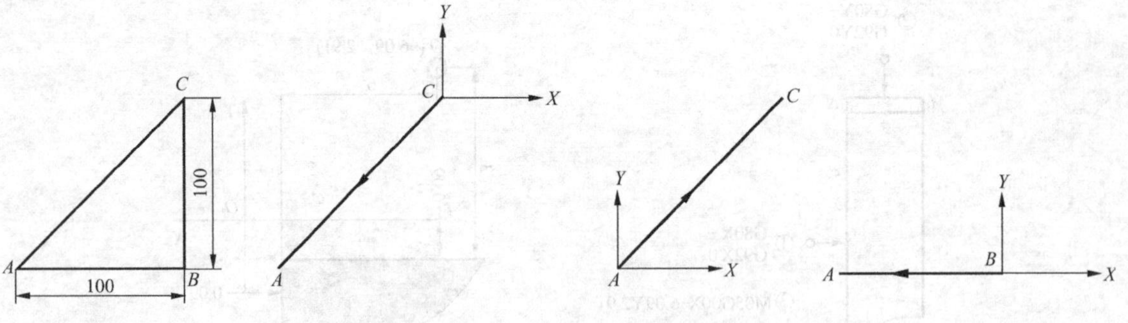

（a）轨迹形状　（b）斜线 CA　（c）斜线 CA　（d）直线 BA

图7-16　直线轨迹

（2）G 的确定。G 是用来确定加工时的计数方向的，分为 G_x 和 G_y 两个分量。直线编程的计数方向的选取方法是，以要加工的直线的起点为原点建立直角坐标系，取该直线终点坐标绝对值大的坐标轴为计数方向。具体确定方法为：若终点坐标为(x_e, y_e)，令 $x=|x_e|$，$y=|y_e|$，若 $y<x$，则 $G=G_x$［见图 7-17（a）］；若 $y>x$，则 $G=G_y$［见图 7-17（b）］；当 $y=x$，则Ⅰ、Ⅲ象限取 $G=G_y$，Ⅱ、Ⅳ象限取 $G=G_x$。

由上述内容可见，计数方向的确定以 45° 线为界，取与终点处走向较平行的轴作为计数方向，具体可参见图 7-17（c）。

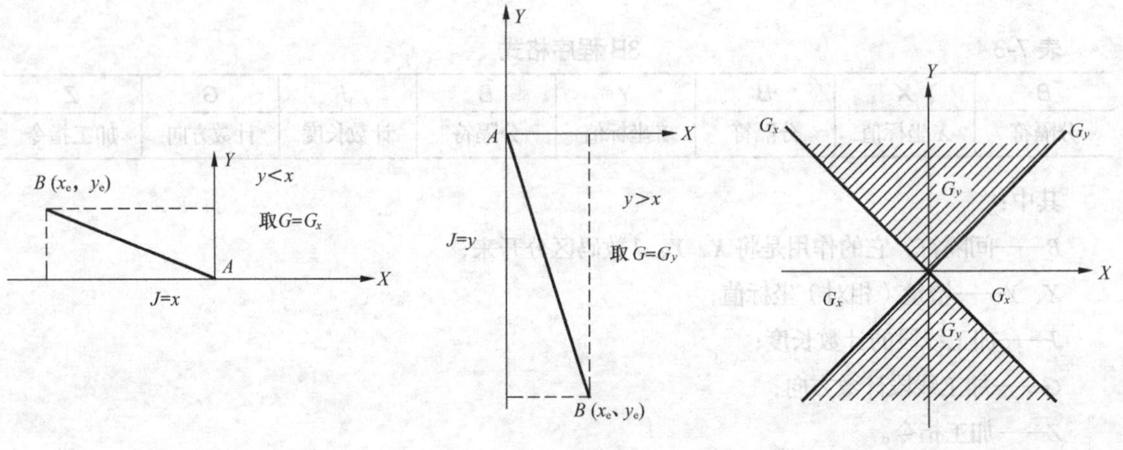

（a）$G=G_x$　（b）$G=G_y$　（c）计数方向的确定

图7-17　G的确定

（3）J 的确定。J 为计数长度，以μm 为单位，以前编程应写满 6 位数，不足 6 位的前面补零，现在的机床基本上可以不用补零。

J 的取值方法为：由计数方向 G 确定投影方向，若 $G=G_x$，则将直线向 X 轴投影得到长度的绝对值计为 J 的值；若 $G=G_y$，则将直线向 Y 轴投影得到长度的绝对值计为 J 的值。

（4）Z 的确定。加工指令 Z 按照直线走向和终点的坐标不同可分为 L_1、L_2、L_3、L_4，其中与 $+X$ 轴重合的直线算作 L_1，与 $-X$ 轴重合的直线算作 L_3，与 $+Y$ 轴重合的直线算作 L_2，与 $-Y$ 轴重合的直线算作 L_4，具体可参见图 7-18。

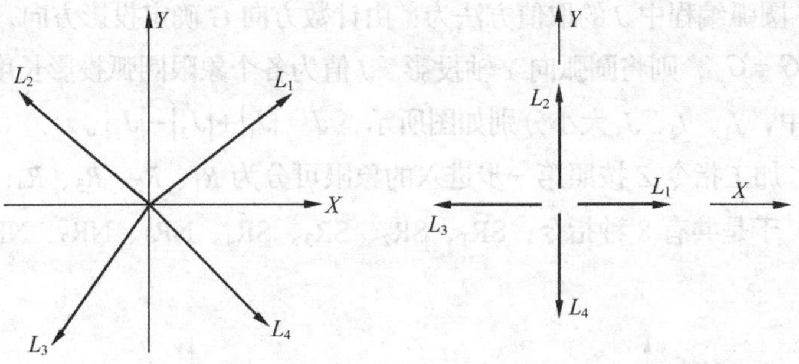

图7-18　Z的确定

综上所述，图 7-16（b）、图 7-16（c）、图 7-16（d）中线段的 3B 代码如表 7-4 所示。

表 7-4　程序单

直线	B	x	B	y	B	J	G	Z
CA	B	1	B	1	B	100 000	G_y	L_3
AC	B	1	B	1	B	100 000	G_y	L_1
BA	B	0	B	0	B	100 000	G_x	L_3

3. 圆弧的 3B 代码编程

（1）x，y 值的确定。以圆弧的圆心为原点，建立正常的直角坐标系。x，y 表示圆弧起点坐标的绝对值，单位为μm；如图 7-19（a）所示，$x = 30\ 000$，$y = 40\ 000$；如图 7-19（b）中所示，$x = 40\ 000$，$y = 30\ 000$。

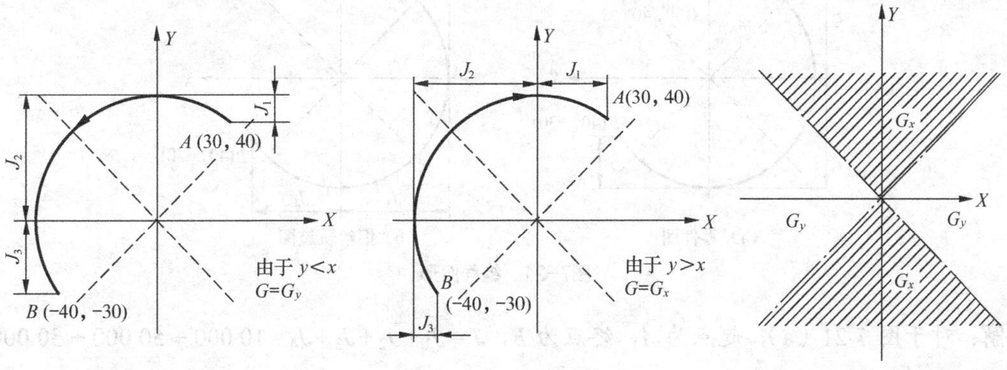

图7-19　圆弧轨迹

（2）G 的确定。G 是用来确定加工时的计数方向的，分 G_x 和 G_y。圆弧编程的计数方向的选取方法是：以某圆心为原点建立直角坐标系，取终点坐标绝对值小的轴为计数方向。具体确定方法为：若圆弧终点坐标的为（x_e，y_e），令 $x = |x_e|$，$y = |y_e|$，若 $y < x$，则 $G = G_y$［见图 7-19（a）］；若 $y > x$，则 $G = G_x$［见图 7-19（b）］；若 $y = x$，G_x、G_y 均可。

由上可见，圆弧计数方向由圆弧终点的坐标绝对值大小决定，其确定方法与直线刚好相反，即取与圆弧终点处走向较平行的轴作为计数方向，具体可参见图 7-19（c）。

（3）J 的确定。圆弧编程中 J 的取值方法为：由计数方向 G 确定投影方向，若 $G = G_x$，则将圆弧向 X 轴投影；若 $G = G_y$，则将圆弧向 Y 轴投影。J 值为各个象限圆弧投影长度绝对值的和。如在图 7-19（a）、（b）中，J_1、J_2、J_3 大小分别如图所示，$J = |J_1| + |J_2| + |J_3|$。

（4）Z 的确定。加工指令 Z 按照第一步进入的象限可分为 R_1、R_2、R_3、R_4；按切割的走向可分为顺圆 S 和逆圆 N，于是共有 8 种指令：SR_1、SR_2、SR_3、SR_4、NR_1、NR_2、NR_3、NR_4，具体可参见图 7-20。

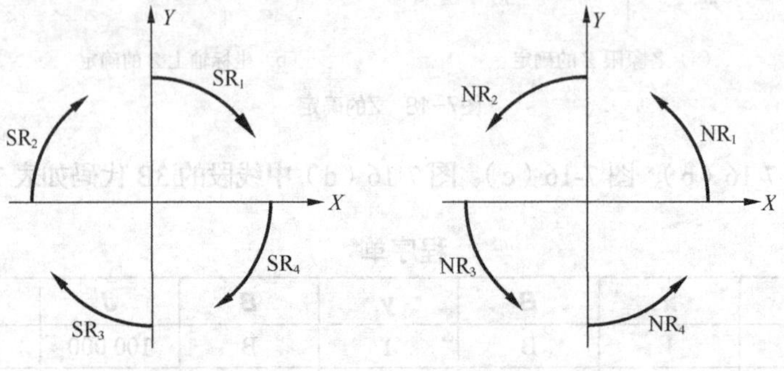

（a）顺时针　（b）逆时针

图7-20　Z的确定

【例 7.3】请写出图 7-21 所示轨迹的 3B 程序。

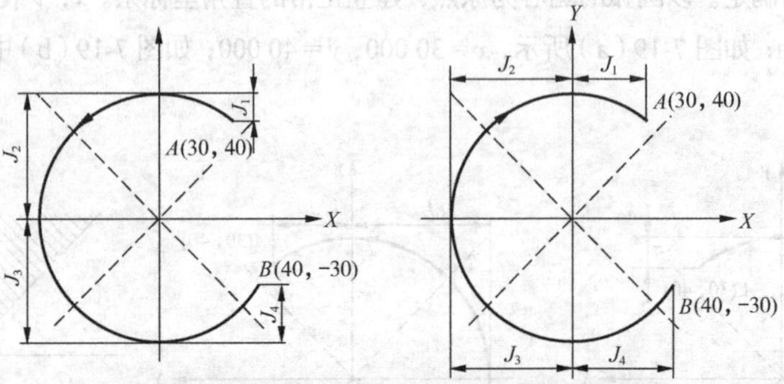

（a）零件图　（b）钼丝轨迹图

图7-21　编程图形

解：对于图 7-21（a），起点为 A，终点为 B，$J = J_1 + J_2 + J_3 + J_4 = 10\,000 + 50\,000 + 50\,000 + 20\,000 = 130\,000$。

故其 3B 程序为：B30000　B40000　B130000　GY　NR1

对于图 7-21（b），起点为 B，终点为 A，$J = J_1 + J_2 + J_3 + J_4 = 40\,000 + 50\,000 + 50\,000 + 30\,000 = 170\,000$。

故其 3B 程序为：B40000　B30000　B170000　GX　SR4

【例 7.4】用 3B 代码编制零件图 7-22（a）所示的线切割加工程序。已知线切割加工用的电极丝直径为 0.18 mm，单边放电间隙为 0.01 mm，图中 A 点为穿丝孔，加工方向沿 A—B—C……进行。

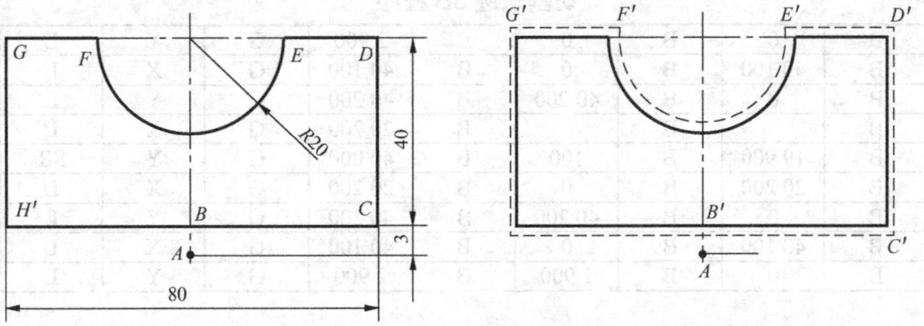

（a）零件图　　（b）钼丝轨迹图

图7-22　线切割加工图形

解：

【分析】 现用线切割加工凸模状的零件图。实际加工中，由于钼丝半径和放电间隙的影响，实际上钼丝中心运行的轨迹形状如图 7-22（b）中虚线所示，即加工轨迹与零件图相差一个补偿量，补偿量的大小 δ= 钼丝半径 + 单边放电间隙 = 0.09 + 0.01 = 0.1 mm。

在加工中需要注意的是 $E'F'$ 圆弧的编程。圆弧 EF [见图 7-22（a）] 与圆弧 $E'F'$ [见图 7-22（b）] 有较多不同点，如表 7-5 所示。

表 7-5　　圆弧 EF 和 $E'F'$ 特点比较

	起点	起点所在象限	圆弧首先进入象限	圆弧经过象限
圆弧 EF	E	X 轴上	Ⅳ象限	Ⅲ、Ⅳ象限
圆弧 $E'F'$	F'	Ⅰ象限	Ⅰ象限	Ⅰ、Ⅱ、Ⅲ、Ⅳ象限

（1）计算并编制圆弧 $E'F'$ 的 3B 代码。

在图 7-22（b）中，最难编制的是圆弧 $E'F'$，其具体计算过程如下。

以圆弧 $E'F'$ 的圆心为坐标原点，建立直角坐标系，则 E' 点的坐标为：$Y_E = 0.1$mm；

$X_E = \sqrt{(20-0.1)^2-0.1^2} = 19.900$ mm。根据对称原理可得 F' 的坐标为（−19.900，0.1）。

根据上述计算可知圆弧 $E'F'$ 的终点坐标 Y 的绝对值小，所以计数方向为 Y。

圆弧 $E'F'$ 在Ⅰ、Ⅱ、Ⅲ、Ⅳ象限分别向 Y 轴投影，得到长度的绝对值分别为 0.1、19.9、19.9、0.1mm，故 J = 40 000。

圆弧 $E'F'$ 首先在Ⅰ象限顺时针切割，故加工指令为 SR_1。

由上可知圆弧 $E'F'$ 的 3B 代码为：

$E'F'$	B	19900	B	100	B	40000	G	Y	SR	1

（2）经过上述分析计算，可得轨迹形状的 3B 程序如表 7-6 所示。

表 7-6　　　　切割轨迹 3B 程序

AB′	B	0	B	0	B	2 900	G	Y	L	2
B′C′	B	40 100	B	0	B	40 100	G	X	L	1
C′D′	B	0	B	40 200	B	40 200	G	Y	L	2
D′E′	B		B		B	20 200	G	X	L	3
E′F′	B	19 900	B	100	B	40 000	G	Y	SR	1
F′G′	B	20 200	B	0	B	20 200	G	X	L	3
G′H′	B	0	B	40 200	B	40 200	G	Y	L	4
H′B′	B	40 100	B	0	B	40 100	G	X	L	1
B′A′	B	0	B	2 900	B	2 900	G	Y	L	4

小结

本项目主要介绍线切割 ISO 编程、电极丝的精确定位、电极丝垂直度的校正、线切割 3B 编程。重要知识点有：线切割 ISO 程序识读、线切割电极丝的精确定位方法。

习题

1. 判断题

（　　）（1）用火花法校正电极丝时电极丝不需要运动。

（　　）（2）电极丝校正时应保证表面干净。

（　　）（3）在电极丝定位时用到的接触感知代码是 G81。

（　　）（4）在精密线切割加工时，为了提高效率，电极丝相对于工件只需要一次精确定位。

（　　）（5）在用校正器校正电极丝的垂直度时，电极丝应该运行并放电。

2. 选择题

（1）电极丝往 X＋方向接触感知时，应执行指令为（　　）。

A. G80X+　　B. G80X-　　C. G81X+　　D. G81X-

（2）直径为 0.18 mm 的电极丝往 Y＋方向接触感知工件的某边缘后原地停止，若要设定工件的该边缘坐标为 0，应执行的指令为（　　）。

A. G92Y0.09　　B. G92Y-0.09　　C. G92Y0　　D. G92Y-0.18

（3）直径为 0.18 mm 的电极丝往 Y＋方向接触感知工件的某边缘后原地停止，然后执行指令 G92Y0，则工件的该边缘坐标为（　　）。

A. Y＝0.18　　B. Y＝0.09　　C. Y＝-0.18　　D. Y＝-0.09

（4）在 3B 代码格式中第 3 个 B 代表（　　）。

A. X 坐标轴上的投影　　B. Y 坐标轴上的投影　　C. 加工方向　　D. 加工计数长度

（5）ISO 代码中 M00 表示（　　）。

A. 绝对坐标　　B. 相对坐标　　C. 程序暂停　　D. 程序结束

3. 应用题

（1）如图 7-23（a）所示毛坯，现通过线切割加工成图 7-23（b）所示某曲面检具，图 7-23（c）

为切割加工过程中轨迹路线图，其中 O 点为穿丝孔，A 点为起割点。

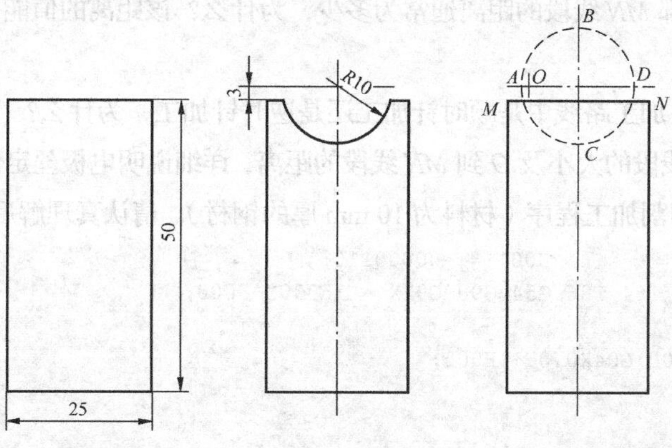

（a）毛坯　（b）零件图　（c）加工轨迹线路图

图7-23　曲面检具

① OA 线段长通常为多少？能否取 10 mm，为什么？

② OA 线段到工件顶部 MN 线段的距离通常为多少，为什么？该距离的值能否等于电极丝的半径，为什么？

③ 在图 7-23（c）加工路线中是顺时针加工还是逆时针加工，为什么？

④ 自己假设 OA 线段的长度及 O 点到 MN 线段的距离，详细说明电极丝定位于 O 点的具体过程。

（2）如图 7-24（a）所示车刀毛坯，现通过线切割加工成图 7-24（b）所示切断车刀，图 7-24（c）为切割加工过程中轨迹路线图，其中 O 点为穿丝孔，A 点为起割点。

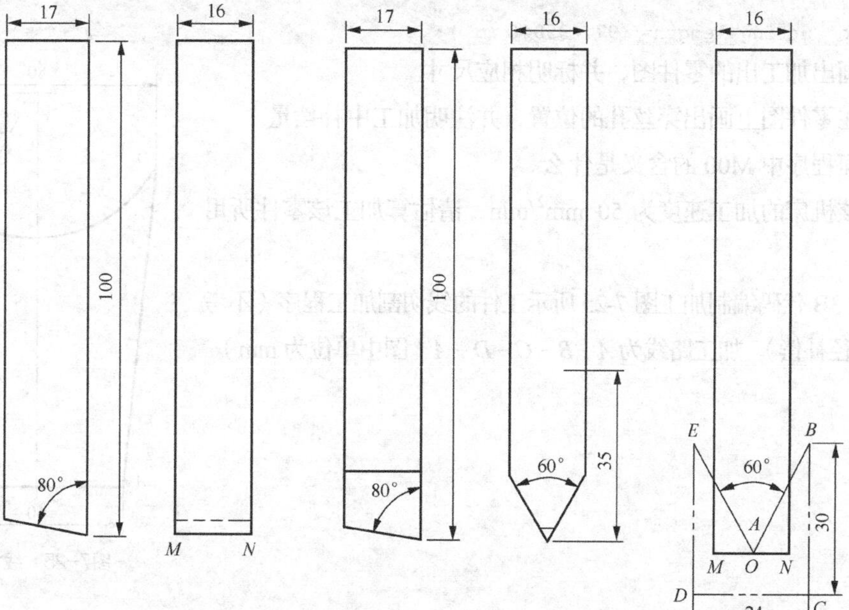

（a）　（b）　（c）

图7-24　螺纹车刀

① *OA* 线段长通常为多少？能否取 10 mm，为什么？

② *O* 点到车刀顶部 *MN* 线段的距离通常为多少，为什么？该距离的值能否等于电极丝的半径，为什么？

③ 在图 7-24（c）加工路线中是顺时针加工还是逆时针加工，为什么？

④ 自己假设 *OA* 线段的大小及 *O* 到 *MN* 线段的距离，详细说明电极丝定位于 *A* 点的具体过程。

（3）下面为一线切割加工程序（材料为 10 mm 厚的钢材），请认真理解后完成下列题目。

```
H000 = +00000000         H001 = +00000110;
H005 = +00000000;T84 T86 G54 G90 G92X + 15000Y-3000;
C007;
G01X + 15000Y-1000;G04X0.0 + H005;
G42H000;
C001;
G42H000;
G01X + 15000Y + 0;G04X0.0 + H005;
G42H001;
X + 30000Y + 0;G04X0.0 + H005;
X + 30000Y + 14000;G04X0.0 + H005;
G03X + 24000Y + 20000I-6000J + 0;G04X0.0 + H005;
G01X + 5000Y + 20000;G04X0.0 + H005;
X + 0Y + 15000;G04X0.0 + H005;
X + 0Y + 0;G04X0.0 + H005;
X + 15000Y + 0;G04X0.0 + H005;
G40H000G01X + 15000Y-1000;
M00;
C007;
G01X + 15000Y-3000;G04X0.0 + H005;
T85 T87 M02;
(:: The Cutting length=  97.495846 mm );
```

① 请画出加工出的零件图，并标明相应尺寸。

② 请在零件图上画出穿丝孔的位置，并注明加工中补偿量。

③ 上面程序中 M00 的含义是什么。

④ 若该机床的加工速度为 50 mm^2/min，请估算加工该零件所用的时间。

（4）用 3B 代码编制加工图 7-25 所示工件的线切割加工程序（不考虑电极丝直径补偿）。加工路线为 *A*－*B*－*C*－*D*－*A*（图中单位为 mm）。

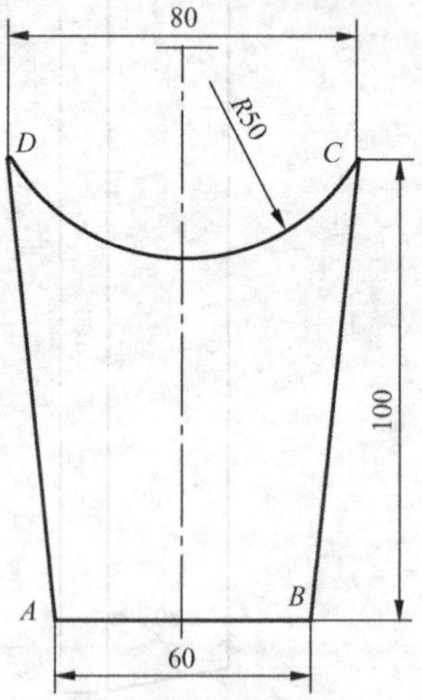

图7-25　线切割加工

Chapter 8

项目八 同心圆环的线切割加工

【能力目标】

1. 对高速走丝线切割机床能上丝。
2. 对高速走丝线切割机床能穿丝。
3. 能处理加工中出现的断丝故障。
4. 具备独立用高速走丝线切割机床加工常见工件的能力。

【知识目标】

1. 掌握跳步加工方法
2. 熟练阅读线切割 ISO 程序。
3. 熟练编制 ISO 程序。
4. 掌握非电参数对线切割加工的影响。

一、项目导入

在实际生产中经常碰到需要线切割多次切割的情况，如，连续加工若干个孔类零件及类似冲压里面的冲孔落料零件。图 8-1 所示为一个同心圆零件。用线切割加工，需要首先切割直径为 15 mm 的孔，再在毛坯上切割直径为 30 mm 的圆盘。同一零件需要用线切割加工两次或两次以上，最好用跳步加工。跳步加工就是将多个切割加工编成一个程序，省去每次加工电极丝定位的过程，提高加工效率。

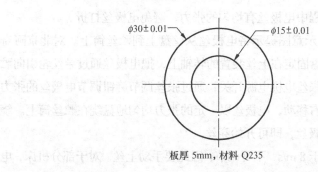

（a）零件图

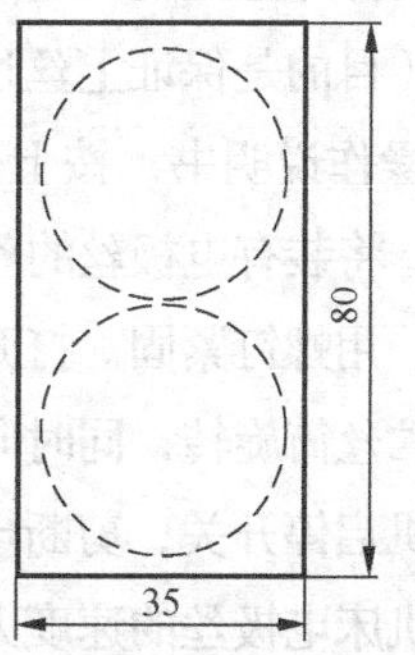

（b）排样图

图8-1 同心圆零件

本项目需要按照排样图在毛坯的每个部位切割零件。实施项目中要重点注意：编程时穿丝孔的位置与在毛坯上打穿丝孔的位置需要匹配。

二、相关知识

（一）高速走丝线切割机床的上丝及穿丝

1. 上丝

上丝的过程是将电极丝从丝盘绕到快走丝线切割机床贮丝筒上的过程，也可以称为绕丝。不同的机床操作可能略有不同，下面以北京阿奇 FW 系列为例说明上丝要点。

（1）上丝以前，要先移开左、右行程开关，再启动丝筒，将其移到行程左端（见图 8-2）或右端极限位置（目的是将电极丝上满，如果不需要上满，则需与极限位置有一段距离）。

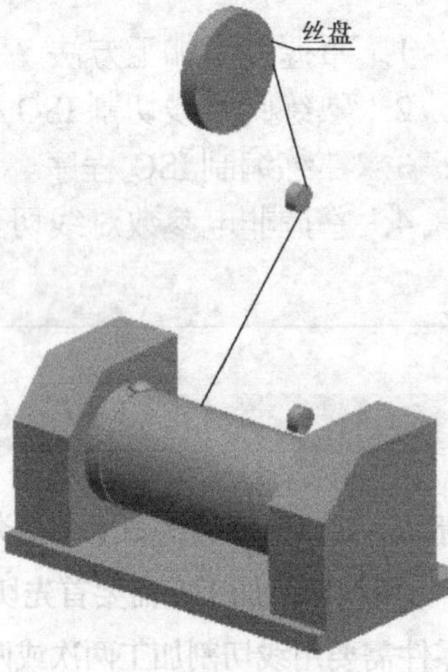

（a）开始上丝示意图

（b）机床上丝机构

图8-2 上丝示意图

（2）上丝过程中要打开上丝电机启停开关（见图 8-3），并旋转上丝电机电压调节按钮，以调节上丝电机的反向力矩（目的是保证上丝过程中电极丝有均匀的张力，避免电极丝打折）。

（3）按照机床的操作说明书，按上丝示意图提示将电极丝从丝盘上到贮丝筒上。对北京阿奇 FW 型机床操作如下：将装有电极丝的丝盘固定在上丝装置的转轴上，把电极丝通过导丝轮引向贮丝筒上方（见图 8-4），用螺钉紧固。打开张丝电机电源开关，通过张丝调节旋钮调节电极丝的张力后，摇动手动摇把使贮丝筒旋转，同时向右移动，电极丝以一定的张力均匀地盘绕在贮丝筒上。绕完丝后，关掉上丝电机启停开关，剪断电极丝，即可开始穿丝。

北京阿奇 FW 型机床电极丝的速度大于 8 m/s，不可调节，因此要手动上丝。对于部分机床，电极丝速度可调，如深圳福斯特机床速度有 3 m/s、6 m/s、9 m/s、12 m/s 等，上丝时可以用 3m/s 的转速将电极丝从丝盘绕到贮丝筒上。

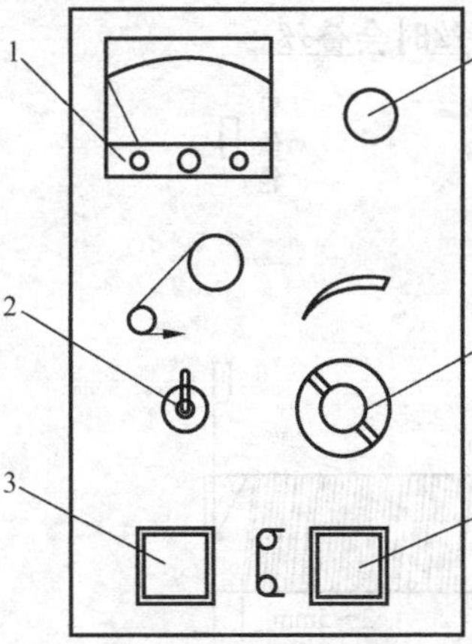

图8-3　贮丝筒操作面板

1. 上丝电机电压表；2. 上丝电机启停开关；
3. 丝筒运转开关；4. 紧急停止开关；
5. 上丝电机电压调节按钮；6. 丝筒停止开关

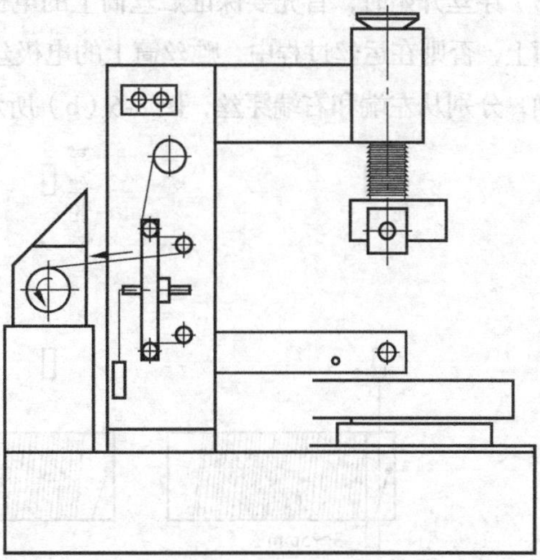

图8-4　上丝示意图

2. 穿丝

（1）穿丝前首先观察 Z 轴的高度是否适合，如果不合适要首先调节 Z 轴的高度，穿丝后 Z 轴的高度就不能调节了。通常在不影响加工的前提下，Z 轴的高度越小，越有利于减小电极丝的振动。

（2）拉动电极丝头，按照操作说明书说明依次绕接各导丝轮、导电块至贮丝筒（见图 8-5）。在操作中要注意手的力度，防止电极丝打折。

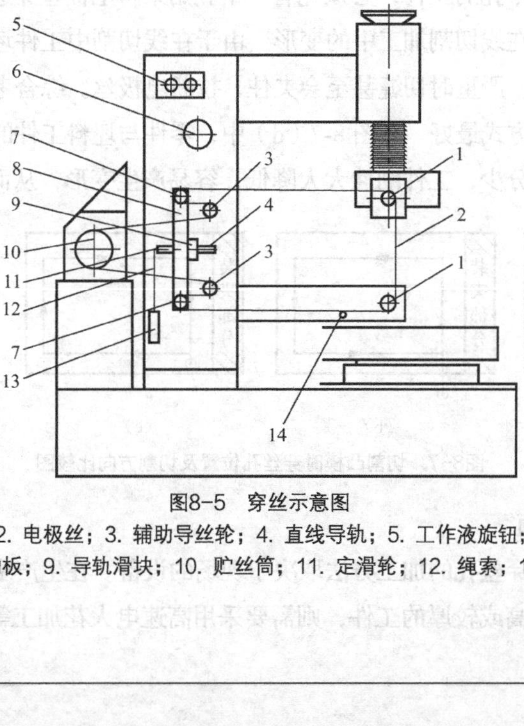

图8-5　穿丝示意图

1. 主导丝轮；2. 电极丝；3. 辅助导丝轮；4. 直线导轨；5. 工作液旋钮；6. 上丝盘；7. 张紧轮；
8. 移动板；9. 导轨滑块；10. 贮丝筒；11. 定滑轮；12. 绳索；13. 重锤；14. 导电块

（3）穿丝开始时，首先要保证贮丝筒上的电极丝与辅助导丝轮、张紧导丝轮、主导丝轮在同一个平面上，否则在运丝过程中，贮丝筒上的电极丝会重叠，从而导致断丝。图 8-6（a）、（c）所示操作正确，分别从左端和右端穿丝，图 8-6（b）所示操作错误，穿丝时会叠丝。

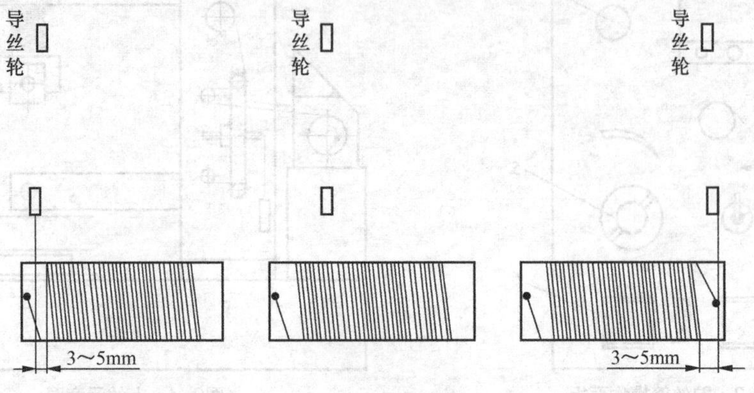

（a）左端上丝位置　（b）错误上丝位置　（c）右端上丝位置

图8-6　上丝示意图

（4）穿丝中要注意控制左右行程挡杆，使贮丝筒左右往返换向时，贮丝筒左右两端留有 3～5 mm 的余量。

（5）穿丝后调节左右行程开关，运转电极丝。试运行时手要放在图 8-3 所示的丝筒停止开关 6 上方，若有异常，立即停止丝筒运转。注意要保证电极丝在导丝轮槽里、导电块上面。

（二）穿丝孔

1. 穿丝孔的作用

在线切割加工中，穿丝孔主要作用有如下两点。

（1）对于切割凹模或带孔的工件，必须先有一个孔用来将电极丝穿进去，然后才能进行加工。

（2）减小凹模或工件在线切割加工中的变形。由于在线切割中工件坯料的内应力会失去平衡而产生变形，影响加工精度，严重时切缝甚至会夹住、拉断电极丝。综合考虑内应力导致的变形等因素，按图 8-7（c）中所示方式最好。在图 8-7（d）中，零件与坯料工件的主要连接部位被过早地割离，余下的材料被夹持部分少，工件刚性大大降低，容易产生变形，从而影响加工精度。

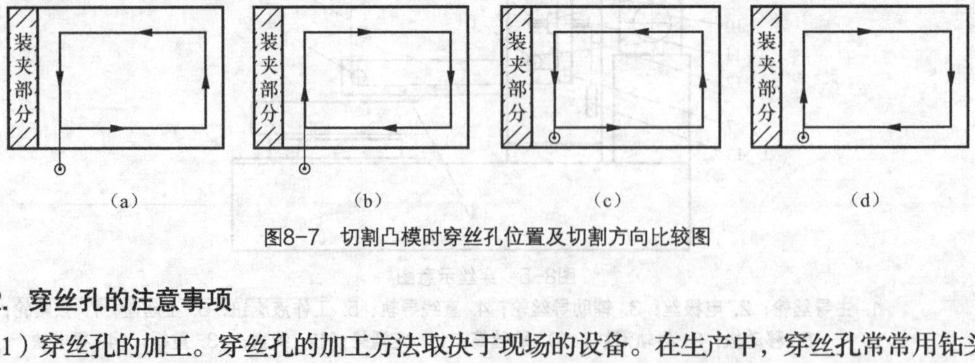

（a）　（b）　（c）　（d）

图8-7　切割凸模时穿丝孔位置及切割方向比较图

2. 穿丝孔的注意事项

（1）穿丝孔的加工。穿丝孔的加工方法取决于现场的设备。在生产中，穿丝孔常常用钻头直接钻出来，对于材料硬度较高或较厚的工件，则需要采用高速电火花加工等方法来打孔。

（2）穿丝孔位置和直径的选择。穿丝孔的位置与加工零件轮廓的最小距离和工件的厚度有关。工件越厚，则最小距离越大，一般不小于 3 mm。在实际中，穿丝孔有可能打歪［见图 8-8（a）］，若穿丝孔与欲加工零件图形的最小距离过小，则可能会导致工件报废；若穿丝孔与欲加工零件图形的位置过大［见图 8-8（b）］，则增加了切割行程。

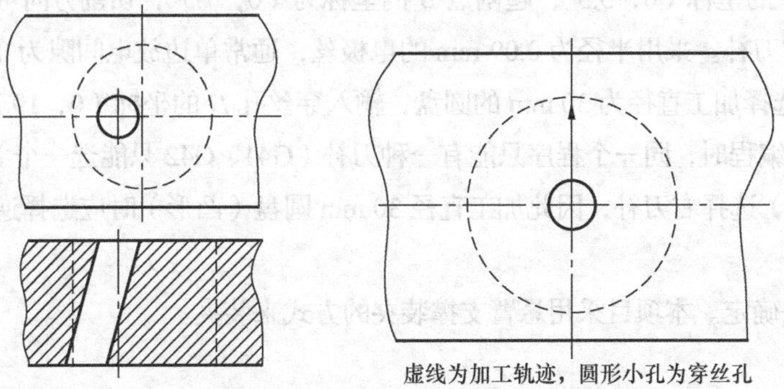

（a）穿丝孔与加工轨迹太近　（b）穿丝孔与加工轨迹较远

图8-8　穿丝孔的大小与位置

穿丝孔的直径不宜过小或过大，否则加工较困难。若由于零件轨迹等方面的原因导致穿丝孔的直径必须很小，则在打穿丝孔时要小心，尽量避免打歪或尽可能减少打孔的深度。图 8-9（a）所示为直接用打孔机打孔，操作较困难；图 8-9（b）所示是在不影响使用的情况下，将底部先铣削出一个较大的底孔来减小打穿丝孔的深度，从而降低打孔的难度。这种方法在加工塑料模的顶杆孔等零件中常常使用。

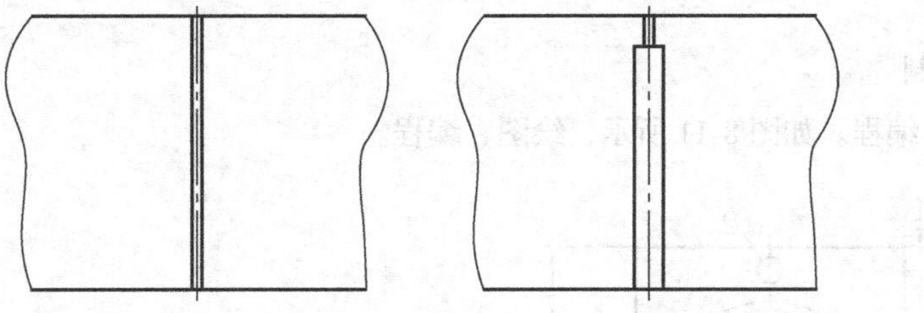

（a）　（b）

图8-9　穿丝孔高度

穿丝孔加工完成后，一定要注意清理里面的毛刺，以避免加工中产生短路而导致加工不能正常进行。

三、项目实施

完成本项目需要掌握电极丝的定位。因此完成本项目的过程为：工艺分析、工件钻穿丝孔、工件装夹及校正、零件图形绘制（或阅读）、生成加工路径、设置加工参数、生成加工程序、加工等。

（一）加工准备

1. 工艺分析

（1）加工轮廓位置确定。为了提高零件精度，在工件上钻穿丝孔。分析确定线切割加工轮廓同心圆在毛坯上的位置，如图 8-10 虚线所示。穿丝孔分别为 *A*、*D*，起割点分别为 *B*、*C*。为了减少空切割行程，穿丝孔中心到起割点的距离为 4 mm。

（2）画图及编程。根据上面设计的加工轮廓在工件上的位置及穿丝孔的位置，画图并选定穿丝孔、起割点。圆心坐标为（0，0），直径分别为 15 mm、30 mm。编程时，首先切割直径为 15mm 的孔，输入穿丝孔 *A* 的坐标（0，3.5），起割点 *B* 的坐标为（0，7.5），切割方向可以任意选，如果顺时针加工，则为右刀补。采用半径为 0.09 mm 的电极丝，通常单边放电间隙为 0.01 mm，因此补偿量为 0.1 mm。再选择加工直径为 30 mm 的圆盘，输入穿丝孔 *D* 的坐标（0，19），输入起割点 *C* 的坐标（0，15）。在编程时，同一个程序只能有一种刀补（G41、G42 只能选一个），由于前面直径 15 mm 的圆孔（凹形）选择右刀补，因此加工直径 30 mm 圆盘（凸形）时应选择逆时针加工方向（右刀补）。

（3）装夹方法确定。本项目采用悬臂支撑装夹的方式来装夹。

2. 工件准备

（1）按照图 8-10 穿丝孔的位置设计图在坯料上划线，确定穿丝孔 *A*、*D* 位置。然后，用钻床或电火花打孔机打孔。打孔后，应认真清理干净孔内的毛刺，避免加工时电极丝与毛刺接触短路，从而造成加工困难。

（2）本项目用高速走丝机床在毛坯上切割同心圆，装夹时采用悬臂支撑即可，可用角尺放在工作台横梁边简单校正工件即可，也可以用电极丝沿着工件边缘移动，观察电极丝与工件的缝隙大小的变化来校正。装夹时应根据设计图（见图 8-10）来进行装夹，不要使毛坯长为 35 mm 的边与机床 *Y* 轴平行（如果 35 mm 的边与机床 *Y* 轴平行，编程时穿丝孔及起割点的 *X*、*Y* 坐标值应该互换）。

3. 程序编制

（1）绘图、编程。如图 8-11 所示，绘图、编程。

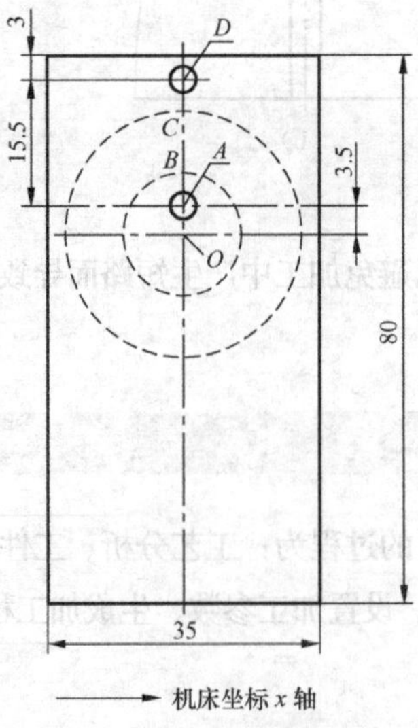

图8-10 轨迹位置设计图

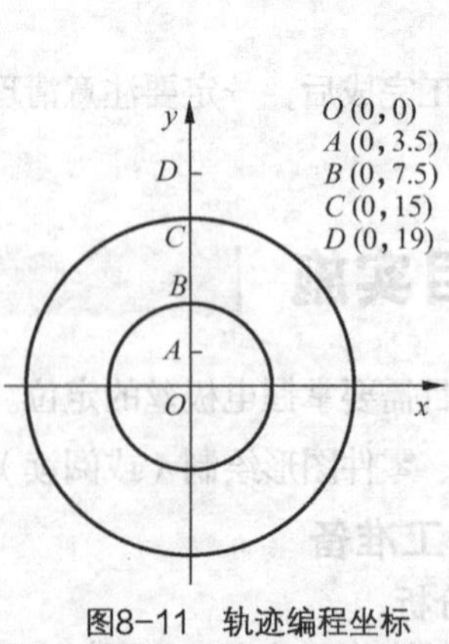

图8-11 轨迹编程坐标

（2）按照机床说明，在指导教师的帮助下生成数控程序，具体如下。

```
010  H000 = +00000000          H001 = +00000100;
020  H005 = +00000000;T84 T86 G54 G90 G92X + 0Y + 3500;//定义穿丝孔的坐标，建立工件坐标系
030  C007;
040  G01X + 0Y + 6500;G04X0.0 + H005;
050  G42H000;
060  C001;
070  G42H000;
080  G01X + 0Y + 7500;G04X0.0 + H005;
090  G42H001;
100  G02X + 0Y-7500I + 0J-7500;G04X0.0 + H005;
110  X + 0Y + 7500I + 0J + 7500;G04X0.0 + H005;
120  G40H000G01X + 0Y + 6500;
130  M00;/①
140  C007;
150  G01X + 0Y + 3500;G04X0.0 + H005; //从哪里开始加工，就从哪里结束加工
160  T85 T87;
170  M00;/②
180  M05G00X0;
190  M05G00Y19000;//电极丝移到下一个穿丝孔 D
200  M00;③
210  H000 = +00000000          H001 = +00000100;
220  H005 = +00000000;T84 T86 G54 G90 G92X + 0Y + 19000;
230  C007;
240  G01X + 0Y + 16000;G04X0.0 + H005;
250  G42H000;
260  C001;
270  G42H000;
280  G01X + 0Y + 15000;G04X0.0 + H005;
290  G42H001;
300  G03X + 0Y-15000I + 0J-15000;G04X0.0 + H005;
310  X + 0Y + 15000I + 0J + 15000;G04X0.0 + H005;
320  G40H000G01X + 0Y + 16000;
330  M00④;
340  C007;
350  G01X + 0Y + 19000;G04X0.0 + H005; //从哪里开始加工，就从哪里结束加工
360  T85 T87 M02;
```

4. 电极丝准备

（1）电极丝上丝、穿丝、校正。按照电极丝的校正方法，用校正块法校正电极丝。

（2）电极丝的定位。松开电极丝，移动工作台，通过目测将工件穿丝孔 *A* 移到电极丝穿丝位置，穿丝，再目测将电极丝移到穿丝孔中心。（思考，此时为什么不用精确定位到孔中心？）

（二）加工

启动机床加工。加工时，机床有 4 个地方暂停（见程序 M00 代码）。加工中暂停的作用如下。

M00①的含义为：暂停，直径为 15 mm 的孔里的废料可能掉下，提示拿走。

M00②的含义为：暂停，直径为 15 mm 的孔已经加工完，提示解开电极丝，准备将机床移到另一个穿丝孔。

M00③的含义为：暂停，准备在当前的穿丝孔位置穿丝。

M00④的含义为：暂停，同心圆零件可能掉下，提示拿走。

加工前应注意安全，加工后注意打扫卫生，保养机床。取下工件，测量相关尺寸，并与理论值相比较。若尺寸相差较大，请分析原因。

（三）加工问题分析

问题1

如果按照设计图8-11设计，并打好穿丝孔，但在编程时将第一个穿丝孔 *A* 点坐标输入为圆心（0，0）。请问后果如何？应如何处理？

【分析问题1】当编程时穿丝孔与设计时穿丝孔的位置不一致，可能产生如下两种情况。

（1）按照上面的问题，第一个轮廓直径为15 mm孔的穿丝孔坐标为（0，0），第二个轮廓直径为30 mm的圆盘穿丝孔坐标为（0，19）。根据分析，并由图8-12对比图可知，轮廓整体将向上偏移3.5 mm，穿丝孔 *D* 可能会破坏同心圆的轮廓。

（2）在加工直径为30 mm的圆盘时，电极丝会移到第一个穿丝孔正上方19mm处，即图8-12（b）所示的位置，电极丝中心距离 *EF* 边0.5 mm，这样电极丝可能会与工件接触，从而造成短路，进而无法切割加工。

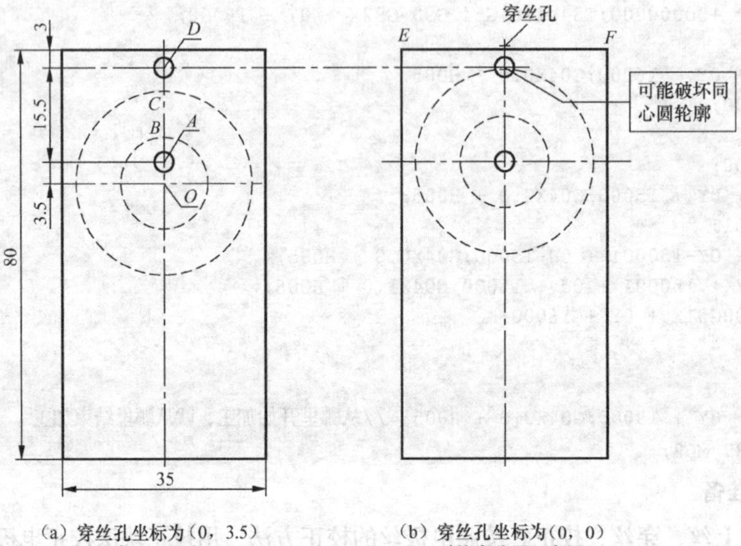

（a）穿丝孔坐标为（0，3.5）时轮廓位置示意图　（b）穿丝孔坐标为（0，0）时轮廓位置示意图

图8-12 穿丝孔坐标不同轮廓实际位置对比图

【解决问题1】

（1）根据上面分析可知，所述问题可能会破坏同心圆轮廓。因此需在加工前仔细校对程序和设计图，及时发现问题。发现问题后重新编程，或者修改程序。

（2）对于第二个穿丝孔与 *EF* 距离太小从而可能导致电极丝与工件短路的问题，可以通过修改程序解决。具体做法如下。

① 将电极丝再向 Y 方向移动 2 mm 左右，保证电极丝与工件不接触，这时坐标为（0，21）。

② 修改程序。将第二轮廓加工程序的 220 号语句中的 T84 T86 G54 G90 G92X + 0Y + 19000；改为 T84 T86 G54 G90 G92X + 0Y + 21000。

问题 2

如果加工第二个轮廓时在 300 号语句地方断丝，如何处理？

【分析解决问题 2】第一个轮廓加工已经加工好，因此不需要再加工第一个轮廓。根据分析，解决问题如下。

（1）用 MDI 方式执行指令 G00 X + 0Y + 19000，即将电极丝移到第二个轮廓穿丝孔位置，穿丝。

（2）删除 200 号以前的程序，从第二个轮廓的程序开始加工。

总结：跳步加工优缺点分析。

（1）电极丝自动移动到下一个轮廓的穿丝孔，省去第二个轮廓电极丝定位过程，电极丝定位准确，轮廓与轮廓不会错位。对于能自动穿丝、自动剪断电极的高级机床来说，可以长时间实现无人自动化加工，节约成本。

（2）跳步加工编程时的穿丝孔与实际穿丝孔位置应对应，否则将造成轮廓错位。断丝时，由于程序较长，需要修改程序。因此，读者应非常熟练掌握 ISO 代码，特别是在低速走丝线切割加工中。

四、拓展知识

（一）非电参数对工艺指标的影响

1. 电极丝的选择

目前电火花线切割加工使用的电极丝材料有钼丝、钨丝、钨钼合金丝、黄铜丝、铜钨丝、镀锌电极丝。

采用钨丝加工时，可获得较高的加工速度，但放电后丝质易变脆，容易断丝，故应用较少，只在慢速走丝弱规准加工中尚有使用。钼丝比钨丝熔点低，抗拉强度低，但韧性好，在频繁的急热急冷变化过程中，丝质不易变脆、不易断丝。钨钼丝（钨、钼各 50%合金）加工效果比前两种都好，它具有钨、钼两者的特性，使用寿命和加工速度都比钼丝高。铜钨丝有较好的加工效果，但抗拉强度差些，价格比较昂贵，来源较少，故应用较少。采用黄铜丝作电极丝时，加工速度较高，加工稳定性好，但抗拉强度差，损耗大。镀锌电极丝切割速度高且不易断丝，加工工件的表面质量好，无积铜，变质层得到改善，加工精度提高，导丝嘴等部件的损耗减小。

在我国，目前，快走丝线切割加工中广泛使用钼丝作为电极丝，慢走丝线切割加工中广泛使用直径为 0.1mm 以上的黄铜丝作为电极丝，并慢慢倾向采用镀锌电极丝。西方发达国家普遍采用镀锌电极丝。

2. 电极丝的直径

电极丝的直径是根据加工要求和工艺条件选取的。在加工要求允许的情况下，可选用直径大些的电极丝。直径大，抗拉强度大，承受电流大，可采用较强的电规准进行加工，能够提高输出的脉冲能量，提高加工速度。同时，电极丝粗，切缝宽，放电产物排除条件好，加工过程稳定，能提高脉冲利用率，也提高了加工速度。若电极丝过粗，则难加工出内尖角工件，降低了加工精度，同时，切缝过宽，使材料的蚀除量变大，加工速度有所降低；若电极丝直径过小，则抗拉强度低、易断丝，而且切缝较窄，放电产物排除条件差，加工经常出现不稳定现象，导致加工速度降低。电极丝细的优点是可以得到较小半径的内尖角，加工精度能相应提高。快走丝线切割机床一般采用 0.10～0.25 mm 的钼丝作为电极丝。

3. 走丝速度对工艺指标的影响

对于快走丝线切割机床，在一定的范围内，随着走丝速度的提高，有利于脉冲结束时放电通道迅速消电离。同时，高速运动的电极丝能把工作液带入厚度较大工件的放电间隙中，有利于排屑和放电加工稳定进行。故在一定加工条件下，随着丝速的增大，加工速度也将有所提高。图 8-13 所示为快走丝线切割机床走丝速度与切割速度关系的实验曲线。实验证实：当走丝速度由 1.4 m/s 上升到 7～9 m/s，走丝速度对切割速度的影响非常明显。若再继续增大走丝速度，切割速度不仅不增大，反而开始下降，这是因为丝速再增大，排屑条件虽然仍在改善，而蚀除作用基本不变，但是贮丝筒在一次排丝的运转时间减少，使其在一定时间内的正反向换向次数增多，非加工时间增多，从而使加工速度降低。

对应于最大加工速度的最佳走丝速度与工艺条件、加工对象有关，特别是与工件材料的厚度有很大关系。当其他工艺条件相同时，工件材料厚一些，对应于加工速度最大值的走丝速度就高些，即图 8-13 中的曲线将随工件厚度的增加而向右移。

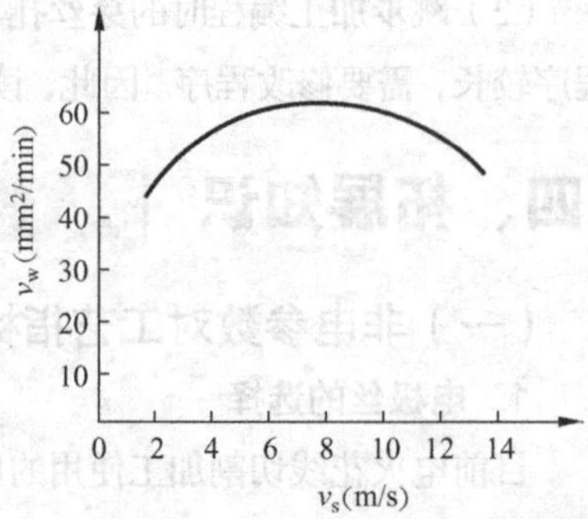

图8-13 快走丝机床丝速对加工速度的影响

在国产的快走丝线切割机床中，有相当一部分机床的走丝速度可调节，比如深圳福斯特数控机床有限公司生产的线切割机床的走丝速度分为 3m/s、6m/s、9m/s、12m/s，可根据不同的加工工件厚度选用最佳的加工速度（见表 8-1）；还有另外一些机床只有一种走丝速度，如北京阿奇 FW 系列快走丝线切割机床的走丝速度为 8.7 m/s。

表 8-1 丝速选择范围表

丝速（m/s）	3	6	9	12
适合加工厚度（mm）	适用于上丝或多次切割	＜40	＜150	＞150

对慢走丝线切割机床来说，同样也是走丝速度越快，加工速度越快。因为慢走丝线切割机床的电极丝的线速度约为每秒零点几毫米到几百毫米。这种走丝方式是比较平稳均匀的，电极丝抖动小，故加工出的零件表面粗糙度好、加工精度高。但丝速慢将导致放电产物不能及时被带出放电间隙，易造成短路及不稳定放电现象。提高电极丝走丝速度，工作液容易被带入放电间隙，放电产物也容易排出间隙之外，故改善了间隙状态，进而可提高加工速度。但在一定的工艺条件下，当丝速达到某一值后，加工速度就趋向稳定（见图 8-14）。慢走丝线切割机床的最佳走丝速度与加工对象、电极丝材料、直径等有关。现在慢走丝线切割机床的操作说明书中都会推荐相应的走丝速度值。

4. 电极丝往复运动对工艺指标的影响

快走丝线切割机床在加工时，加工工件表面往往会出现黑白交错相间的条纹（见图 8-15），电极丝进口处呈黑色，出口处呈白色。条纹的出现与电极丝的运动有关，这是由于排屑和冷却条件不同造成的。电极丝从上向下运动时，工作液由电极丝从上部带入工件内，放电产物由电极丝从下部带出。这时，上部工作液充分，冷却条件好；下部工作液少，冷却条件差，但排屑条件比上部好。工作液在放电间隙里受高温热裂分解，形成高压气体，急剧向外扩散，对上部蚀除物的排除造成困难。这时，放电产生的碳黑等物质将凝聚附着在上部加工表面上，使之呈黑色；在下部，排屑条件好，工作液少，放电产物中碳黑较少，而且放电常常在气体中发生，因此加工表面呈白色。同理，当电极丝从下向上运动时，下部呈黑色，上部呈白色。这样，经过电火花线切割加工的表面，就形成黑白交错相间的条纹。这是往复走丝工艺的特性之一。

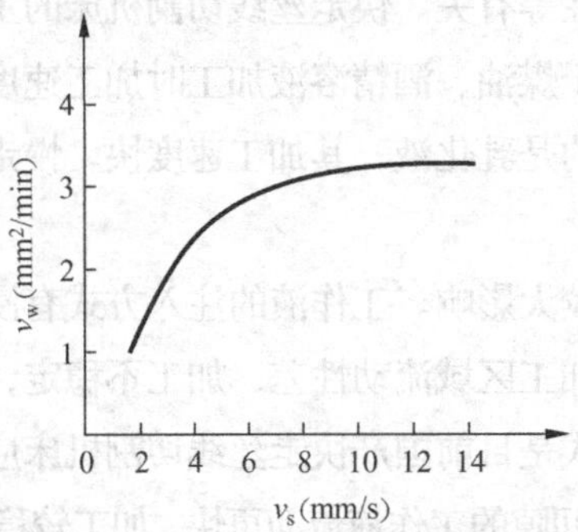

图8-14　慢走丝机床丝速对加工速度的影响

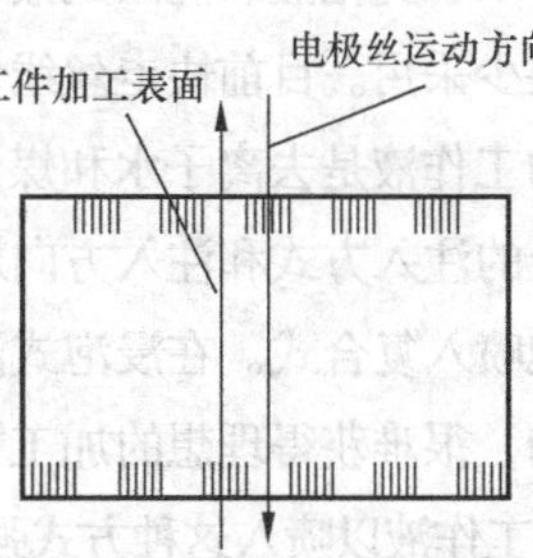

图8-15　与电极丝运动方向有关的条纹图

由于加工表面两端出现黑白交错相间的条纹，使工件加工表面两端的粗糙度比中部稍有下降。当电极丝较短、贮丝筒换向周期较短或者切割较厚工件时，如果进给速度和脉冲间隔调整不当，尽管加工结果看上去似乎没有条纹，但实际上条纹很密而互相重叠。

对于慢走丝线切割加工，上述不利于加工表面粗糙度的因素可以克服。一般慢走丝线切割加工无须换向，加之便于维持放电间隙中的工作液和蚀除产物的大致均匀，所以可以避免产生黑白相间的条纹。同时由于慢走丝系统电极丝运动速度低、走丝运动稳定，所以不易产生较大的机械振动，从而避免了加工面的波纹。

5. 电极丝张力对工艺指标的影响

电极丝张力对工艺指标的影响如图 8-16 所示。由图可知，在起始阶段电极丝的张力越大则切割速度越快。这是因为，张力大时，电极丝的振幅变小，切缝宽度变窄，进给速度加快。若电极丝的张力过小，一方面电极丝抖动厉害，会频繁造成短路，以致加工不稳定，加工精度不高；另一方面，电极丝过松会使其在加工过程中受放电压力作用而产生严重的弯曲变形，导致电极丝切割轨迹落后并偏移工件轮廓，即出现加工滞后现象，从而造成形状和尺寸误差，如，切割较厚的圆柱时

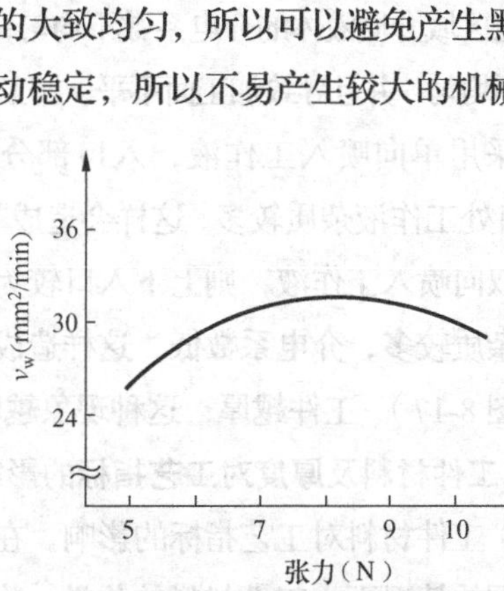

图8-16　电极丝张力与进给速度图

会出现腰鼓形状，严重时电极丝在快速运转过程中会跳出导丝轮槽，从而造成断丝等故障；但如果过分将张力增大，切割速度不仅不会继续上升，反而容易断丝。电极丝断丝的机械原因主要是电极丝本身受抗拉强度的限制。因此，在多次线切割加工中，往往在初加工时将电极丝的张力稍微调小，以保证不断丝，在精加工时稍微调大电极丝张力，以减小电极丝抖动的幅度，以提高加工精度。

在慢走丝加工中，设备操作说明书一般都有详细的张紧力设置说明，初学者可以按照说明书去设置，有经验者可以自行设定。如，对于多次切割，可以在第一次切割时稍微减小张紧力，以避免断丝。在快走丝加工中，有部分机床有自动紧丝装置，操作者完全可以按相关说明书进行操作；另有一部分需要手动紧丝，这种操作需要实践经验，一般在开始上丝时紧3次，在随后的加工中根据具体情况进行具体分析。

6. 工作液对工艺指标的影响

在相同的工作条件下，采用不同的工作液可以得到不同的加工速度、表面粗糙度。电火花线切割加工的切割速度与工作液的介电系数、流动性、洗涤性等有关。快走丝线切割机床的工作液有煤油、去离子水、乳化液、洗涤剂液、酒精溶液等。但由于煤油、酒精溶液加工时加工速度低、易燃烧，现已很少采用。目前快走丝线切割工作液广泛采用的是乳化液，其加工速度快。慢走丝线切割机床采用的工作液是去离子水和煤油。

工作液的注入方式和注入方向对线切割加工精度有较大影响。工作液的注入方式有浸泡式、喷入式和浸泡喷入复合式。在浸泡式注入方法中，线切割加工区域流动性差，加工不稳定，放电间隙大小不均匀，很难获得理想的加工精度。喷入式注入方式是目前国产快走丝线切割机床应用最广的一种。因为工作液以喷入这种方式强迫注入工作区域，其间隙的工作液流动更快，加工较稳定。但是，由于工作液喷入时难免带进一些空气，故不时会发生气体介质放电的现象，而其蚀除特性与液体介质放电不同，从而影响了加工精度。浸泡式和喷入式比较，喷入式的优点明显，所以大多数快走丝线切割机床都采用这种方式。在精密电火花线切割加工中，比如慢走丝线切割加工，普遍采用浸泡喷入复合式的工作液注入方式。它既体现了喷入式的优点，同式又避免了喷入式带入空气的隐患。

工作液的喷入方向分单向和双向两种。无论采用哪种喷入方向，在电火花线切割加工中，因为切缝狭小、放电区域介质液体的介电系数不均匀，所以放电间隙也不均匀，并且导致加工面不平、加工精度不高。

若采用单向喷入工作液，入口部分工作液纯净，出口处工作液杂质较多，这样会造成加工斜度。若采用双向喷入工作液，则上下入口较为纯净，中间部位杂质较多，介电系数低，这样造成鼓形切割面（见图8-17）。工件越厚，这种现象越明显。

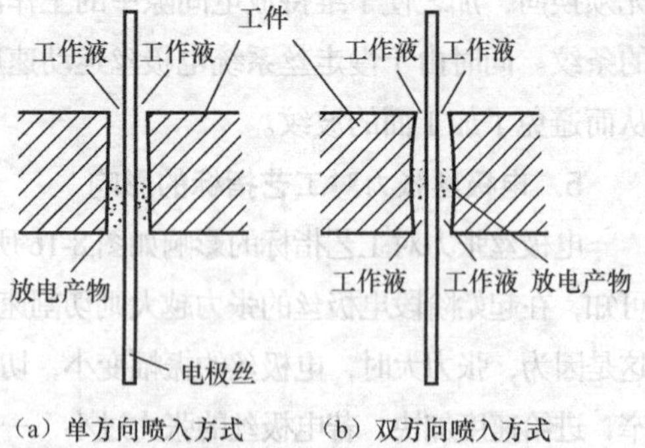

图8-17 工作液喷入方式对线切割加工精度的影响

7. 工件材料及厚度对工艺指标的影响

（1）工件材料对工艺指标的影响。在工艺条件大体相同的情况下，工件材料的化学、物理性能不同，加工效果也将会有较大差异。

在采用快速走丝方式、乳化液介质的情况下，加工铜件、铝件时，加工过程稳定，加工速度快；加工不锈钢、磁钢、未淬火或淬火硬度低的高碳钢时，加工稳定性差些，加工速度也低，表面粗糙度也差；加工硬质合金钢时，加工比较稳定，加工速度低，但表面粗糙度好。在采用慢走丝线方式、煤油介质的情况下，加工铜件过程稳定，加工速度较快；加工硬质合金等高熔点、高硬度、高脆性材料时，加工稳定性及加工速度都比加工铜件低；加工钢件，特别是不锈钢、磁钢和未淬火或淬火硬度低的钢等材料时，加工稳定性差，加工速度低，表面粗糙度也差。

材料不同，加工效果不同。这是因为工件材料不同，脉冲放电能量在两极上的分配、传导和转换都不同。从热学观点来看，材料的电火花加工性与其熔点、沸点有很大关系。表 8-2 所示为常用工件材料的有关元素或物质的熔点和沸点。由表 8-2 可知，常用的电极丝材料钼的熔点为 2 625℃，沸点为 4 800℃，比铁、硅、锰、铬、铜、铝的熔点和沸点都高；而比碳化钨、碳化钛等硬质合金基体材料的熔点和沸点要低。在单个脉冲放电能量相同的情况下，用铜丝加工硬质合金比加工钢产生的放电痕迹小，加工速度低，表面粗糙度好，但电极丝损耗大，间隙状态恶化时会易引起断丝。

表 8-2 常用工件材料的有关元素或物质的熔点和沸点

	碳（石墨）C	钨 W	碳化钛 TiC	碳化钨 WC	钼 Mo	铬 Cr	钛 Ti	铁 Fe	钴 Co	硅 Si	锰 Mn	铜 Cu	铝 Al
熔点（℃）	3 700	3 410	3 150	2 720	2 625	1 890	1 820	1 540	1 495	1 430	1 250	1 083	660
沸点（℃）	4 830	5 930	—	6 000	4 800	2 500	3 000	2 740	2 900	2 300	2 130	2 600	2 060

（2）工件厚度对工艺指标的影响。工件厚度对工作液进入和流出加工区域以及电蚀产物的排除、通道的消电离等都有较大的影响。同时，电火花通道压力对电极丝抖动的抑制作用也与工件厚度有关。这样，工件厚度对电火花加工稳定性和加工速度必然产生影响。工件材料薄，工作液容易进入并充满放电间隙，对排屑和消电离有利，使加工稳定性好。但是工件若太薄，对固定丝架来说，电极丝从工件两端面到导丝轮的距离大，易发生抖动，对加工精度和表面粗糙度带来不良影响，且脉冲利用率低，切割速度下降；若工件材料太厚，工作液难进入和充满放电间隙，这样对排屑和消电离不利，使加工稳定性变差。

工件材料的厚度大小对加工速度有较大影响。在一定的工艺条件下，加工速度将随工件厚度的变化而变化，一般工件都有一个对应于最大加工速度的工件厚度。图 8-18 所示为慢走丝时，工件厚度对加工速度的影响。图 8-19 所示为快走丝时，工件厚度对加工速度的影响。

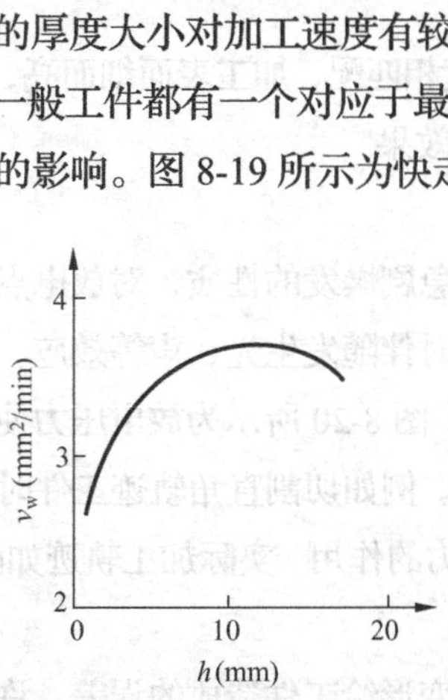

图8-18 慢走丝时工件厚度对加工速度的影响

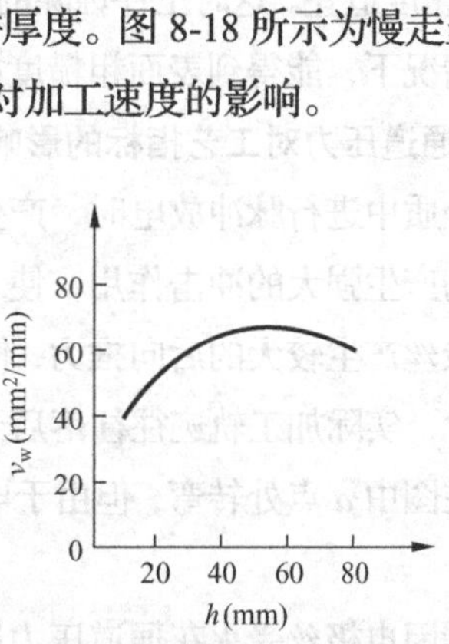

图8-19 快走丝时工件厚度对加工速度的影响

8. 进给速度对工艺指标的影响

（1）进给速度对加工速度的影响。在线切割加工时，工件不断被蚀除，即有一个蚀除速度；另一方面，为了正常的电火花放电，电极丝必须向前进给，即有一个进给速度。在正常加工中，蚀除速度大致等于进给速度，从而使放电间隙维持在一个正常的范围内，使线切割加工能连续进行下去。

蚀除速度与机器的性能、工件的材料、电参数、非电参数等有关，但一旦对某一工件进行加工时，它就可以看成是一个常量。在国产的快走丝线切割机床中，有很多机床的进给速度需要人工调节，是一个随时可变的可调节参数。

正常的电火花线切割加工要保证进给速度与蚀除速度大致相等，使进给均匀平稳。若进给速度过高（过跟踪），即电极丝的进给速度明显超过蚀除速度，则放电间隙会越来越小，以致产生短路。当出现短路时，电极丝马上会因为短路而快速回退。当回退到一定的距离时，电极丝又以大于蚀除速度的速度向前进给，又开始产生短路、快速回退。这样频繁的短路现象，一方面造成加工的不稳定，另一方面容易造成断丝。若进给速度太慢（欠跟踪），即电极丝的进给速度明显低于工件的蚀除速度，则电极丝与工件之间的距离会越来越大，造成开路。这样就会出现工件蚀除过程暂时停顿，整个加工速度自然会大大降低。由此可见，在线切割加工中，调节进给速度虽然本身并不具有提高加工速度的能力，但它能保证加工的稳定性。

（2）进给速度对工件表面质量的影响。进给速度调节不当，不但会造成频繁的短路、开路，而且还会影响加工工件的表面粗糙度，出现不稳定条纹，或者出现表面烧蚀现象。

① 进给速度过高。这时工件蚀除的线速度低于进给速度，会频繁出现短路，造成加工不稳定，平均加工速度降低，加工表面发焦，呈褐色，工件的上下端面均有过烧现象。

② 进给速度过低。这时工件蚀除的线速度大于进给速度，经常出现开路现象，导致加工不能连续进行，加工表面亦发焦，呈淡褐色，工件的上下端面也有过烧现象。

③ 进给速度稍低。这时工件蚀除的线速度略高于进给速度，加工表面较粗、较白，两端面有黑白相间的条纹。

④ 进给速度适宜。这时工件蚀除的线速度与进给速度相匹配，加工表面细而亮，丝纹均匀。因此，在这种情况下，能得到表面粗糙度好、精度高的加工效果。

9. 火花通道压力对工艺指标的影响

在液体介质中进行脉冲放电时，产生的放电压力具有急剧爆发的性质，对放电点附近的液体、气体和蚀除物产生强大的冲击作用，使之向四周喷射，同时伴随发生光、声等效应。这种火花通道的压力对电极丝产生较大的后向推力，使电极丝发生弯曲。图 8-20 所示为放电压力使电极丝弯曲的示意图。因此，实际加工轨迹往往落后于工作台运动轨迹。例如切割直角轨迹工件时（见图 8-21），切割轨迹应在图中 a 点处转弯，但由于电极丝受到放电压力的作用，实际加工轨迹如图 8-21 中实线所示。

为了减缓因电极丝受火花通道压力影响而造成的滞后变形给工件造成的误差，许多机床采取特殊的补偿措施。如图 8-21 所示，为了避免塌角，附加了一段 $a—a'$ 段程序。当工作台的运动轨迹从 a 到 a' 再返回到 a 点时，滞后的电极丝也刚好从 b 点运动到了 a 点。

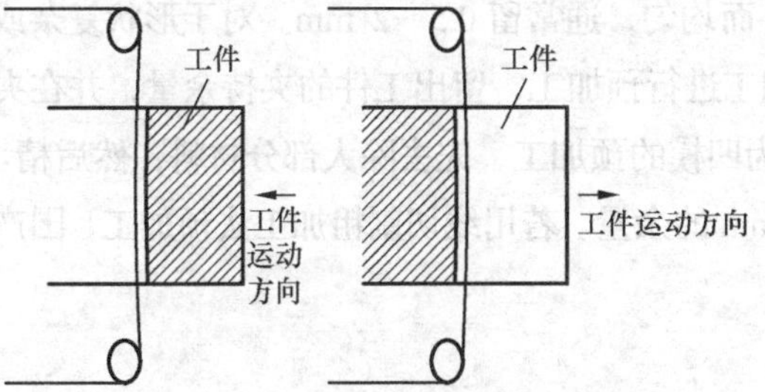

图8-20 放电压力使电极丝弯曲示意图

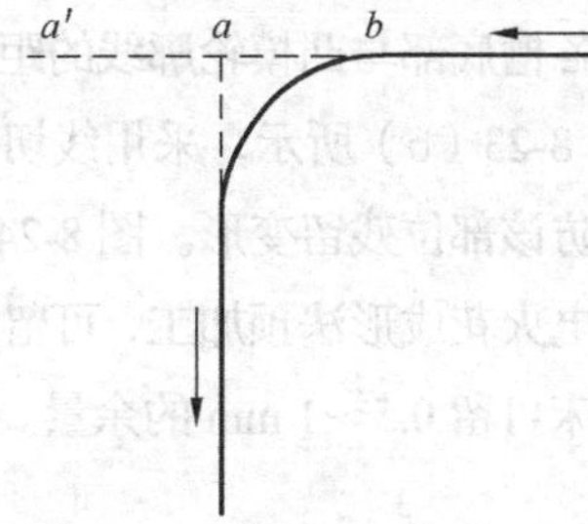

图8-21 电极丝弯曲对加工精度的影响

（二）提高切割形状精度的方法

1. 增加超切程序和回退程序

电极丝是个柔性体，加工时受放电压力、工作介质压力等的作用，会造成加工区间的电极丝向后挠曲，滞后于上、下导丝口一段距离，如图 8-22（b）所示，这样就会形成塌角，如图 8-22（d）所示，进而影响加工精度。为此可增加一段超切程序，如图 8-22（c）中的 A—A' 段，使电极丝最大滞后点达到程序节点 A，然后辅加 A' 点的回退程序 A'—A，接着再执行原程序，便可割出清角。

除了采用附加一段超切程序外，在实际加工中，还可以采用减弱加工条件、降低喷淋压力或在每段程序加工后适当暂停（即加上 G04 指令）等，这些方法都有助于提高拐角精度。

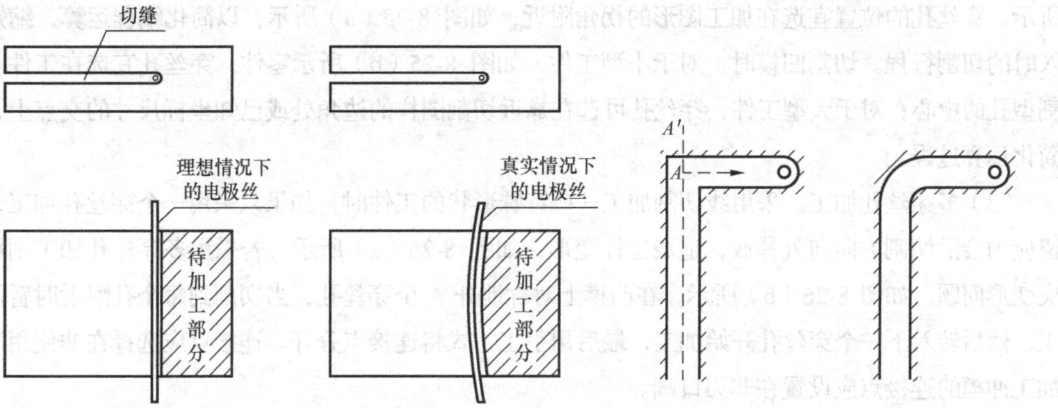

（a）理想情况下电极丝形状　（b）真实情况下电极丝形状　（c）超切轨迹　（d）塌角

图8-22 工作中电极丝的挠曲

2. 采取各种手段，减小线切割加工中的变形

（1）采用预加工工艺。线切割加工工件时，工件材料被大量去除，工件内部参与的应力场重新分布引发变形。去除的材料越多，工件变形越大；去除的材料越少，越有利于减少工件的变形。因此，在线切割加工之前，应尽可能预先去除大部分的加工余量，使工件材料的内应力先释放出来，将大部分的残留变形量留在粗加工阶段，然后再进行线切割加工。由于切割余量较小，变形量自然就减小了。因此，为减小变形，可对凸、凹模等零件进行预加工。如图 8-23（a）所示，对于形状简单或厚度较小的凸模，从坯料外部向凸模轮廓均匀地开放射状的预加工槽，便于应力对称均匀分

散地释放，各槽底部与凸模轮廓线的距离应小而均匀，通常留0.5～2 mm。对于形状复杂或较厚的凸模，如图8-23（b）所示，采用线切割粗加工进行预加工，留出工件的夹持余量，并在夹持余量部位开槽以防该部位残留变形。图8-24所示为凹模的预加工，先去除大部分材料，然后精切成形。若用预铣或电火花成形法预加工，可留2～3 mm的余量。若用线切割粗加工法预加工，国产快速走丝线切割机床可留0.5～1 mm的余量。

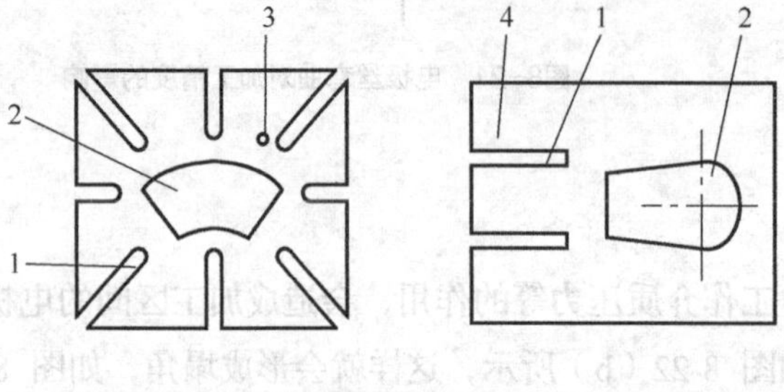

（a）形状简单或厚度较小的凸模　（b）形状复杂或较厚的凸模

图8-23　凸模的预加工

1. 预加工槽；2. 凸模；3. 穿丝孔；4. 夹持余量

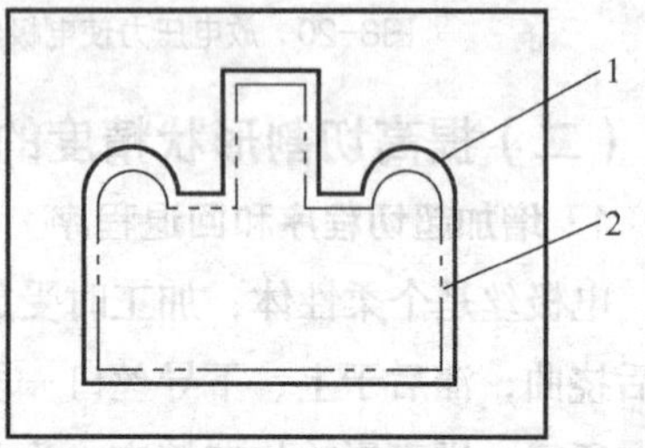

图8-24　凹模的预加工

1. 凹模轮廓；2. 预加工轮廓

（2）合理确定穿丝孔位置。许多模具制造者在切割凸模类外形工件时，常常直接从材料的侧面切入，在切入处产生缺口，残余应力从切口处向外释放，易使凸模变形。为避免变形，在淬火前先在模坯上打出穿丝孔，孔径为3～10 mm，待淬火后从模坯内部对凸模进行封闭切割，如图8-25（a）所示。穿丝孔的位置宜选在加工图形的拐角附近，如图8-25（a）所示，以简化编程运算，缩短切入时的切割行程。切割凹模时，对于小型工件，如图8-25（b）所示零件，穿丝孔宜选在工件待切割型孔的中心；对于大型工件，穿丝孔可选在靠近切割图样的边角处或已知坐标尺寸的交点上，以简化运算过程。

（3）多穿丝孔加工。采用线切割加工一些特殊形状的工件时，如果只采用一个穿丝孔加工，残留应力会沿切割方向向外释放，造成工件变形，如图8-26（a）所示。若采用多穿丝孔加工则可解决变形问题，如图8-26（b）所示，在凸模上对称地开4个穿丝孔，当切割到每个孔附近时暂停加工，然后转入下一个穿丝孔开始加工，最后用手工方式将连接点分开。连接点应选择在非使用端，加工冲模的连接点应设置在非刃口端。

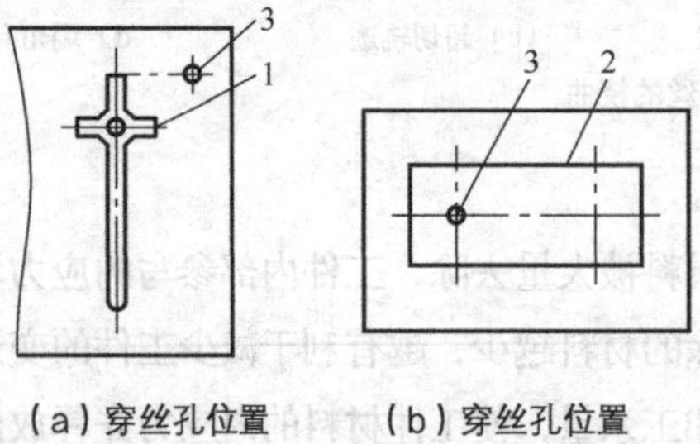

（a）穿丝孔位置　（b）穿丝孔位置

图8-25　线切割穿丝孔的位置

1. 凸模；2. 凹模；3. 穿丝孔

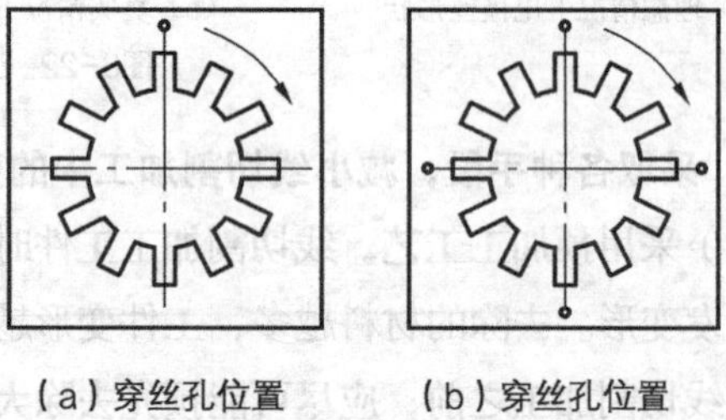

（a）穿丝孔位置　（b）穿丝孔位置

图8-26　多个穿丝孔加工

（4）恰当安排切割图形。线切割加工用的坯料在热处理时表面冷却快，内部冷却慢，导致热处理后坯料金相组织不一致，产生内应力，而且越靠近边角处，应力变化越大。所以线切割的图形应尽量避开坯料边角处，一般让出 8～10 mm。对于凸模还应留出足够的夹持余量。

（5）正确选择切割路线。切割路线应有利于保证工件在切割过程中的刚度，避开应力变形影响，具体切割路线可参见图 8-7。

（6）采用二次切割法。对热处理后再进行磨削加工的零件进行线切割时，最好采用二次切割法（见图 8-27）。一般线切割加工的工件变形量在 0.03 mm 左右，因此第一次切割时单边留 0.12～0.2 mm 的余量。切割完成后毛坯内部应力平衡状态受到破坏，又达到新的平衡，然后进行第二次精加工，则能加工出精密度较高的工件。

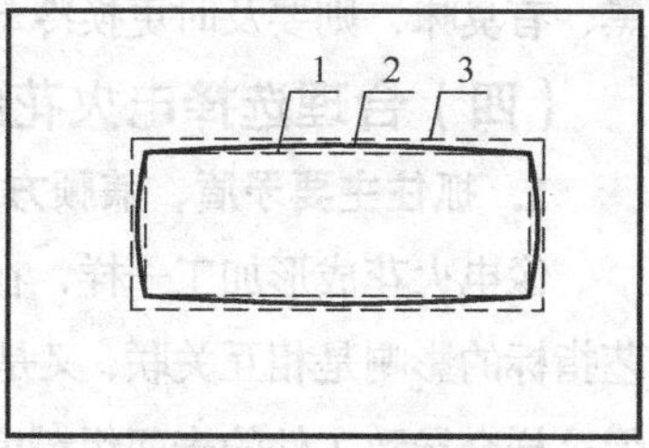

图8-27　二次切割法

1. 第一次切割轨迹；2. 变形后的轨迹；3. 第二次切割轨迹

（三）快走丝线切割断丝原因分析

（1）若在刚开始加工阶段就断丝，则可能的原因有如下几个方面。

① 加工电流过大。

② 钼丝抖动厉害。

③ 工件表面有毛刺或氧化皮。

（2）若在加工中间阶段断丝，则可能的原因有如下几个方面。

① 电参数不当，电流过大。

② 进给调节不当，开路、短路频繁。

③ 工作液太脏。

④ 导电块没有与钼丝接触或被拉出凹痕。

⑤ 切割厚件时，脉冲过小。

⑥ 丝筒转速太慢。

（3）若在加工最后阶段出现断丝，则可能的原因有如下几个方面。

① 工件材料变形，夹断钼丝。

② 工件跌落，撞落钼丝。

（4）在快走丝线切割加工中，要正确分析断丝原因，采取合理的解决办法。在实际中往往采用如下方法。

① 减少电极丝（钼丝）运动的换向次数，尽量消除钼丝抖动现象。根据线切割加工的特点，钼丝在高速切割运动中需要不断换向，在换向的瞬间会造成钼丝松紧不一致，即钼丝各段的张力不均，使加工过程不稳定。所以在上丝的时候，电极丝应尽可能上满贮丝筒。

② 钼丝导丝轮的制造和安装精度直接影响钼丝的工作寿命。在安装和加工中应尽量减小导丝轮的跳动和摆动，以减小钼丝在加工中的振动，提高加工过程的稳定性。

③ 选用适当的切削速度也是防止断丝的有效方法。在加工过程中，如切削速度（工件的进给速度）过大，被腐蚀的金属微粒不能及时排出，会使钼丝经常处于短路状态，造成加工过程的不稳定。

④ 保持电源电压的稳定和冷却液的清洁。电源电压不稳定会使钼丝与工件两端的电压不稳定，从而造成击穿放电过程的不稳定。冷却液如不定期更换，会使其中的金属微粒成分比例变大，逐渐改变冷却液的性质而失去作用，引起断丝。如果冷却液在循环流动中没有泡沫或泡沫很少、颜色发黑、有臭味，则要及时更换冷却液。

（四）合理选择电火花线切割加工工艺

1. 抓住主要矛盾，兼顾方方面面

像电火花成形加工一样，在电火花线切割加工中，影响工艺指标的因素很多，且各种因素对工艺指标的影响是相互关联，又是相互矛盾的。如为了提高加工速度，可以通过增大峰值电流来实现，但这样会导致工件的表面粗糙度变差等。所以在实际加工中还是要抓住主要矛盾，全面考虑。

加工速度与脉冲电源的波形和电参数有直接关系，它将随着单个脉冲放电能量的增加和脉冲频率的提高而提高。然而，有时由于加工条件和其他因素的制约，使单个脉冲放电能量不能太大。因此，提高加工速度，除了合理选择脉冲电源的波形和电参数外，还要注意其他因素的影响，例如工作液的种类、浓度、脏污程度和喷流情况的影响，电极丝的材料、直径、走丝速度和抖动情况的影响，工件材料和厚度的影响，加工进给速度、稳定性的影响等，以便在两极间维持最佳的放电条件，提高脉冲利用率，得到较快的加工速度。

表面粗糙度主要取决于单个脉冲放电能量的大小，但电极丝的走丝速度和抖动情况、进给速度的控制情况等对表面粗糙度的影响也很大。电极丝张紧力不足，将出现松丝、抖动或弯曲，影响加工表面粗糙度。电极丝的张紧力要选得恰当，使之在放电加工中受热作用和发生损耗后，不产生断丝。

2. 尽量减少断丝次数

在线切割加工过程中，电极丝线断丝是一个很常见的问题，但其后果往往很严重。断丝一方面严重影响加工速度，特别是快走丝线切割机床在加工中间断丝影响尤为严重。另一方面，断丝将严重影响加工工件的表面粗糙度。所以，在操作过程中，要不断积累经验，学会处理断丝问题。可以这样说，在线切割加工中，能正确处理断丝问题是操作熟练与否的重要标志。

小结

本项目主要介绍高速走丝线切割机床的上丝和穿丝、穿丝孔的作用、非电参数（电极丝材料及直径、走丝速度、电极丝的往复运动、电极丝张力、工作液、工件材料、电极丝的进给速度等）对线切割工艺指标的影响、快走丝线切割断丝原因。重要知识点有：穿丝孔大小及位置的确定、跳步加工方法。

习题

应用题

（1）现有 30mm × 50mm × 10mm 的钢块，用此钢块为坯料加工出如图 8-28 所示的零件。请详细介绍用线切割加工出此零件的过程。设电极丝的直径为 0.18 mm。

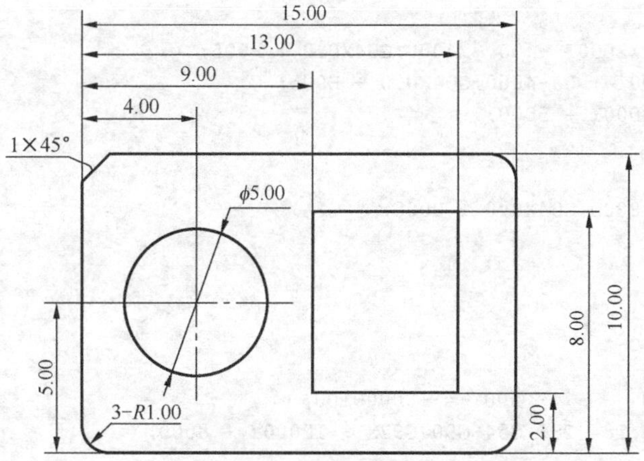

图8-28　线切割加工零件

（2）认真阅读下面的ISO程序，完成以下几个问题。

① 画出加工轮廓图。

② 坯料为50mm × 100mm × 5mm，材料为Q235，电极丝直径为0.18 mm，请根据程序在坯料上绘出轮廓位置图（含穿丝孔位置，起割点等）。

③ 如果加工时在程序倒数第9句断丝（即标有下划线的地方），请问该如何处理？

④ 根据画出的轮廓及毛坯尺寸，对比下面程序采用的加工方法，探讨从工艺上能否进一步改进？

```
H000 = +00000000          H001 = +00000100;
H005 = +00000000;T84 T86 G54 G90 G92X + 32000Y + 22000;
C007;
G01X + 32000Y + 19000;G04X0.0 + H005;
G41H000;
C701;
G41H000;
G01X + 32000Y + 18000;G04X0.0 + H005;
G41H001;
G03X + 32000Y + 26000I + 0J + 4000;G04X0.0 + H005;
X + 32000Y + 18000I + 0J-4000;G04X0.0 + H005;
G40H000G01X + 32000Y + 19000;
M00;
C007;
G01X + 32000Y + 22000;G04X0.0 + H005;
T85 T87;
M00;
M05G00X + 32000;
M05G00Y + 8000;
M00;
H000 = +00000000          H001 = +00000100;
H005 = +00000000;T84 T86 G54 G90 G92X + 32000Y + 8000;
C007;
G01X + 32000Y + 5000;G04X0.0 + H005;
G41H000;
C701;
G41H000;
G01X + 32000Y + 4000;G04X0.0 + H005;
```

```
G41H001;
G03X + 32000Y + 12000I + 0J + 4000;G04X0.0 + H005;
X + 32000Y + 4000I + 0J-4000;G04X0.0 + H005;
G40H000G01X + 32000Y + 5000;
M00;
C007;
G01X + 32000Y + 8000;G04X0.0 + H005;
T85 T87;
M00;
M05G00X + 12000;
M05G00Y + 8000;
M00;
H000 = +00000000          H001 = +00000100;
H005 = +00000000;T84 T86 G54 G90 G92X + 12000Y + 8000;
C007;
G01X + 12000Y + 5000;G04X0.0 + H005;
G41H000;
C701;
G41H000;
G01X + 12000Y + 4000;G04X0.0 + H005;
G41H001;
X + 18000Y + 4000;G04X0.0 + H005;
X + 16000Y + 26000;G04X0.0 + H005;
X + 8000Y + 26000;G04X0.0 + H005;
X + 6000Y + 4000;G04X0.0 + H005;
X + 12000Y + 4000;G04X0.0 + H005;
G40H000G01X + 12000Y + 5000;
M00;
C007;
G01X + 12000Y + 8000;G04X0.0 + H005;
T85 T87;
M00;
M05G00X-10000;
M05G00Y + 0;
M00;
H000 = +00000000          H001 = +00000100;
H005 = +00000000;T84 T86 G54 G90 G92X-10000Y + 0;
C007;
G01X + 3000Y + 0;G04X0.0 + H005;
G41H000;
C701;
G41H000;
G01X + 4000Y + 0;G04X0.0 + H005;
G41H001;
X + 0Y + 8000;G04X0.0 + H005;
X + 0Y + 22000;G04X0.0 + H005;
X + 4000Y + 30000;G04X0.0 + H005;
X + 40000Y + 30000;G04X0.0 + H005;
X + 40000Y + 0;G04X0.0 + H005;
X + 4000Y + 0;G04X0.0 + H005;
G40H000G01X + 3000Y + 0;
M00;
C007;
```

```
G01X-10000Y + 0;G04X0.0 + H005;
T85 T87 M02;
```

（3）如图 8-29 所示的钢板，现通过线切割加工成图 8-30 所示形状，图 8-31 为切割加工过程中轨迹路线图，其中 O 点为穿丝孔，E 点为起割点，EO 与 MN 边的距离为 3 mm，线段 EO 长 2 mm。设电极丝半径为 0.1 mm。

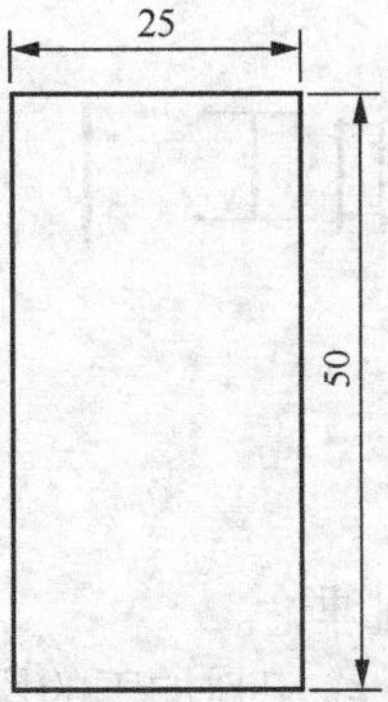

图8-29　钢板

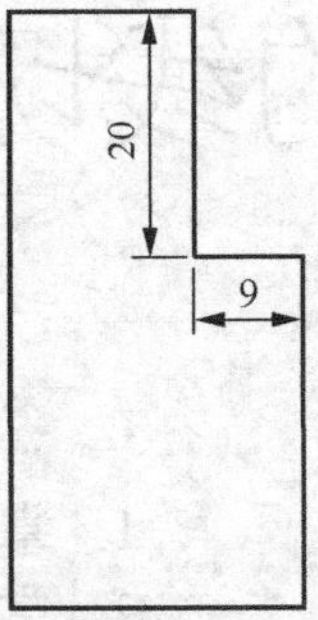

图8-30　零件图

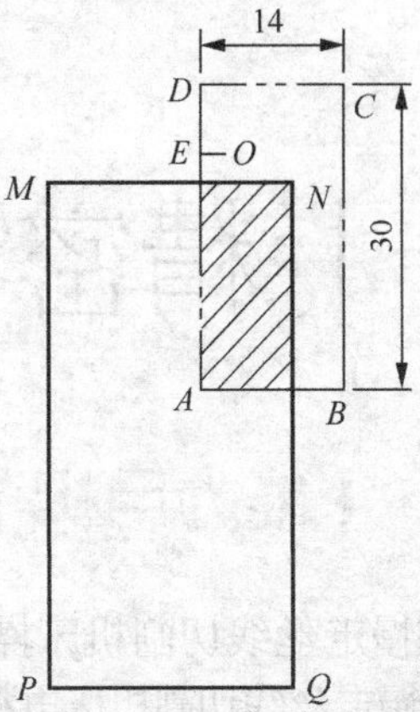

图8-31　切割轨迹路线图

① 设 MN、NQ 为基准边，详细说明电极丝定位于 O 点的具体过程。

② 如果画图时切割轨迹中的 A 点的坐标为（0,0），则穿丝孔 O 点坐标为（　　）。

③ 如果画图时切割轨迹中的 B 点的坐标为（0,0），则穿丝孔 O 点坐标为（　　）。

Chapter 9

项目九

精密零件的线切割加工

【能力目标】

1. 掌握慢走丝线切割机床操作面板。
2. 掌握慢走丝线切割机床电极丝穿丝方法。
3. 熟练掌握工件的装夹及校正方法。
4. 具备独立自主使用慢走丝线切割机床加工常见工件的能力。

【知识目标】

1. 掌握多次切割理论。
2. 掌握电参数对线切割加工的影响。
3. 了解慢走丝线切割加工规律。
4. 了解慢走丝线切割加工技巧。

一、项目导入

众所周知，塑料模具在实际生产中的应用越来越广泛。采用塑料模具生产零部件，具有生产效率高、质量好、成本低、节约原材料等优点。但由于塑料模具在注塑过程中，顶杆与模具型芯之间经常滑动，型芯孔与顶杆易磨损，造成型芯孔与顶杆的缝隙过大，从而导致塑料模具在成形中常常出现大量的飞边（见图 9-1）。这不仅浪费了大量的原料，而且需要人工清理飞边，造成生产成本的大幅度提高。

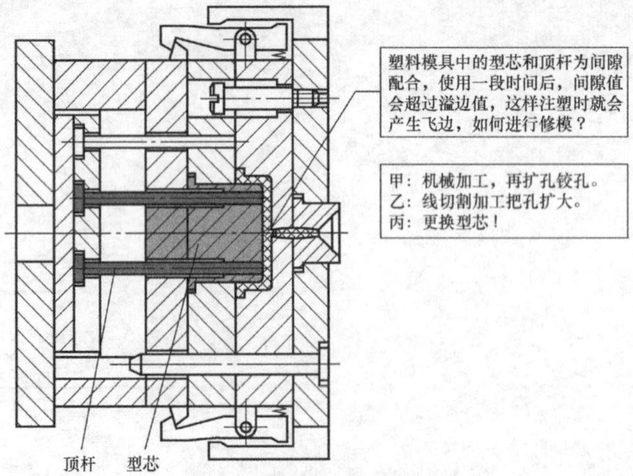
塑料模具中的型芯和顶杆为间隙配合，使用一段时间后，间隙值会超过溢边值，这样注塑时就会产生飞边，如何进行修模？
甲：机械加工，再扩孔铰孔。
乙：线切割加工把孔扩大。
丙：更换型芯！
顶杆
型芯

图9-1 塑料模具注塑示意图

图 9-2 所示为塑料模具型芯的零件图，型芯直径为 6 mm。如果磨损，在实际修模时可将型芯直径增大到 6.5 mm，然后选择标准件——直径为 6.5 mm 的顶杆，从而防止塑料从磨损缝隙溢出形成飞边。

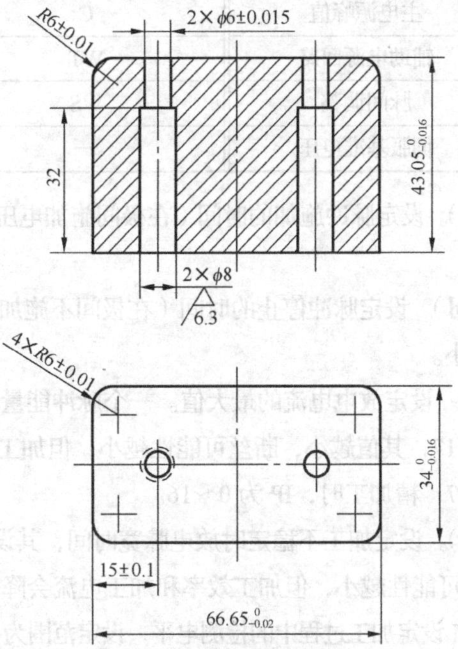

图9-2　塑料模型芯零件图

本项目实施过程中需要在模具型芯上将已存在的孔扩大。为了保证修复后型芯孔与顶杆的间隙不过大也不过小（过大有飞边，过小则装配困难且影响顶杆的滑动），加工的孔尺寸精度、表面粗糙度、孔与型芯底面的垂直度等有严格的要求，因此本项目采用慢走丝线切割机床加工。

二、相关知识

（一）慢走丝线切割的多次切割

线切割多次切割加工是首先采用较大的电流和补偿量进行粗加工，然后逐步用小电流和小补偿量一步一步精修，从而得到较好的加工精度和光滑的加工表面。目前，慢走丝线切割加工普遍采用了多次切割加工工艺，快走丝多次切割加工技术也正在探讨之中，市场上销售的中走丝线切割机床就是采用多次切割工艺的快走丝线切割机床。

1. 常见加工条件参数

以苏三光慢走丝线切割机床为例，说明慢走丝线切割加工中常见的加工条件参数（见表 9-1），不同企业的机床可能有部分不同。

表 9-1　　常见慢走丝加工条件参数

加工条件参数	功能	加工条件参数	功能
ON	放电脉宽时间	V	主电源电压
OFF	放电脉间时间	SF	伺服速度

续表

加工条件参数	功能	加工条件参数	功能
IP	主电源峰值	C	极间电容回路
HP	辅助电源回路	WT	电极丝张力
MA	脉间调整	WS	电极丝速度
SV	伺服基准电压	—	—

（1）ON（放电脉宽时间）。设定脉冲施加的时间（在极间施加电压的时间）。数值越大，施加电压的时间越长，能量也越大。

（2）OFF（放电脉间时间）。设定脉冲停止的时间（在极间不施加电压的时间）。数值越大，停止的时间也越长，能量也越小。

（3）IP（放电电流峰值）。设定放电电流的最大值。一个脉冲能量的大小，基本上由 IP、V 和 ON 来决定。设定范围为 0～17，其值越小，断丝可能性越小，但加工效率和加工电流会降低。

粗加工时，IP 为 16 或 17；精加工时，IP 为 0～16。

（4）HP（辅助电源回路）。设定加工不稳定时放电脉宽时间，其设定值不能比 ON 大，设定范围为 0～9。其值越小，断丝可能性越小，但加工效率和加工电流会降低。

（5）MA（脉间调整）。M 设定加工过程中的检测电平，设定范围为 0～9；A 设定加工不稳定时的放电脉间时间，设定范围为 0～9。M、A 的值越大，加工越稳定，越不容易断丝，但加工效率会降低。

（6）SV（伺服基准电压）。设定电极丝和工件之间的加工电压。设定值越大，平均电压越高，加工越稳定，但随着间隙的扩大，加工效率随之下降。

（7）V（主电源电压）。与 IP、ON 共同决定脉冲的能量。

粗加工时为 03，精加工或细电极丝加工时为 00～02。

（8）SF（伺服速度）。为保证极间电压，设定台面空载的移动速度。

2. 凹模的多次线切割加工工艺

下面以沙迪克 MARK21 型线切割机床的慢走丝程序（工作液：煤油）来说明凹模的多次线切割加工工艺。

```
(          ON   OFF   IP    HRP   MAO   SV    V    SF    C WT   WS   WC);
C001  =    003  015  2015  112   480   090   8   0020   0  009  000  000
C002  =    002  014  2015  000   490   073   5   4025   0  000  000  000
C003  =    001  010  1015  000   490   072   3   4030   0  000  000  000
C004  =    000  006  0030  000   110   072   1   4030   0  000  000  000
C005  =    000  005  0007  000   110   071   1   4035   0  000  000  000
C901  =    000  005  0015  000   000   000   8   2060   0  000  000  000
C911  =    000  005  0015  000   000   000   7   2050   0  000  000  000
C921  =    000  005  0015  000   000   000   6   0050   0  000  000  000
;
H000   =  +000000000      H001  =  +000001960     H002  =  +000001530;
H003   =  +000001430      H004  =  +000001370     H005  =  +000001340;
H006   =  +000001330      H007  =  +000001305     H008  =  +000001285;
N000 (MAIN PROGRAM);
G90;
```

```
G54;
G92X0Y0Z0;
G29 //设置当前点为主参考点
T84; //高压喷流
C001WS00WT00;
G01Y4500;
C001WS00WT00;
G42H001;
M98P0010;
T85; //关闭高压喷流
C002WSWT00;
G41H002;
M98P0030;
C003WS00WT00;
G42H003;
M98P0020;
C004WS00WT00;
G41H004;
M98P0030;
C005WS00WT00;
G42H005;
M98P0020;
C901WS00WT00;
G41H006;
M98P0030;
C911WS00WT00;
G42H007;
M98P0020;
G921WS00WT00;
G41H008;
M98P0030;
M02;
;
N0010（SUB PRO 1/G42）
G01Y5000;
G02X0Y5000J-5000;
M00;    //圆孔中的废料完全脱离工件本体，提示操作者查看废料是否掉在喷嘴上或是否与电极丝接触，以便及时处理，避免断丝，若处于无人加工状态，则应删掉
M00;
G40G01Y4500;
M99;

N0020（SUB PRO 2/G42）
G01Y5000;
G02Y5000J-5000;
G40G01Y4500;
M99;

N0030（SUB PRO 2/G41）
G01 Y5000;
G03X0Y5000J-5000;
G40G01Y4500;
M99;
```

上面的ISO程序切割的零件形状是一直径为10 mm的圆孔（见图9-3、图9-4），其特点如下。

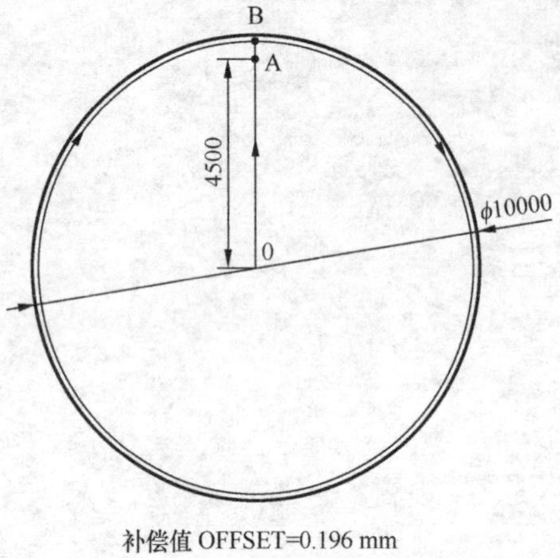

图9-3　第一次切割

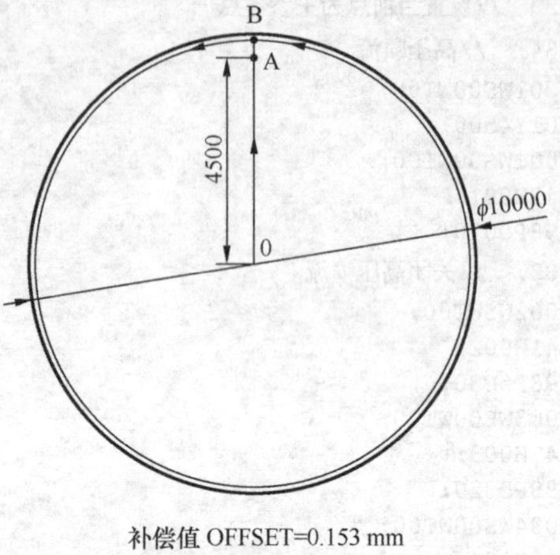

图9-4　第二次方向切割

① 首先采用较强的加工条件C001（电流较大、脉宽较长）来进行第一次切割，补偿量大，然后依次采用较弱的加工条件逐步进行精加工，电极丝的补偿量依次逐渐减小。

② 相邻两次的切割方向相反，所以电极丝的补偿方向相反。如第一切割时，电极丝的补偿方向为右补偿G42，第二次切割时电极丝的补偿方向为左补偿G41。

③ 在多次切割时，为了改变加工条件和补偿值，需要离开轨迹一段距离，这段距离称之为脱离长度。如图9-3、图9-4所示，穿丝孔为*O*点，轨迹上的*B*点为起割点，*AB*的距离为脱离长度。脱离长度一般较短，目的是减少空行程。

④ 本程序采用了8次切割。具体切割的次数根据机床、加工要求等来确定。

3. 凸模的线切割多次加工工艺

若用同样的方法来切割凸模（或柱状零件），如图9-5（a）所示，则在第一次切割完成时，凸模（或柱状零件）就与工件毛坯本体分离，第二次切割时将切割不到凸模（或柱状零件）。所以在切割凸模（或柱状零件）时，大多采用图9-5（b）所示的方法。

如图9-5（b）所示，第一次切割的路径为O—O_1—O_2—A—B—C—D—E—F，第二次切割的路径为F—E—D—C—B—A—O_2—O_1，第三次切割的路径为O_1—O_2—A—B—C—D—E—F。这样，当O_2—A—B—C—D—E部分加工好，O_2E段作为支撑段尚未与工件毛坯分离。O_2E段的长度一般为AD段的1/3左右，太短了则支撑力可能不够。在实际中可采用的处理最后支撑段的工艺方法很多，下面介绍常见的几种。

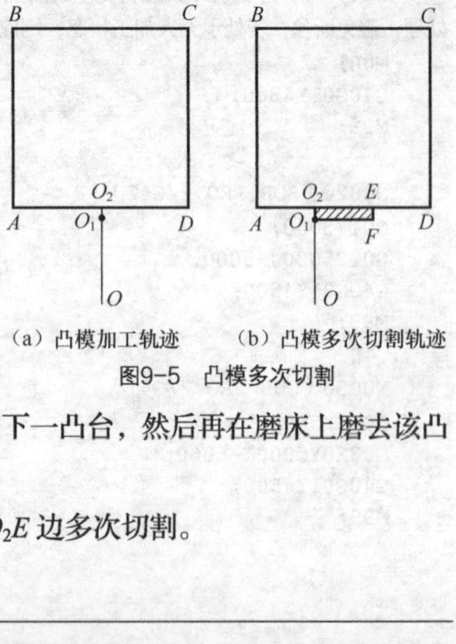

图9-5　凸模多次切割

（1）首先沿O_1F切断支撑段，在凸模（或柱状零件）上留下一凸台，然后再在磨床上磨去该凸台。这种方法应用较多，但对于圆柱等曲边形零件则不适用。

（2）在以前的切缝中塞入铜丝、铜片等导电材料，再对O_2E边多次切割。

（3）用一狭长铁条架在切缝上面，并将铁条用金属胶接在工件和坯料上，再对 O_2E 边多次切割。

（二）工件的装夹

线切割加工，特别是慢走丝线切割加工属于较精密加工，工作的装夹对加工零件的定位精度有直接影响，特别是在模具制造等加工中，需要认真仔细地装夹工件。

1. 工件装夹注意事项

线切割加工的工件在装夹中需要注意如下几点。

（1）工件的定位面要有良好的精度，一般以磨削加工过的面定位为好，棱边倒钝，孔口倒角。

（2）切入点要导电，热处理件切入处要去除残物及氧化皮。

（3）热处理件要充分回火去应力，平磨件要充分退磁。

（4）工件装夹的位置应利于工件找正，并应与机床的行程相适应，夹紧螺钉高度要合适，避免干涉到加工过程，上导丝轮要压得较低。

（5）对工件的夹紧力要均匀，不得使工件变形或翘起。

（6）批量生产时，最好采用专用夹具，以便提高生产率。

（7）对细小、精密、薄壁等工件要固定在不易变形的辅助夹具上。

2. 常见工件装夹方法

在实际线切割加工中，常见的工件装夹方法有如下几种。

（1）悬臂式支撑。工件直接装夹在台面上或桥式夹具的一个刃口上。图 9-6 所示的悬臂式支撑通用性强，装夹方便，但容易出现上仰或倾斜等现象，一般只在工件精度要求不高的情况下使用，如果由于加工部位所限只能采用此装夹方法而加工又有垂直要求时，要拉表找正工件上表面，使上表面与机床工作台平行。

（2）垂直刃口支撑。如图 9-7 所示，工件装在具有垂直刃口的夹具上，采用此种方法装夹后，工件也能悬伸出一角，以便于加工。其装夹精度和稳定性较悬伸式要好，也便于拉表找正，装夹时注意夹紧点应对准刃口。

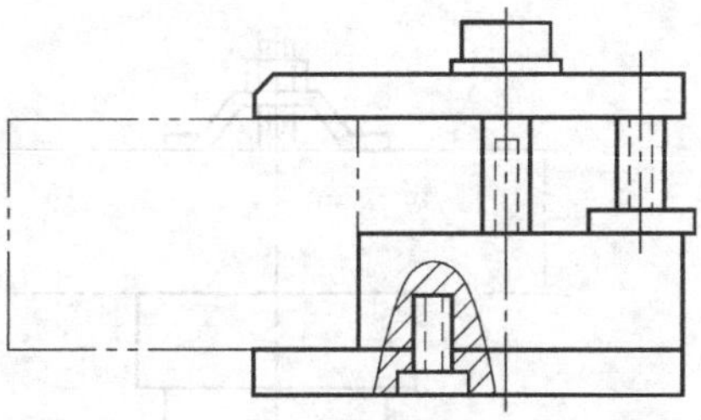

图9-6　悬臂式支撑

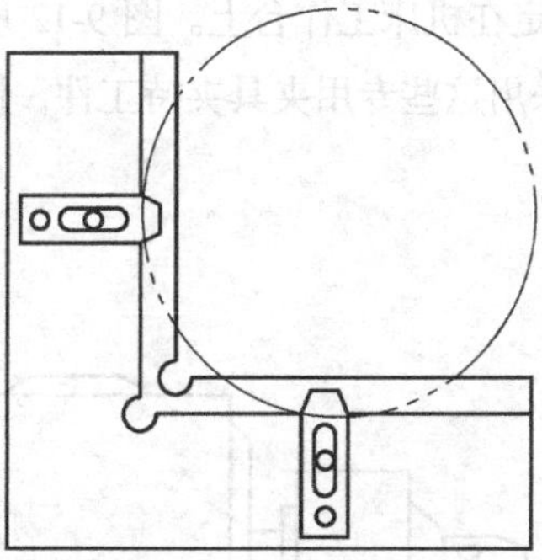

图9-7　垂直刃口支撑

（3）桥式支撑方式。如图 9-8 所示，此种装夹方式是快走丝线切割最常用的装夹方法，适用于装夹各类工件，特别是方形工件，装夹后稳定。只要工件上、下表面平行，装夹力均匀，工件表面即能保证与台面平行。桥的侧面也可作定位面使用，拉表找正桥的侧面与工作台 X 方向平行。工件如果有较好的定位侧面，与桥的侧面靠紧即可保证工件与 X 方向平行。

（4）板式支撑方式。如图 9-9 所示，加工某些外周边已无装夹余量或装夹余量很小，中间有孔的零件时，可在底面加一托板，用胶粘固或螺栓压紧，使工件与托板连成一体，且保证导电良好，加工时连托板一块切割。

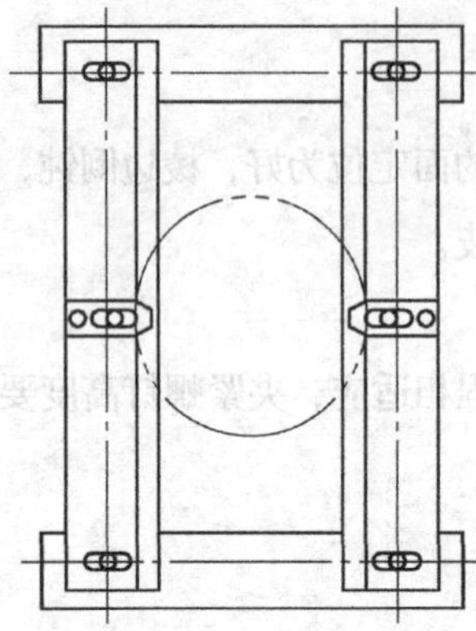

图9-8 桥式支撑方式

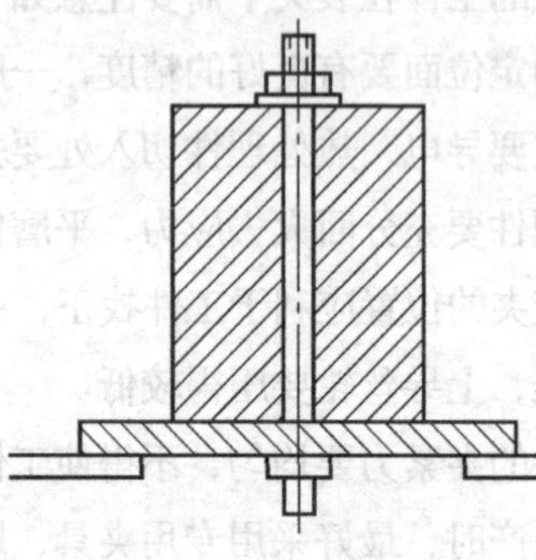

图9-9 板式支撑方式

（5）分度夹具装夹。

① 轴向安装的分度夹具。如小孔机上弹簧夹头的切割，要求沿轴向切 2 个垂直的窄槽，即可采用专用的轴向安装的分度夹具，如图 9-10 所示。分度夹具安装于工作台上，三爪内装一检棒，拉表跟工作台的 X 或 Y 方向找平行，工件安装于三爪上。旋转找正外圆和端面，找中心后切完第一个槽，旋转分度夹具旋钮，转动 90°，切另一个槽。

② 端面安装的分度夹具。如加工中心上链轮的切割，其外圆尺寸已超过工作台行程，不能一次装夹切割，即可采用分齿加工的方法。如图 9-11 所示，工件安装在分度夹具的端面上，通过中心轴定位在夹具的锥孔中，一次加工 2～3 个齿，通过连续分度完成一个零件的加工。

（6）专用夹具。对于较细小、精密、较薄的零件，需要用专用的辅助夹具来固定，然后再将辅助夹具固定在机床工作台上。图 9-12 所示为各种形式的精密线切割夹具，（为阿奇夏米尔公司专用夹具）。采用这些专用夹具夹持工件，快捷方便，尤其适合小型精密零件的加工。

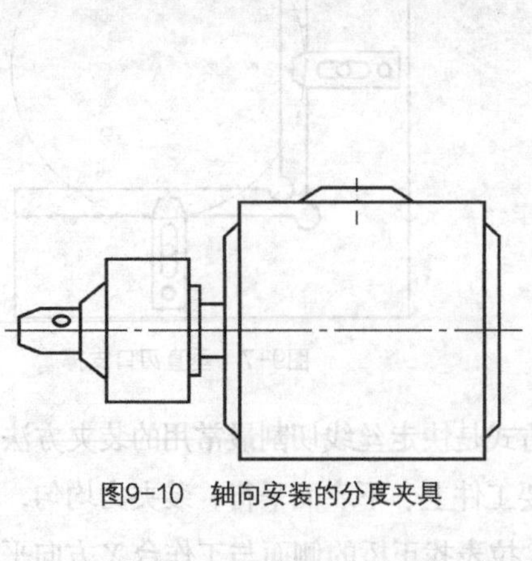

图9-10 轴向安装的分度夹具

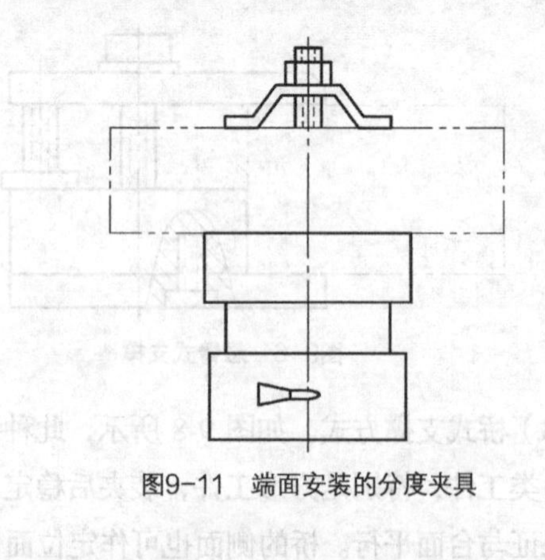

图9-11 端面安装的分度夹具

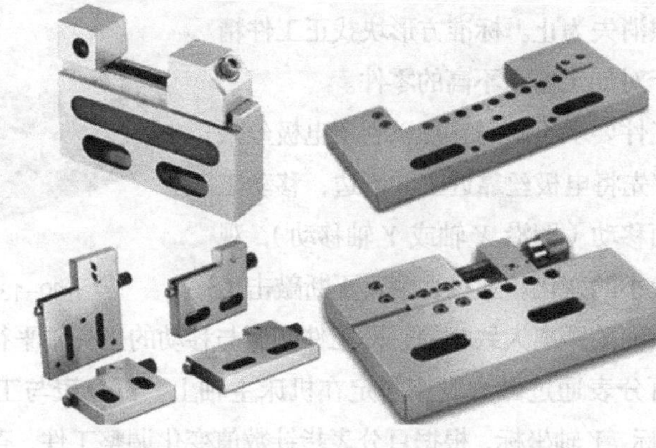

（a）线切割夹具

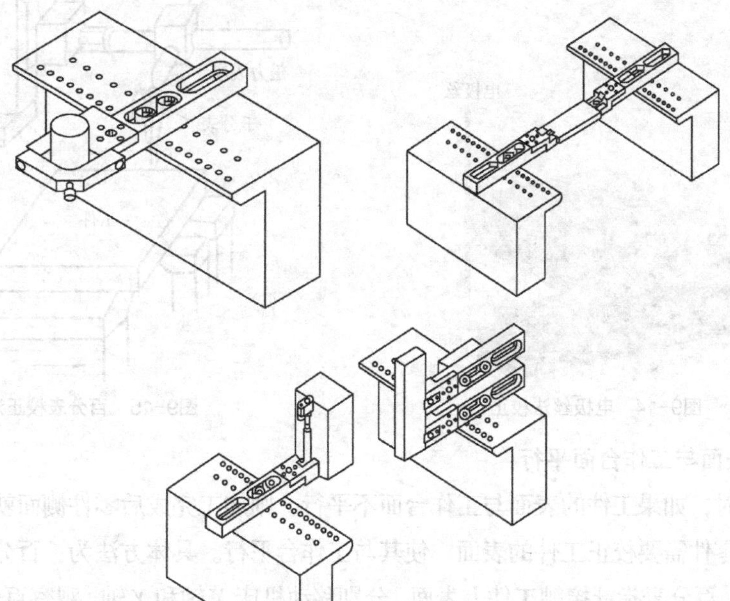

（b）线切割夹具

图9-12　专用夹具

（三）工件的校正

线切割的找正分为两种：工件侧面与机床 X 或 Y 轴平行；工件的上或下表面与机床工作台 X、Y 面平行。

1. 工件侧面与坐标轴平行

为保证工件侧面与坐标轴平行，通常有 3 种常见方法。

（1）标准方形块找正工件。用一个标准方形块（如角尺或量块），靠在工件和机床横梁上（注：横梁必须已经校正且与机床的坐标轴平行）。如图 9-13 所示，观察标准方块与工件侧面的缝隙，然后不断调整工件，直至缝隙消失为止。标准方形块找正工件精度不高，但速度快，适用于对加工要求不高的零件。

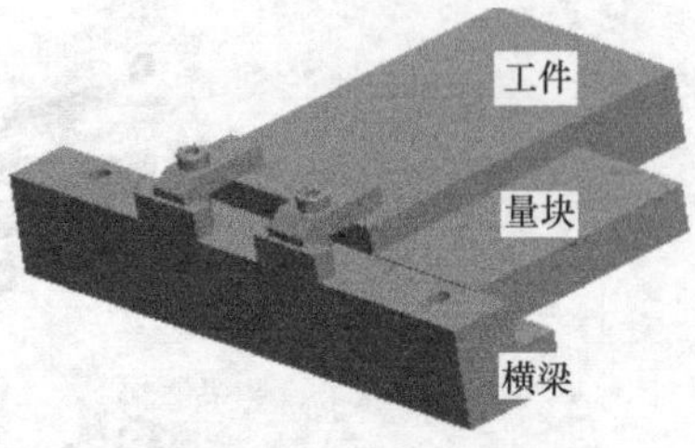

图9-13　标准块法校正

（2）电极丝法。当对工件要求不高时，可以利用电极丝来校正工件（见图 9-14）。首先将电极丝靠近工件侧边，移动工作台，使电极丝沿工件侧面移动（即沿 X 轴或 Y 轴移动），观察电极丝与工件侧面缝隙大小的变化。通过目测，不断敲击工件，最终使电极丝与工件侧面的距离大致相等，即工件侧面与移动的坐标轴平行。

（3）百分表校正法。百分表通过磁力表座固定在机床主轴上。百分表与工件的侧面接触（见图 9-15），往复移动 X 轴坐标、Y 轴坐标，根据百分表指针数值变化调整工件，直至百分表指针不再摆动。百分表校正较为精确，精密零件加工经常需要用百分表法来校正。

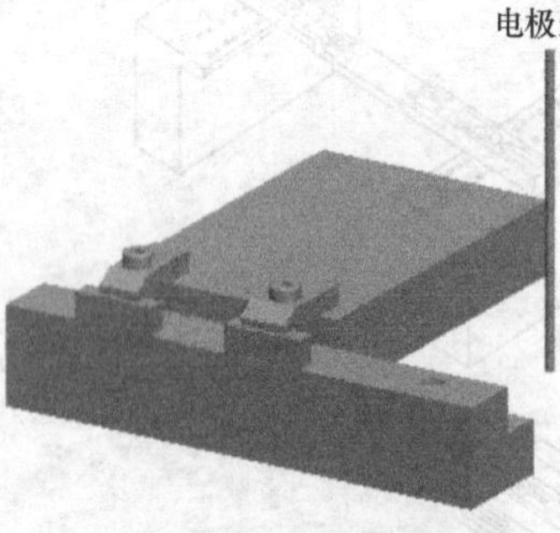

图9-14　电极丝法校正

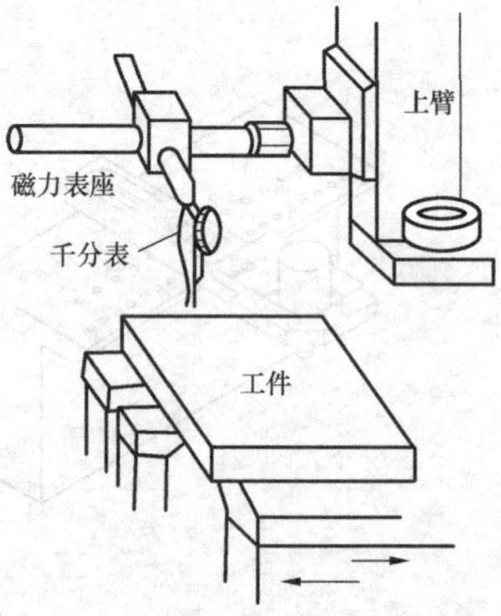

图9-15　百分表校正法

2. 工件的表面与工作台面平行

线切割加工时，如果工件的表面与工作台面不平行，则加工完成后零件侧面就与工件的表面不垂直。因此精密零件需要校正工件的表面，使其与工作台平行。具体方法为：百分表通过磁力吸盘固定在机床主轴，百分表指针接触工件上表面，分别移动机床 X 轴和 Y 轴，观察百分表指针的移动。通过敲击工件、在工件底部塞垫片等方法调整工件，直至百分表指针摆动幅度很小或静止时为止。

（四）慢走丝电极丝穿丝系统简介

慢走丝线切割机床的电极丝在加工中是单方向运动（即电极丝是一次性使用的）的。在走丝过程中，电极丝由贮丝筒出丝，由电极丝输送轮收丝。慢走丝系统一般由贮丝筒、导丝机构、导向器、张紧轮、压紧轮、圆柱滚轮、断丝检测器、电极丝输送轮和其他辅助件（如毛毡、毛刷）等部分组成。

图 9-16 所示为日本沙迪克公司某型号线切割机床的电极丝的送出部分结构图，其中某些部件的作用如下。

圆柱滚轮 2——可使线电极从线轴平行地输出，且使张力维持稳定。

导向孔模块 3——可使电极丝在张紧轮上正确地进行导向。

张紧轮 5——在电极丝上施加必要的张力。

压紧轮 6——防止电极丝张力变动的辅助轮。

毛毡 7——去除附着在电极丝上的渣滓。

断丝检测器 8——检查电极丝送进是否正常的开关。若为不正常送进，则发出报警信号，提醒发生电极丝断丝等故障。

毛刷 9——防止电极丝断丝时从轮子上脱出。

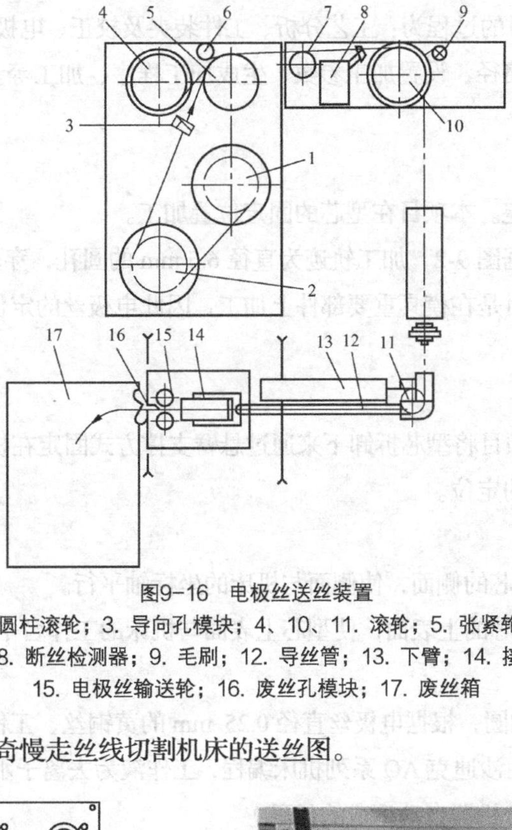

图9-16　电极丝送丝装置

1. 贮丝筒；2. 圆柱滚轮；3. 导向孔模块；4、10、11. 滚轮；5. 张紧轮；6. 压紧轮；7. 毛毡；8. 断丝检测器；9. 毛刷；12. 导丝管；13. 下臂；14. 接丝装置；15. 电极丝输送轮；16. 废丝孔模块；17. 废丝箱

图 9-17 所示为北京阿奇慢走丝线切割机床的送丝图。

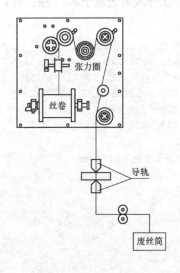

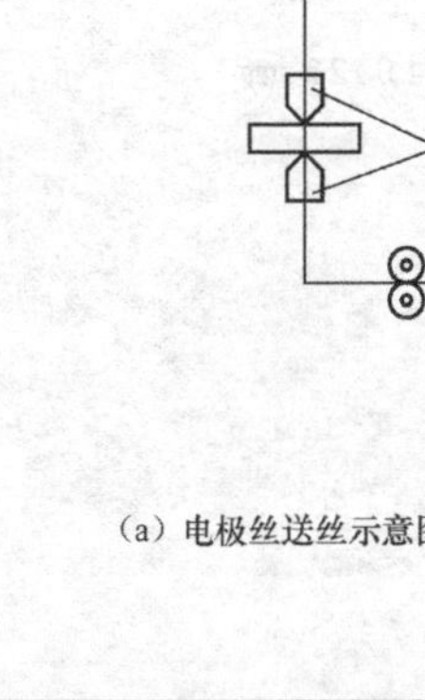

（a）电极丝送丝示意图

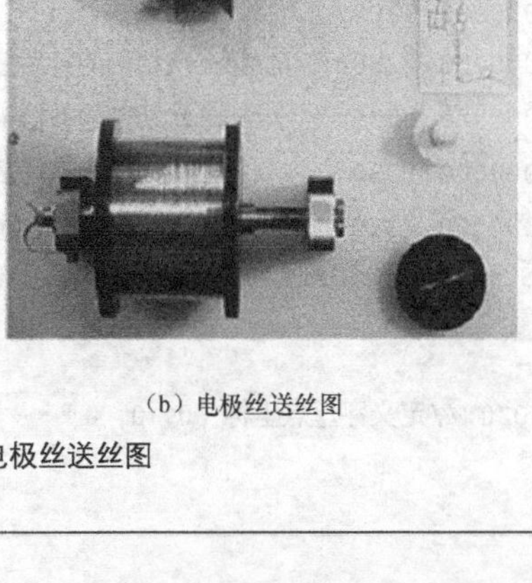

（b）电极丝送丝图

图9-17　电极丝送丝图

总体来说，慢走丝线切割机床技术含量高，结构复杂，具体结构可以参考相关慢走丝线切割机床说明书。

三、项目实施

完成本项目需要将零件上已有的孔扩大，精度要求高，需要掌握电极丝的精确定位及多次切割加工工艺。因此完成本项目的过程为：工艺分析、工件装夹及校正、电极丝的穿丝，电极丝的校正，零件图形绘制、生成加工路径、设置加工参数、生成加工程序、加工等。

（一）加工准备

1. 工艺分析

（1）加工轮廓位置确定。本项目在型芯的固定位置加工。

（2）画图及编程。根据图 9-2，加工轨迹为直径 6.5 mm 的圆孔，穿丝孔为圆心（0，0）。

（3）装夹。由于本项目是在模具重要部件上加工，因此电极丝的定位要特别精确，否则整个部件可能会报废。

2. 工件准备

（1）型芯的装夹。本项目将型芯拆卸下来通过悬臂支撑方式固定在机床工作台上（见图 9-18）。装夹时要充分考虑电极丝的定位。

（2）型芯的校正。

① 通过百分表校正型芯的侧面，使侧面与机床的坐标轴平行。

② 通过百分表校正型芯的上表面，使型芯上表面与机床的工作台平行。

3. 程序编制

绘制直径为 6.5 mm 的圆，根据电极丝直径 0.25 mm 的黄铜丝、工件材料合金钢及型芯高度来选择加工条件。本项目采用沙迪克 AQ 系列机床编程，工作液为去离子水。（注：为了好理解，在不影响加工的前提下删除部分机器自动生成的代码）

```
(      =    ON  OFF IP  HRP MAO SV  V  SF    C  PIK CTRL WK   WT   WS  WP);
C000   =   012 013 2215 000 240 040 8 0070 0 000 0000 025 160 130 045;
C001   =   014 013 2215 000 242 028 8 0070 0 000 0000 025 160 130 055;
C002   =   002 023 2215 000 750 053 8 6050 0 000 0000 025 160 130 012;
C900   =   000 001 1015 000 000 030 7 7050 0 008 0000 025 160 130 012;
C901   =   000 001 1015 000 000 018 2 7060 0 009 0000 025 160 130 012;
H000   = +000000.0100  ;
H001   = +000000.2180  ; //第一次切割的补偿量，电极丝半径为 0.25 mm
H002   = +000000.1530  ; //第二次切割的补偿量
H003   = +000000.1330  ; //第三次切割的补偿量
H004   = +000000.1310  ; //第四次切割的补偿量
( FIG-1  1ST ALL CIRCUMFERENCE);
G54;
G90;
G92X0.0Y0.0Z0;//定义穿丝点坐标（0, 0, 0）
```

```
G29;                    //设置当前点为主参考点
T94;                    //切换到水浴加工
T84;                    //高压喷流
C000;
G41H000G01X0.0Y3.25;
C001H001;
M98P0001;
T85;                    //关闭高压喷流
( FIG-1  2ND RECIPROCATE);
C002;
G42H000G01X0.0Y3.25;
H002;
M98P0002;
C900;
G41H000G01X0.0Y3.25;
H003;
M98P0003;
C901;
G42H000G01X0.0Y3.25;
H004;
M98P0002;
M02;
;
N0001;
G03X3.25Y0.0I0.0J-3.25;
X0.498Y3.2116I-3.25J0.0;
M00;                    //圆孔中的废料完全脱离工件本体，提示操作者查看废料是否掉在喷嘴上或是否与电极
                          丝接触，以便及时处理，避免断丝；若处于无人加工状态，则应删掉
X0.0Y3.25I-0.498J-3.2116;
G40H000G01Y0.0;
M99;
;
N0002;
G02X0.498Y3.2116I0.0J-3.25;
X3.25Y0.0I-0.498J-3.2116;
X0.0Y3.25I-3.25J0.0;
G40H000G01Y0.0;
M99;
;
N0003;
G03X3.25Y0.0I0.0J-3.25;
X0.498Y3.2116I-3.25J0.0;
X0.0Y3.25I-0.498J-3.2116;
G40H000G01Y0.0;
M99;
```

4. 电极丝准备

（1）电极丝的穿丝与校正。本项目为精密切割加工，需要用火花法来校正电极丝的垂直度。

（2）电极丝的定位。如图 9-18 所示，在电极丝定位前首先要去除型芯侧面的毛刺、油污等，然

后开始电极丝定位操作。

① 回机床坐标机械原点，然后在工件侧面位置（具体位置为：通过目测，Y方向与要加工孔尽可能相同，X方向距离侧面2～5 mm）感知G80X-；G92X0。

② 通过手控盒将电极丝移到工件的另一侧相似位置感知G80X+；记录当前点的X坐标值x_1。

③ 通过手控盒将电极丝移到工件上方(具体位置为:通过目测，X方向与要加工孔尽可能相同，Y方向与工件侧面相距2～5 mm）感知G80Y-；G92Y0。

④ 剪断直径为0.25 mm的电极丝，根据图9-2，通过MDI输入G00X xl/2；G00Y-15.125。

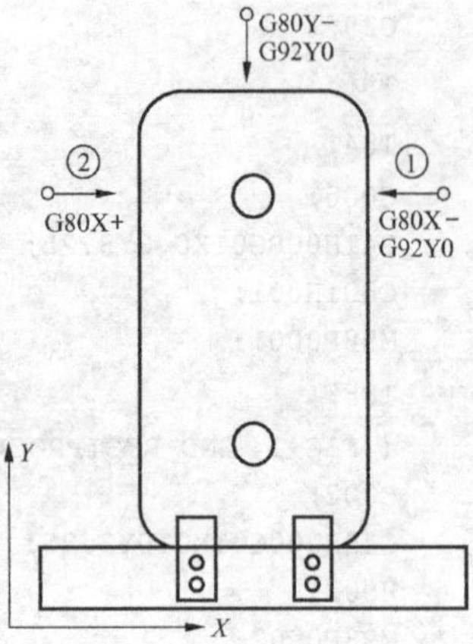

图9-18 电极丝的定位

由于本项目电极丝定位精度要求高，如果电极丝定位不准确则加工孔会偏心，从而影响型芯孔与顶杆的配合。为了检验定位的准确性，最好再进行一次电极丝定位感知，具体方法可以参考项目七中例7.1中的相关方法。

（二）加工

加工时，如图9-19所示，尽量使上下喷嘴分别贴近工件上下表面（通常电极丝上导丝嘴与工件上表面的距离为0.05～0.1 mm，但要注意防止喷嘴与夹具、横梁碰撞），这样，高压喷水才能最有效地工作且此时电极丝抖动小。在粗加工中，高压水状态良好，这样才能使电极丝和工件之间保持绝缘，并快速将其中的电蚀物冲洗掉，减少二次放电和短路现象，这样切割速度就会提高。

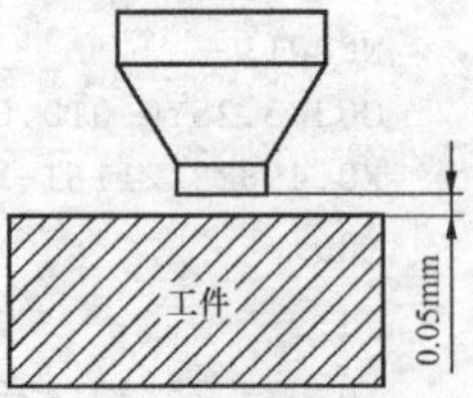

图9-19 导丝喷嘴与工件之间的间隙

加工前应注意安全，加工后注意打扫卫生，保养机床。取下工件，测量相关尺寸，并与理论值相比较。若尺寸相差较大，请分析原因。

四、拓展知识

（一）电参数对工艺指标的影响

1. 放电峰值电流$\hat{i}_e$对工艺指标的影响

放电峰值电流$\hat{i}_e$增大，单个脉冲能量增多，工件放电痕迹增大，故切割速度迅速提高，表面粗糙度数值增大，电极丝损耗增大，加工精度有所下降。因此，第一次切割加工及加工较厚工件时取较大的放电峰值电流$\hat{i}_e$。

放电峰值电流$\hat{i}_e$不能无限制地增大，当其达到一定临界值后，若再继续增大峰值电流$\hat{i}_e$，则加工的稳定性变差，加工速度明显下降，甚至断丝。

2. 脉冲宽度t_i对工艺指标的影响

在其他条件不变的情况下，增大脉冲宽度t_i，线切割加工的速度将提高，表面粗糙度会变差。这是因为当脉冲宽度增加时，单个脉冲放电能量增大，放电痕迹会变大。同时，随着脉冲宽度的增加，电极丝损耗也变大。因为脉冲宽度增加，正离子对电极丝的轰击加强，结果使得接负极的电极丝损耗变大。

当脉冲宽度t_i增大到一临界值后，线切割加工速度将随脉冲宽度的增大而明显减小。因为当脉冲宽度t_i达到一临界值后，加工稳定性会变差，从而影响了加工速度。

3. 脉冲间隔 t_o 对工艺指标的影响

在其他条件不变的情况下，减小脉冲间隔t_o，脉冲频率将提高，所以单位时间内放电次数将增多，平均电流将增大，从而提高了切割速度。

脉冲间隔t_o在电火花加工中的主要作用是消电离和恢复液体介质的绝缘。脉冲间隔t_o不能过小，否则会影响电蚀产物的排出和火花通道的消电离，导致加工稳定性变差，加工速度降低，甚至断丝。当然，也不是说脉冲间隔t_o越大，加工就越稳定。脉冲间隔过大，会使加工速度明显降低，严重时甚至不能连续进给，使加工变得不稳定。

在电火花成形加工中，脉冲间隔的变化对加工表面粗糙度影响不大。在线切割加工中，在其余参数不变的情况下，脉冲间隔减小，线切割工件的表面粗糙度数值稍有增大。这是因为，一般用的电火花线切割加工用的电极丝直径都在0.25 mm以下，放电面积很小，脉冲间隔的减小导致平均加工电流增大，由于面积效应的作用，致使加工表面粗糙度值增大。

脉冲间隔的合理选取，与电参数、走丝速度、电极丝直径、工件材料及厚度有关。因此在选取脉冲间隔时，必须根据具体情况而定。当走丝速度较快、电极丝直径较大、工件较薄时，因排屑条件好，可以适当缩短脉冲间隔时间。反之，则可适当增大脉冲间隔。

4. 极性

线切割加工中因为脉宽较窄，所以都用正极性加工，否则将导致切割速度变低且电极丝损耗增大。

综上所述，电参数对线切割电火花加工的工艺指标的影响有如下规律。

（1）加工速度随着加工峰值电流、脉冲宽度的增大、脉冲间隔的减小而提高，即加工速度随着加工平均电流的增加而提高。有试验证明，增大峰值电流对切割速度的影响比用增大脉宽的办法显著。

（2）加工表面粗糙度数值随着加工峰值电流、脉冲宽度的增大及脉冲间隔的减小而增大，只不过脉冲间隔对表面粗糙度影响较小。

实践表明，在加工中改变电参数对工艺指标影响很大，必须根据具体的加工对象和要求，综合考虑各因素及其相互影响关系，选取合适的电参数。既优先满足主要加工要求，又同时注意提高各项加工指标。例如，加工精密小零件时，精度和表面粗糙度是主要指标，加工速度是次要指标，这时选择电参数主要满足尺寸精度高、表面粗糙度好的要求。又如，加工中、大型零件时，对尺寸的精度和表面粗糙度要求低一些，故可选较大的加工峰值电流、脉冲宽度，尽量获得较高的加工速度。此外，不管加工对象和要求如何，还需选择适当的脉冲间隔，以保证加工稳定进行，提高脉冲利用率。因此选择电参数值是相当重要的，只要能客观地运用它们的最佳组合，就一定能够获得良好的加工效果。

慢走丝线切割机床及部分快走丝线切割机床（如北京阿奇）的生产厂家在操作说明书中给出了较为科学的加工参数表。在操作这类机床时，一般只需要按照说明书正确地选用参数即可。而对于绝大部分快走丝机床而言，初学者可以根据操作说明书中的经验值大致选取电参数，然后根据电参数对加工工艺指标的影响进行具体调整。

（二）慢走丝线切割机床加工中断丝原因分析

（1）参数选择不当。

（2）导电块过脏。

（3）电极丝速度过低。

（4）张力过大。

（5）工件表面有氧化皮。

慢走丝加工中为了防止断丝，主要采取以下方法。

（1）及时检查导电块的磨损情况及清洁程度。慢走丝线切割机床的导电块一般在加工了60～120 h后就需清洗一次。如果加工过程中在导电块位置出现断丝，就必须检查导电块，把导电块卸下来用清洗液清洗掉上面黏着的脏物，磨损严重的要换个位置或更新导电块。

（2）有效的冲水（油）条件。放电过程中产生的加工屑也是造成断丝的因素之一。加工屑若黏附在电极丝上，则会在黏附的部位产生脉冲能量集中释放的情况，导致电极丝产生裂纹，发生断裂。因此，在加工过程中必须冲走这些微粒。所以，在慢走丝线切割加工中，粗加工的喷水（油）压力要大，在精加工阶段的喷水（油）压力要小。

（3）良好的工作液处理系统。慢速走丝切割机床放电加工时，工作液的电阻率必须在适当的范围内。绝缘性能太低，将产生电解而形不成击穿火花放电；绝缘性能太高，则放电间隙小，排屑难，易引起断丝。因此，加工时应注意观察电阻率表的显示。当发现电阻率不能再恢复正常时，应及时更换离子交换树脂。同时，还应检查与冷却液有关的条件。如，检查加工液的液量，检查过滤压力表，及时更换过滤器，以保证加工液的绝缘性能、洗涤性能和冷却性能，预防断丝。

（4）适当地调整放电参数。慢走丝线切割机床的加工参数一般都根据标准选取，但当加工超高件、上下异形件及大锥度切割时常常会出现断丝，这时就要调整放电参数。较高能量的放电将引起较大的裂纹，因此，要适当地把放电脉冲的间隙时间加长，放电时间减小，减小脉冲能量，断丝的情况也就减少了。

（5）选择好的电极丝。电极丝一般都采用锌和含锌量高的黄铜合金作为涂层，在条件允许的情况下，尽可能使用优质的电极丝。

（6）及时取出废料。废料落下后，若不及时取出，可能与丝直接导通，产生能量集中释放的情况，引起断丝。因此，在废料落下时，要在第一时间取出废料。

小结

本项目主要介绍线切割机床的多次切割加工方法和加工工艺、线切割加工中工件的装夹、工件的校正、电参数（放电峰值电流、脉冲宽度、脉冲间隔、极性）对线切割加工的影响、慢走丝线切割加工中断丝的原因分析。重要知识点有：多次切割加工工艺。

习题

1. 判断题

(　　)(1) 在切割一直径为 100 mm 的圆孔时，最好将穿丝孔的位置放在圆心。

(　　)(2) 多次线切割加工中电极丝的补偿量始终不变。

(　　)(3) 工件表面的铁锈或氧化皮对线切割加工没有影响。

(　　)(4) 慢走丝线切割加工中电极丝的材料通常为紫铜丝。

(　　)(5) 慢走丝线切割加工电极丝是一次性使用的。

2. 判断题

(1) 若线切割机床的单边放电间隙为 0.01 mm，钼丝直径为 0.18 mm，则加工圆孔时补偿量为(　　)。

A. 0.19 mm　　B. 0.1 mm　　C. 0.09 mm　　D. 0.18 mm

(2) 线切割机加工一直径为 10 mm 的圆凸台，若采用的补偿量为 0.12 mm 时，实际测量凸台的直径为 10.02 mm。若要凸台的尺寸达到 10 mm，则采用的补偿量为(　　)。

A. 0.10 mm　　B. 0.11 mm　　C. 0.12 mm　　D. 0.13 mm

(3) 线切割机加工一直径为 10 mm 的圆孔，若采用的补偿量为 0.12 mm 时，实际测量孔的直径为 10.02 mm。若要圆孔的尺寸达到 10 mm，则采用的补偿量为(　　)。

A. 0.10 mm　　B. 0.11 mm　　C. 0.12 mm　　D. 0.13 mm

(4) 线切割机加工一直径为 10 mm 的圆凸台，若采用的补偿量为 0.12 mm 时，实际测量凸台的直径为 9.98 mm。若要凸台的尺寸达到 10 mm，则采用的补偿量为(　　)。

A. 0.10 mm　　B. 0.11 mm　　C. 0.12 mm　　D. 0.13 mm

(5) 线切割机加工一直径为 10 mm 的圆孔，若采用的补偿量为 0.12 mm 时，实际测量圆孔的直径为 9.98 mm。若要圆孔的尺寸达到 10 mm，则采用的补偿量为(　　)。

A. 0.10 mm　　B. 0.11 mm　　C. 0.12 mm　　D. 0.13 mm

3. 应用题

认真阅读下面苏三光线切割机床程序，绘出其加工轮廓图形，进一步体会慢走丝多次切割加工。

```
(Material:SDK-11 Thickness:40 mm Wire Diameter:0.20 mm)
(  =     ON  OFF IP  HP  MA  SV  V   SF  C   WS  WT )
C890=    001 020 016 000 035 005 003 006 000 000 000
C440=    004 014 017 001 014 002 003 006 000 000 000
C613=    005 010 016 003 012 008 001 004 000 000 000
C643=    002 002 015 000 000 004 000 004 002 000 000
C673=    000 001 005 000 000 003 000 004 000 000 000
H001 = 193  H002 = 128  H003 = 113  H004 = 108

; Number : 1                 //代码说明
G92X0Y0                      //确定坐标原点
G90                          //绝对坐标
C890                         //切入时的加工条件
G01X0Y-4000
M00                          //加工暂停
```

```
H001                        //第一刀偏移量
T84                         //高压喷流
C440                        //第一刀加工条件
M98 P0001                   //调用子程序 P0001
M00                         //加工暂停

H002                        //第二刀偏移量
T85                         //切换成低压喷流
C613                        //第二刀加工条件
M98 P0002                   //调用子程序 P0002
H003                        //第三刀偏移量
C643                        //第三刀加工条件
M98 P0001

H004                        //第四刀偏移量
C673                        //第四刀加工条件
M98 P0002

M00
C890                        //边缘加工条件
G01X4000Y-4000

M02

N0001
G01X0Y-5000
G42
G01X-6000Y-5000
G01X-8000Y-7000
G01X-8000Y-15000
G03X2000Y-25000I10000J0
G01X7000Y-25000
G01X12000Y-11000
G01X12000Y-7000
G03X10000Y-5000I-2000J0
G01X4000Y-5000
G40                         //取消偏移
G01X4000Y-4000
M99                         //调用子程序结束，返回主程序

N0002                       //程序号码
G01X4000Y-5000
G41
G01X10000Y-5000
G02X12000Y-7000I0J-2000
G01X12000Y-11000
G01X7000Y-25000
G01X2000Y-25000
G02X-8000Y-15000I0J10000
G01X-8000Y-7000
G01X-6000Y-5000
G01X0Y-5000
G40
G01X0Y-4000
M99
```

Chapter

10

项目十

落料凹模的线切割加工

【能力目标】

1. 掌握锥度切割的加工方法。
2. 较熟练处理线切割加工中的各种故障。
3. 熟练识读线切割 ISO 程序。

【知识目标】

1. 掌握锥度线切割基本知识。
2. 了解上下异形等其他四轴联动线切割加工基本知识。

一、项目导入

由项目七知道，线切割机床除了大家熟悉的 X、Y 轴外，还有与 X、Y 轴平行的 U、V 两轴。线切割加工中，通过机床工作台 X、Y 和 U、V 4 轴的运动带动电极丝运动，可以切割各种形状。如电极丝倾斜一个角度切割，通常称为锥度切割，如图 10-1（a）所示；U、V 轴与 X、Y 轴的运动轨迹形状不同，则称为上下异形切割，如图 10-1（b）所示。

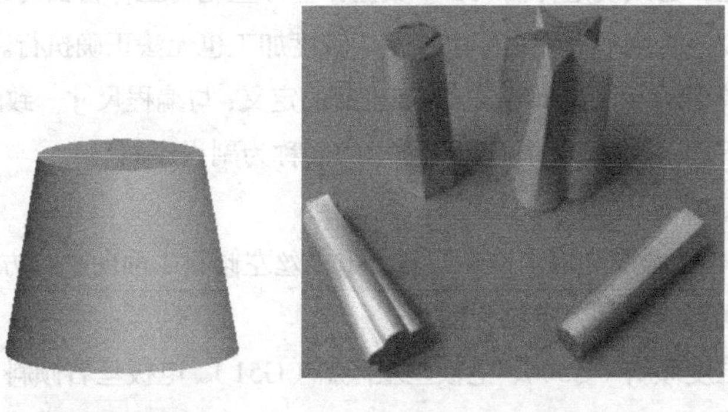

（a）锥度切割　　（b）上下异形切割

图10-1　上下异形工件

在冲压模具制造中，常用线切割来加工落料凹模（见图 10-2）。在落料凹模的所有尺寸中，直径

31 mm 的刃口的尺寸精度、表面粗糙度要求高；斜度为 3° 的锥孔的作用是方便落料件掉下，其尺寸精度、表面粗糙度都没有严格要求。若先加工直径 31 mm 的刃口，在随后加工锥孔时，火花放电可能会对刃口的尺寸精度和表面粗糙度产生影响。因此，在实际生产中，首先加工角度为 3° 的锥孔，然后再加工直径为 31 mm 的刃口，采用多次线切割加工。本项目主要实施完成落料凹模锥孔的加工。

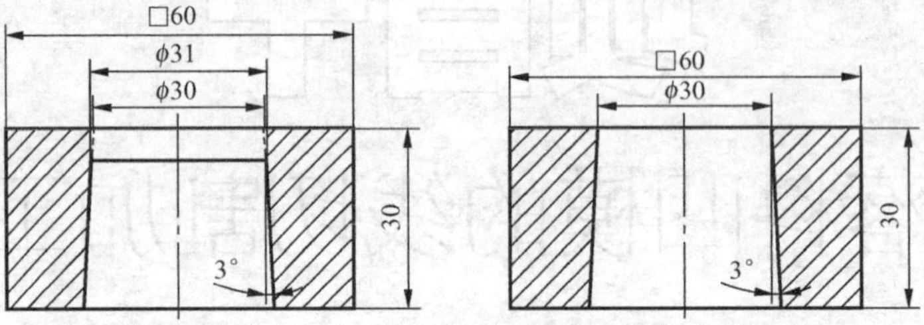

(a) 落料凹模零件图　　(b) 第一次线切割加工

图10-2　落料凹模零件图

二、相关知识

（一）锥度的线切割加工

1. 锥度线切割加工指令—G50、G51、G52（锥度加工指令）

G50 为消除锥度，G51 为锥度左偏，G52 为锥度右偏。当顺时针加工时，G51 加工出来的工件上大下小，G52 加工出来的工件上小下大；当逆时针加工时，G51 加工出来的工件上小下大，G52 加工出来的工件上大下小。

格式：G51 A_

G52 A_

G50

2. 锥度加工的设定

为了执行锥度加工，必须确定并输入 3 个数据：上导丝轮与工作台面的距离、下导丝轮与工作台面的距离及工件厚度。否则，即使程序中设定了锥度加工也无法正确执行。读者可参考机床的说明书在机床的相关菜单中输入这 3 个参数。对加工面的定义：与编程尺寸一致的面称为主程序面（即最重要的尺寸所在的平面），把另一个有尺寸要求的面称为副程序面。

锥度加工中的要点如下。

（1）G50、G51、G52 分别为取消锥度倾斜、电极丝左倾斜（面向平行方向）、电极丝右倾斜。

（2）A 为电极丝倾斜的角度，单位为度。

（3）取消和开始锥度倾斜（G50）、电极丝左倾斜（G51）、电极丝右倾斜（G52）只能在直线上进行，不能在圆弧上进行。

（4）为了实现锥度加工，必须在加工前设置相关参数，不同的机床需要设置的参数不同，如沙迪克某类型机床需要设置如下 4 个参数（见图 10-3）。

工作台—上导丝嘴距离，即从工作台到上导丝嘴的距离。

工作台—主程序面距离，即从工作台到主程序面的距离，主程序面上的加工物的尺寸与程序中编制的尺寸一致，为优先保证尺寸。

工作台—副程序面距离，即从工作台上面到另一个有尺寸要求的面的距离。副程序面是另一个希望有尺寸要求的面，此面的尺寸要低于主程序面。

工作台—下导丝嘴距离，即从下导丝嘴到工作台上面的距离。

在图 10-3 中，若以 *A—B* 为主程序面，*C—D* 为副程序面，则相关参数值为：

工作台—上导丝嘴距离 = 50.000 mm

工作台—主程序面距离 = 25.000 mm

工作台—副程序面距离 = 30.000 mm

工作台—下导丝嘴间距离 = 20.000 mm

在图 10-3 中，若以 *A—B* 为主程序面，*E—F* 为副程序面，则相关参数值为：

工作台—上导丝嘴距离 = 50.000 mm

工作台—主程序面距离 = 25.000 mm

工作台—副程序面距离 = 0.000 mm

工作台—下导丝嘴间距离 = 20.000 mm

苏三光慢走丝机床的设置参数如图 10-4 所示，具体含义如下。

HA——下导丝嘴与工作台面之间的距离（HA 为机床固有值，不可改变）。

HB——工作台面与编程平面之间的距离。

HC——工作台面与参考平面之间的距离。

HD——锥度加工时机床的 *Z* 轴坐标（该值可以在机床的主界面上读取 *Z* 坐标的值）;

HP——上下导丝嘴之间距离减去当前 *Z* 轴坐标值。斜度加工时 HP + HD 即为上下导丝嘴之间的距离（HP 为机床固有值，不可改变）。

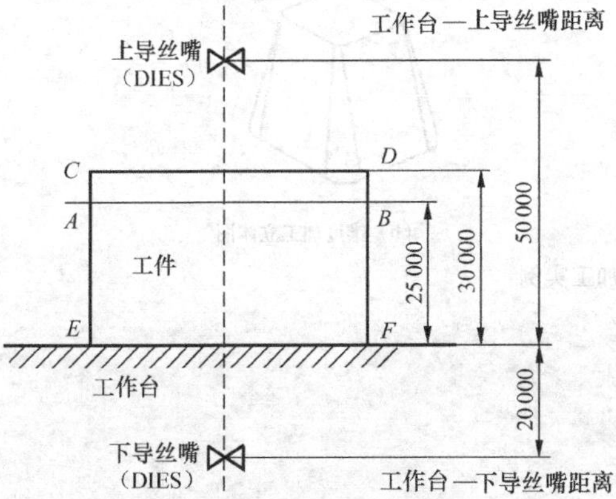

图10-3 锥度加工参数

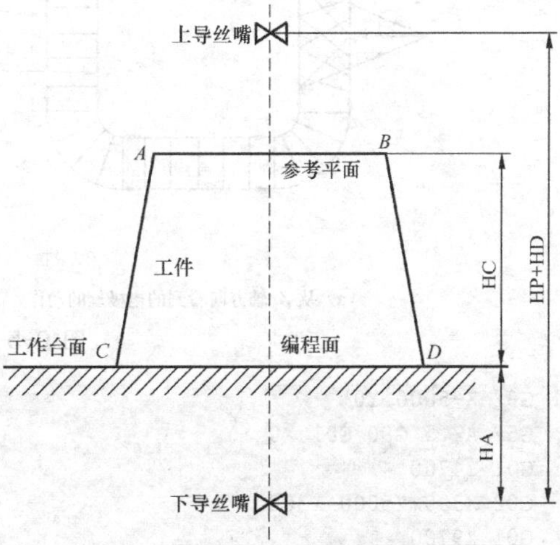

图10-4 苏三光慢走丝机床的锥度加工参数

上述参数中 HA 和 HP 是通过“移动”/“测斜度”由系统自动检测获得，当实际加工的锥度零件的尺寸与所要求的尺寸稍有差异时，可以通过调整 HA 或 HP 使加工尺寸达到要求。

以图 10-4 为例，通过机床主界面的“移动”菜单下的“测斜度”获得 HA 和 HP 的值分别为 5 mm 和 50 mm，在机床的主界面读取机床坐标系中的 *Z* 坐标值为 23 mm。假设工件的厚度为 40 mm，若以 *C*—*D* 为编程面，*A*—*B* 为参考面，则相关参数值为：

HA（下导丝嘴与工作台面之间的距离）= 5 mm

HB（工作台面与编程平面之间的距离）= 0 mm

HC（工作台面与参考平面之间的距离）= 40 mm

HD（锥度加工时机床的 *Z* 轴坐标）= 23 mm

HP（上、下导丝嘴之间距离减去当前 *Z* 轴坐标值。斜度加工时 HP + HD 即为上、下导丝嘴之间的距离）= 50 mm

若以 *A*—*B* 为编程面，*C*—*D* 为参考面，则相关参数值为：

HA（下导丝嘴与工作台面之间的距离）= 5 mm

HB（工作台面与编程平面之间的距离）= 40 mm

HC（工作台面与参考平面之间的距离）= 0 mm

HD（锥度加工时机床的 *Z* 轴坐标）= 23 mm

HP（上、下导丝嘴之间距离减去当前 *Z* 轴坐标值。斜度加工时 HP + HD 即为上下导丝嘴之间的距离）= 50 mm

图 10-5 所示为一锥度加工平面图和立体效果图，其 ISO 程序如下。

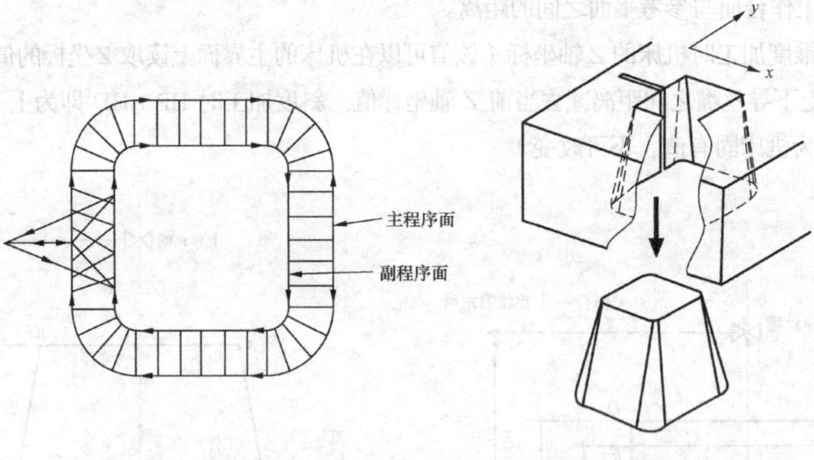

(a) 从 Z+轴方向看到的电极丝的动作　　(b) 锥度加工立体图

图10-5　锥度加工实例

```
G92 X-5000 Y0
G52 A2.5 G90 G01 X0
G01 Y4700
G02 X300 Y5000 I300
G01 X9700
G02 X10000 Y4700 J-300
```

```
G01 Y-4700
G02 X9700 Y5000 I-300
G01 X300
G02 X0 Y-4700 J300
G01 Y0
G50 G01 X-5000
M02
```

（二）上下异形件的线切割加工

不同品牌的机床，上下异形切割加工指令可能不同。下面分别介绍苏三光线切割机床和北京阿奇线切割机床的上下异形指令。

1. 苏三光线切割机床

（1）G141。

含义：上下异形允许。

格式：G141

（2）G140。

含义：上下异形取消。

格式：G140

举例：

```
    G91 G92 X0 Y0
    C004
    G0 1Y-6000
    M00
    G01 Y-200
    H000
    T84
    C000
    M98 P100 L1
    M02
    N100
    G0 1Y-1000
    G141
    G02 X10. Y-10. I0J-10.:G01 X10. Y-10.
      X-10. Y-10. I-10. :   X-10. Y-10.
      X-10. Y10. J10. :    X-10. Y10.
      X10. Y10. I10. :     X10. Y10.
    G140
M99
```

根据上述 ISO 程序加工出的是一个上面为方，下面为圆的工件，如图 10-6 所示。

2. 北京阿奇线切割机床

（1）G61。

含义：上下异形允许。

格式：G61

（2）G60。

含义：上下异形取消。

格式：G60

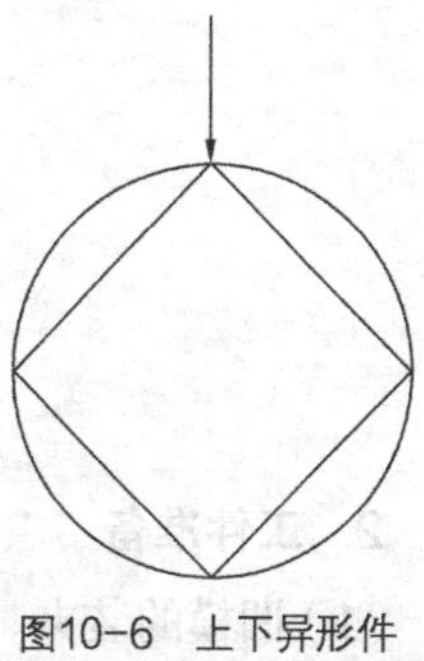

图10–6　上下异形件

上下异形打开时，不能用 G50、G51、G52 等代码。上下形状代码的区分符为“:”，“:”左侧为下面形状，“:”右侧为上面形状。

举例：

```
G92 X0 Y0 U0 V0;
C010 G61;
G01 X0 Y10. :G01 X0 Y10.;
G02 X-10. Y20. J10. :G01 X-10. Y20.; //下面是φ20 的圆，上面是其内接正方形
X0 Y30. I10. :X0 Y30.;
X10. Y20. J-10. : X10.Y20.;
X0 Y10. I-10. :X0 Y10.;
G01 X0 Y0 :G01 X0 Y0;
G60;
M02;
```

三、项目实施

完成本项目需要将零件上已有的孔扩大，精度要求高，需要掌握电极丝的精确定位及多次切割加工工艺。因此，完成本项目的过程为：工艺分析、工件装夹及校正、电极丝的穿丝、电极丝的校正、零件图形绘制、生成加工路径、设置加工参数、生成加工程序、加工等。

（一）加工准备

1. 工艺分析

（1）加工轮廓位置确定。本项目在坯料的固定位置加工（方形坯料中心）。

（2）画图及编程。根据图 10-1，加工轨迹为直径 30 mm 的圆孔，穿丝孔为圆心（0，0）。

（3）装夹。由于本项目是在冲压模具凹模上加工的，因此电极丝的定位要特别精确，否则整个部件可能会报废。考虑到凹模尺寸较小，为了定位时电极丝能够从四周感知凹模侧面，凹模可用专用夹具精密直角线切割万力［见图 10-7（a）］来装夹，通过线切割万力再固定在机床工作台上。

（a）精密直角线切割万力

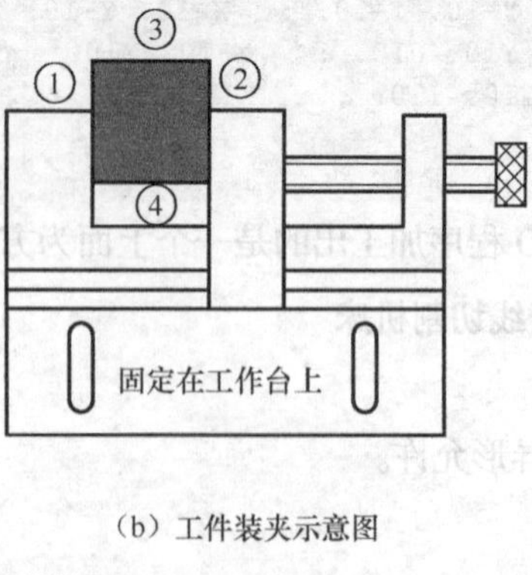

（b）工件装夹示意图

图10-7 工件装夹

2. 工件准备

（1）凹模的装夹。按照图 10-7 装夹凹模，并将线切割万力固定在工作台上。在装夹时可借助高

度计，通过不断测量凹模上表面的高度尺寸，保证凹模上表面高度值相等，从而使凹模上表面与万力底面平行。

（2）校正。

① 通过百分表校正凹模的侧面，使侧面与机床的坐标轴平行。

② 在装夹凹模时，已经通过校正确定凹模上表面与万力底面平行，则凹模上表面与工作台面也应该平行，因此不需要用百分表再以校正。

3. 程序编制

绘制直径为 30 mm 的圆，根据电极丝直径 0.25 mm 的黄铜丝、工件材料为合金钢及凹模高度来选择加工条件。本项目采用沙迪克 AQ 系列机床编程，工作液为去离子水。（注：为了好理解，在不影响加工的前提下删除部分机器自动生成的代码）

```
(      =    ON  OFF IP   HRP MAO SV  V  SF    C PIK CTRL WK  WT  WS  WP);
 C000   =   012 013 2215 000 240 040 8 0080 0 000 0000 025 160 130 045;
 C001   =   014 013 2215 000 242 030 8 0080 0 000 0000 025 160 130 055;
 C002   =   002 023 2215 000 750 053 8 6080 0 000 0000 025 160 130 012;
 C900   =   000 001 1015 000 000 030 7 7050 0 008 0000 025 160 130 012;
 C901   =   000 001 1015 000 000 018 2 7060 0 009 0000 025 160 130 012;
 H000   = +000000.0100;
 H001   = +000000.2160;
 H002   = +000000.1510;
 H003   = +000000.1310;
 H004   = +000000.1290;
 ( FIG-1  1ST ALL CIRCUMFERENCE);
 G54;
 G90;
 G92 X0.0 Y0.0Z0;
 G29;
 T94;
 T84;
 C000;
 G51 A0 G41 H000 G01 X0.0 Y15.0;
 A3.0;
 C001 H001;
 M98 P0001;
 T85;
( FIG-1  2ND RECIPROCATE);
 C002;
 G52 A0 G42 H000 G01 X0.0 Y15.0;
 A3.0;
 H002;
 M98 P0002;
 C900;
```

```
G51 A0 G41 H000 G01 X0.0 Y15.0;
A3.0;
H003;
M98 P0003;
C901;
G52 A0 G42 H000 G01 X0.0 Y15.0;
A3.0;
H004;
M98 P0002;
M02;
;
N0001;
G03 X15.0 Y0.0 I0.0 J-15.0;
A3.0;
X0.4999 Y14.9917 I-15.0 J0.0;
M00;
X0.0 Y15.0 I-0.4999 J-14.9917;
A0.0;
G50 G40 H000 G01 Y0.0;
M99;
;
N0002;
G02 X0.4999 Y14.9917 I0.0 J-15.0;
A3.0;
X15.0 Y0.0 I-0.4999 J-14.9917;
X0.0 Y15.0 I-15.0 J0.0;
A0.0;
G50 G40 H000 G01 Y0.0;
M99;
;
N0003;
G03 X15.0 Y0.0 I0.0 J-15.0;
A3.0;
X0.4999 Y14.9917 I-15.0 J0.0;
X0.0 Y15.0 I-0.4999 J-14.9917;
A0.0;
G50 G40 H000 G01 Y0.0;
M99;
```

4. 电极丝准备

（1）电极丝的穿丝与校正。本项目为精密切割加工，需要用火花法来校正电极丝的垂直度。

（2）电极丝的定位。如图 10-7（b）所示，依次从图示的①、②、③、④ 4 个方向感知，找到凹模的中心。

（二）加工

输入锥度加工相应的参数，启动机床加工，完成后取下工件。加工前应注意安全，加工后注意打扫卫生，保养机床。

四、拓展知识

（一）中走丝线切割机床

中走丝线切割机床（Medium-speed Wire cut Electrical Discharge Machining，简写 MS-WEDM）本质上仍然属于高速走丝（或快走丝）线切割机床，它在高速往复走丝（快走丝）线切割机床上实现了多次切割功能，因此加工出的产品质量介于传统的高速（快）走丝线切割机床和慢走丝线切割机床之间。因此，自 21 世纪出现商业应用以来，其就被广大用户简称为“中走丝线切割机床”。

与传统的快走丝和慢走丝线切割机床相比，中走丝线切割机床具有两者的优点。中走丝线切割机床能实现多次切割加工，因此产品的尺寸精度大幅提高，表面粗糙度得到极大改善。同时中走丝线切割机床的结构仍然和传统的高速走丝（快走丝）线切割机床类似，电极丝在工作中往复运动。机床的价格和使用成本与高速走丝（快走丝）线切割机床几乎相等，远远低于慢走丝线切割机床。因此，日益受到大家的重视。

（二）线切割机床使用规范

线切割机床特别是慢走丝线切割机床属于精密加工设备，操作人员在使用前必须经过严格的培训，才能上机工作。为了安全、合理、有效地使用机床，要求操作人员必须遵守以下规范。

（1）对机床的性能、结构有充分的了解，能掌握操作规程并遵守安全生产制度。

（2）建立完善的维护制度，确保机床能按时进行日保养、周保养、月保养、年保养。

（3）在机床的允许规格范围内进行加工，不要超重或超行程工作。

（4）按规定在润滑部位定时注入规定的润滑油或润滑脂，以保证机构运转灵活，特别是导轮和轴承，要定期检查和更换。

（5）经常检查机床的旋钮开关和换向开关是否安全可靠，不允许带故障工作。

（6）经常检查机床导丝轮、轴承等易损件，发现损坏应立即更换。

（7）加工前应检查工作液箱中的工作液是否足够，水管和喷嘴是否畅通，不应有堵塞现象。

（8）下班后需将工作区域清理干净，夹具和附件等应擦拭干净，并保持完整无损。

（9）定期检查机床电气设备是否受潮，性能是否可靠，并清理灰尘，防止金属杂物落入。

（10）遵守定人定机制度，定期维护保养。

小结

本项目主要介绍线切割锥度加工方法和加工工艺、线切割上下异形件加工方法。重要知识点有：线切割锥度加工中相关参数的含义。

习题

1. 判断题

(　　)(1) 线切割加工锥形零件后应该重新校正电极丝的垂直度。

(　　)(2) 线切割锥度加工时电极丝更容易断丝。

(　　)(3) 线切割锥度加工中相关参数的设置将影响到零件的加工质量。

(　　)(4) 在上下异形零件线切割加工中，机床需要四轴联动。

(　　)(5) 在线切割加工锥度完成后，应及时消除锥度。

2. 选择题

(1) 线切割机床中，机床通过（　　）轴联动可以实现锥度切割加工。

A. 2　　B. 3　　C. 4　　D. 5

(2) 线切割加工 ISO 代码中 G50 表示电极丝（　　）。

A. 锥度左偏　　B. 锥度右偏　　C. 取消锥度　　D. 暂停加工

(3)（　　）不能用慢走丝线切割加工。

A. 锥孔　　B. 上下异形件　　C. 窄缝　　D. 盲孔

3. 问答题

(1) 线切割加工圆锥时需要设置哪些参数？

(2) 当线切割加工圆锥后再加工圆孔时，是否要重新校正电极丝的垂直度？为什么？

PART

3

第三篇 其他模具特种加工技术

一、激光加工技术

二、电火花加工技术

三、超声加工技术

一、激光加工技术

激光加工（Laser Beam Machining，LBM）技术是 20 世纪 60 年代初发展起来的一门新兴科学。通过激光，可以对各种硬、脆、软、韧、难熔的金属及非金属进行切割和微小孔加工。此外，激光还广泛应用于精密测量和焊接工作。

（一）激光加工的原理与特点

1. 激光加工的原理

激光是一种强度高、方向性好、单色性好的相干光。由于激光的发散角小，单色性好，理论上可以聚焦到尺寸与光的波长相近的（微米甚至亚微米）小斑点上，加上它本身强度高，故可以使其焦点处的功率密度达到 1×10^7～1×10^{11} W/cm²，温度可达 10 000℃以上。在这样的高温下，任何材料都将瞬时急剧熔化或汽化，并爆炸性地以高速喷射出来，同时产生方向性很强的冲击。因此，激光加工（见图 11-1）是工件在光热效应下产生高温熔融和受冲击波抛出的综合过程。

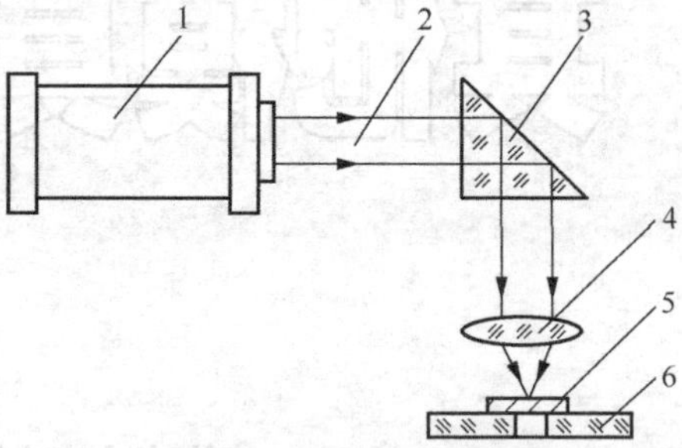

图11-1 激光加工示意图
1. 激光器；2. 激光束；3. 全反射棱镜；4. 聚焦物镜；5. 工件；6. 工作台

2. 激光加工特点

激光加工的特点很多。主要有以下几个方面。

（1）几乎对所有的金属和非金属材料都可以进行激光加工。

（2）激光能聚焦成极小的光斑，可进行微细和精密加工，如微细窄缝和微型孔的加工。

（3）可用反射镜将激光束送往远离激光器的隔离室或其他地点进行加工。

（4）加工时不需用刀具，属于非接触加工，无机械加工变形。

（5）无需加工工具和特殊环境，便于自动控制连续加工，加工效率高，加工变形和热变形小。

（二）激光加工基本设备及其组成部分

激光加工的基本设备由激光器、导光聚焦系统、加工机（激光加工系统）3 部分组成。

1. 激光器

激光器是激光加工的重要设备，它的任务是把电能转变成光能，产生所需要的激光束。按工作物质的种类可分为固体激光器、气体激光器、液体激光器及半导体激光器 4 大类。由于 He—Ne（氦—氖）气体激光器所产生的激光不仅容易控制，且方向性、单色性及相干性都比较好，因而在机械制造的精密测量中被广泛采用。在激光加工中则要求输出功率与能量大，目前多采用 CO_2 气体激光器及红宝石、钕玻璃、YAG（掺钕钇铝石榴石）等固体激光器。

2. 导光聚焦系统

根据被加工工件的性能要求，光束经放大、整形、聚焦后作用于加工部位。这种从激光器输出窗口到被加工工件之间的装置称为导光聚焦系统。

3. 激光加工系统

激光加工系统主要包括床身、能够在三坐标范围内移动的工作台及机电控制系统等。随着电子技术的发展已广泛采用数字计算机来控制工作台的移动，实现激光加工的连续工作。

（三）激光加工应用

1. 激光打孔

随着近代工业技术的发展，使用硬度大、熔点高的材料越来越多，并且常常要求在这些材料上打出又小又深的孔。例如，钟表或仪表的宝石轴承、钻石拉丝模具、化学纤维的喷丝头以及火箭或柴油发动机中的燃料喷嘴等。这类加工任务，用常规的机械加工方法很难完成，有的甚至是不可能完成的，而用激光打孔，则能比较好的完成任务。

在激光打孔中，要详细了解打孔的材料及打孔要求。在从理论上讲，激光可以在任何材料的不同位置，打出小至几微米，深至二十几毫米以上的小孔，但具体到某一台打孔机，它的打孔范围则是有限的。所以，在打孔之前，最好要对现有的激光器的打孔范围进行充分的了解，以确定能否打孔。

激光打孔质量主要与激光器输出功率、照射时间、焦距、发散角、焦点位置、光斑内能量分布、照射次数及工件材料等因素有关。在实际加工中应合理选择这些工艺参数。

2. 激光切割

激光切割（见图 11-2）的原理与激光打孔相似，但工件与激光束要作相对移动。在实际加工中，采用工作台数控技术，可以实现激光数控切割。

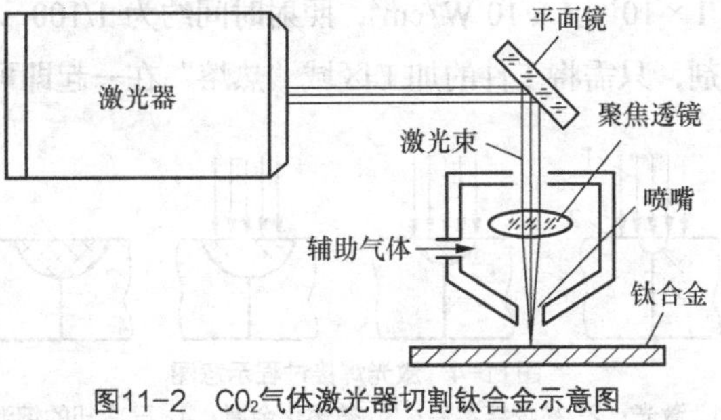

图11-2 CO_2气体激光器切割钛合金示意图

激光切割大多采用大功率的 CO_2 激光器，对于精细切割，也可采用 YAG 激光器。

激光可以切割金属，也可切割非金属。在激光切割过程中，由于激光对被切割材料不产生机械冲击和压力，再加上激光切割切缝小、便于自动控制，故在实际中常用激光加工玻璃、陶瓷、各种精密细小的零部件。

激光切割过程中，影响激光切割参数的主要因素有激光功率、吹气压力、材料厚度等。

3. 激光打标

激光打标是利用高能量的激光束照射在工件表面，光能瞬时变成热能，使工件表面迅速产生蒸发，从而在工件表面刻出任意所需要的文字和图形，以作为永久防伪标志（见图 11-3）。

激光打标的特点是非接触加工，可在任何异型表面标刻，工件不会产生变形和内应力，适用于金属、塑料、玻璃、陶瓷、木材、皮革等各种材料；标记清晰、永久、美观，并能有效防伪；具有标刻速度快、运行成本低、无污染等特点，可显著提高被标刻产品的档次。

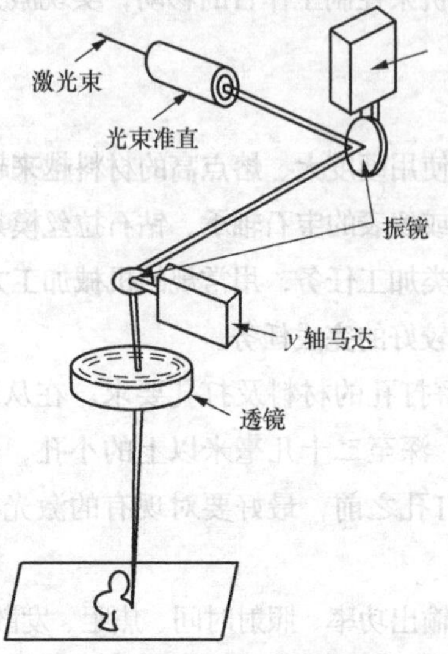

图11-3 振镜式激光打标原理

激光打标广泛应用于电子元器件、汽（摩托）车配件、医疗器械、通信器材、计算机外围设备、钟表等产品和烟酒食品防伪等行业。

4. 激光焊接

当激光的功率密度为 1×10^5～1×10^7W/cm^2，照射时间约为 1/100 s 时，可进行激光焊接。激光焊接一般无需焊料和焊剂，只需将工件的加工区域“热熔”在一起即可，如图 11-4 所示。

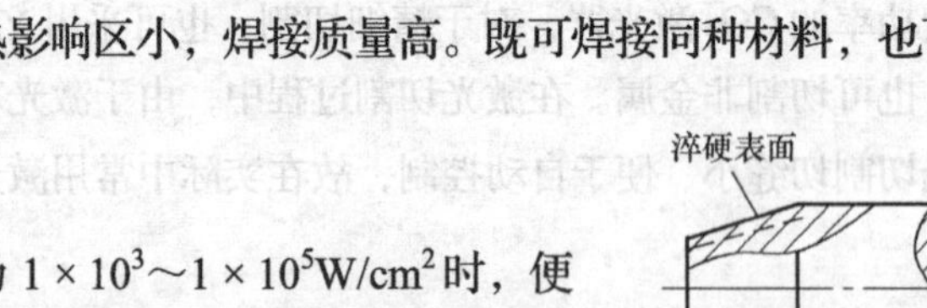

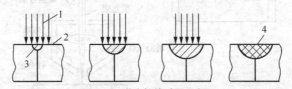

图11-4 激光焊接过程示意图
1. 激光；2. 被焊接零件；3. 被熔化金属；4. 已冷却的熔池

激光焊接速度快，热影响区小，焊接质量高。既可焊接同种材料，也可焊接异种材料，还可透过玻璃进行焊接。

5. 激光表面处理

当激光的功率密度为 1×10^3～1×10^5W/cm^{2}时，便可对铸铁、中碳钢，甚至低碳钢等材料进行激光表面淬火。淬火层深度一般为 0.7～1.1 mm，淬火层硬度比常规淬火高约 20%。激光淬火变形小，还能解决低碳钢的表面淬火强化问题。图 11-5 所示为激光表面淬火处理应用实例。

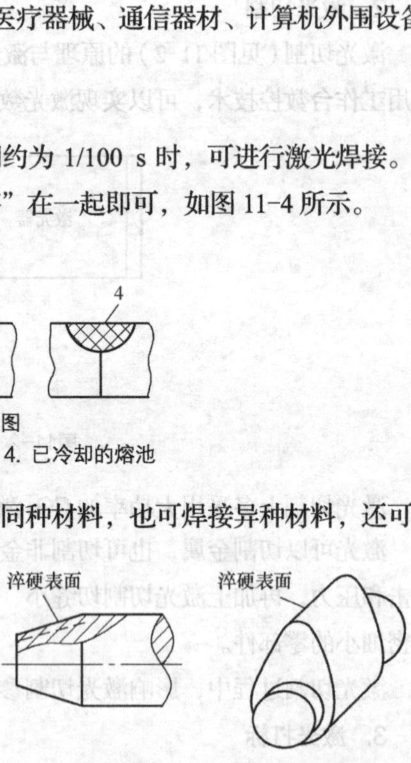

（a）圆锥表面 （b）铸铁凸轮轴表面
图11-5 激光表面强化处理应用实例

二、电化学加工技术

电化学加工（Electrochemical Machining，ECM）包括从工件上去除金属的电解加工和向工件上沉积金属的电镀、涂覆加工两大类。

（一）电化学加工的原理与特点

1. 电化学加工的原理

图 11-6 所示为电化学加工的原理。两片金属铜（Cu）板浸在导电溶液，例如氯化铜（$CuCl_2$）的水溶液中，此时水（H_2O）离解为氢氧根负离子 OH^- 和氢正离子 H^+，$CuCl_2$ 离解为 2 个氯负离子 $2Cl^-$ 和二价铜正离子 Cu^{2+}。当两铜片接上直流电形成导电通路时，导线和溶液中均有电流流过，在金属片（电极）和溶液的界面上就会有交换电子的反应，即电化学反应。溶液中的离子将作定向移动，Cu^{2+} 正离子移向阴极，在阴极上得到电子而进行还原反应，沉积出铜。在阳极表面 Cu 原子失掉电子而成为 Cu^{2+} 正离子进入溶液。溶液中正、负离子的定向移动称为电荷迁移。在阳、阴电极表面发生得失电子的化学反应称之为电化学反应。这种利用电化学反应原理对金属进行加工（图 11-6 中，阳极上为电解蚀除，阴极上为电镀沉积，常用以提炼纯铜）的方法即电化学加工。

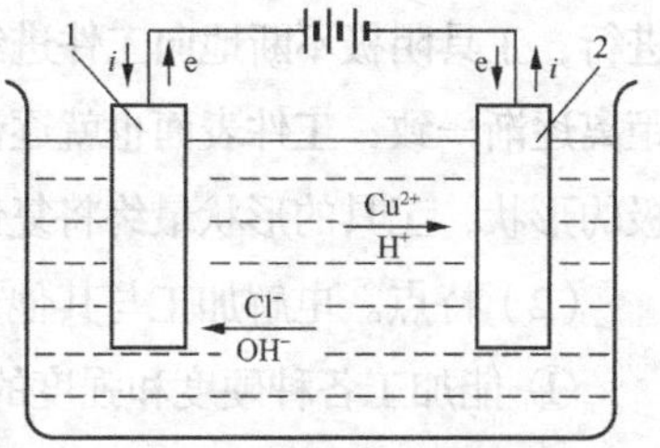

图11-6 电解（电镀）液中的电化学反应
1. 阳极；2. 阴极

2. 电化学加工的分类

电化学加工有 3 种不同的类型。第 1 类是利用电化学反应过程中的阳极溶解来进行加工的，主要有电解加工和电化学抛光等；第 2 类是利用电化学反应过程中的阴极沉积来进行加工的，主要有电镀、电铸等；第 3 类是利用电化学加工与其他加工方法相结合的电化学复合加工工艺，目前主要有电解磨削、电化学阳极机械加工（其中还含有电火花放电作用）。电化学加工的类别如表 11-1 所示。本节主要介绍电解加工、电铸、电解磨削，其他的电化学加工请参考相关资料。

表 11-1 电化学加工分类

类别	加工方法及原理	应用
Ⅰ	电解加工（阳极溶解） 电化学抛光（阳极溶解）	用于形状尺寸加工 用于表面加工
Ⅱ	电镀（阴极沉积） 电铸（阴极沉积）	用于表面加工 用于形状尺寸加工
Ⅲ	电极磨削（阳极溶解、机械磨削） 电解放电加工（阳极溶解、电火花蚀除）	用于形状尺寸加工 用于形状尺寸加工

3. 电化学加工的适用范围

电化学加工的适用范围，因电解和电镀两大类工艺的不同而不同。

电解加工可以加工复杂成型模具和零件，例如汽车、拖拉机连杆等各种型腔锻模，航空、航天发动机的扭曲叶片，汽轮机定子、转子的扭曲叶片，炮筒内管的螺旋“膛线”（来复线），齿轮、液压件内孔的电解去毛刺及扩孔、抛光等。

电镀、电铸可以复制复杂、精细的表面。

（二）电解加工

1. 电解加工的原理及特点

（1）基本原理。电解加工是利用金属在电解液中的“电化学阳极溶解”来将工件成型的。如图11-7所示，在加工时工件（阳极）与工具（阴极）之间接上直流电源，在工具阴极与工件阳极间保持较小的加工间隙（0.1～0.8 mm），间隙中通过高速流动的电解液。这时，工件阳极开始溶解。开始时，两极之间的间隙大小不等，间隙小的地方电流密度大，阳极金属去除速度快；而间隙大的地方电流密度小，去除速度慢。随着电解加工的不断进行，工具阴极不断地向工件进给，工具和工件各处极间距离逐渐一致，工件表面也就逐渐被加工成接近于工具电极的形状，工具的形状最终将复制到工件上。

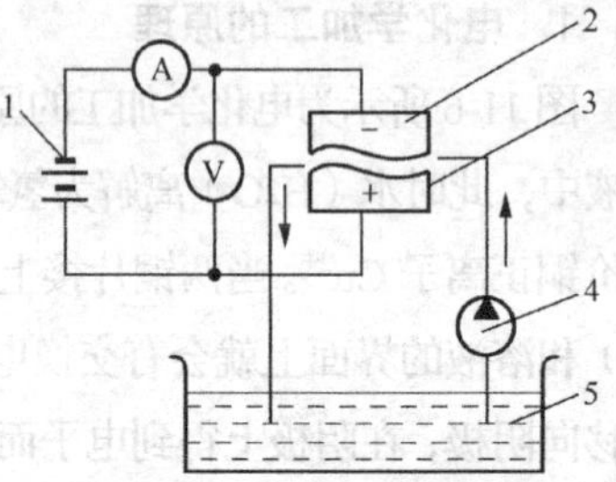

图11-7　电解加工原理图

1. 直流电源；2. 工具电极；3. 工件阳极；4. 电解液泵；5. 电解液

（2）特点。电解加工与其他加工方法相比较，具有下列特点。

① 能加工各种硬度和强度的材料。只要是金属，不管其硬度和强度多大，都可加工。

② 生产率高，为电火花加工的5～10倍，在某些情况下，比切削加工的生产率还高，且加工生产率不直接受加工精度和表面粗糙度的限制。

③ 工件表面质量好，电解加工不产生残余应力和变质层，又没有飞边、刀痕和毛刺。在正常情况下，表面粗糙度可达R_a0.2～1.25μm。

④ 阴极工具在理论上不损耗，基本上可长期使用。

电解加工当前存在的主要问题是加工精度难以严格控制，尺寸精度一般只能达到0.15～0.30 mm。此外，电解液对设备有腐蚀作用，电解液的处理也较困难。

2. 电解加工设备

电解加工的基本设备包括直流电源、机床及电解液系统3大部分。

（1）直流电源。电解加工常用的直流电源为硅整流电源及晶闸管整流电源，其主要特点及应用如表11-2所示。

表11-2　直流电源的特点及应用

分类	特点	应用场合
硅整流电源	1. 可靠性、稳定性好； 2. 调节灵敏度较低； 3. 稳压精度不高	国内生产现场占一定比例
晶闸管电源	1. 灵敏度高，稳压精度高； 2. 效率高、节省金属材料； 3. 稳定性、可靠性较差	国外生产中普遍采用，也占相当比例

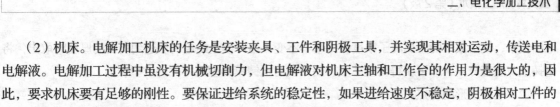

（2）机床。电解加工机床的任务是安装夹具、工件和阴极工具，并实现其相对运动，传送电和电解液。电解加工过程中虽没有机械切削力，但电解液对机床主轴和工作台的作用力是很大的，因此，要求机床要有足够的刚性。要保证进给系统的稳定性，如果进给速度不稳定，阴极相对工件的各个截面的电解时间就会不同，影响加工精度。电解加工机床经常与具有腐蚀性的工作液接触，因此，机床要有好的防腐措施和安全措施。

（3）电解液系统。在电解加工过程中电解液不仅作为导电介质传递电流，而且在电场的作用下进行化学反应，使阳极溶解能顺利而有效进行。这一点与电火花加工的工作液的作用是不同的。同时电解液也担负着及时把加工间隙内产生的电解产物和热量带走、更新和冷却作用。

电解液可分为中性盐溶液、酸性盐溶液和碱性盐溶液 3 大类。其中中性盐溶液的腐蚀性较小，使用时较为安全，故应用最广。常用的电解液有 $NaCl$、$NaNO_3$、$NaClO_3$ 3 种。

$NaCl$ 电解液价廉易得，对大多数金属，其电流效率均很高，加工过程中损耗小，并可在低浓度下使用，应用很广。其缺点是其电解能力强，散腐蚀能力强，使得离阴极工具较远的工件表面也被电解，成型精度难于控制，复制精度差，对机床设备腐蚀性大，故适用于加工速度快而精度要求不高的工件加工。

$NaNO_3$ 电解液在浓度低于 30%时，对设备、机床腐蚀性很小，使用安全。但生产效率低，需较大电源功率，故适用于成型精度要求较高的工件加工。

$NaClO_3$ 电解液的散腐蚀能力小，故加工精度高，对机床、设备等的腐蚀很小，广泛地应用于高精度零件的成型加工。然而，$NaClO_3$ 是一种强氧化剂，虽不自燃，但遇热分解的氧气能助燃，因此使用时要注意防火安全。

3. 电解加工应用

日前电解加工主要应用在深孔加工、叶片（型面）加工、锻模（型腔）加工、管件内孔抛光、各种型孔的倒圆和去毛刺、整体叶轮的加工等。

（三）电铸成形技术

1. 电铸成形原理及特点

（1）成形原理。与大家熟知的电镀原理相似，电铸成形是利用电化学过程中的阴极沉积现象来进行成形加工的，即在原模上通过电化学方法沉积金属，然后分离，以制造或复制金属制品。电铸与电镀又有不同之处。电镀时要求得到与基体结合牢固的金属镀层，以达到防护、装饰等目的。而电铸则要将电铸层与原模分离，其厚度也远大于电镀层。

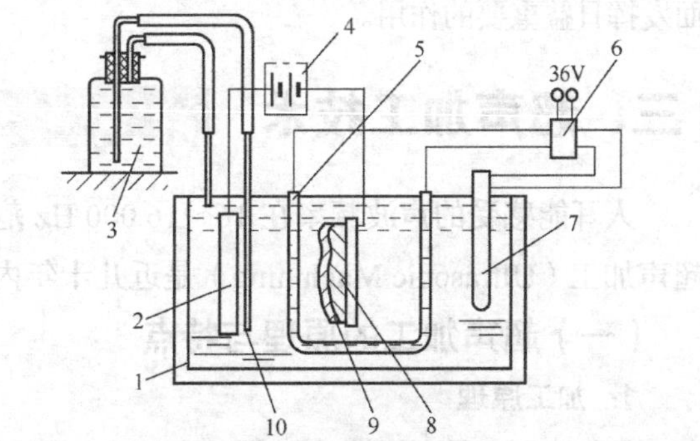

图11-8　电铸成形原理

1. 电铸槽；2. 阳极；3. 蒸馏水瓶；4. 直流电源；5. 加热管；6. 恒温装置；7. 温度计；8. 母模；9. 电铸层；10. 玻璃管

电铸原理，如图 11-8 所示，在直流电源的作用下，金属盐溶液中的金属离子在阴极获得电子而沉积在阴极母模的表面。阳极的金属原子失去电子而成为正离子，源源不断地补充到电铸液中，使溶液中的金属离子浓度保持基本不变。当母模上的电铸层达到所需的厚度时取出，将电铸层与型芯分离，即可获得与型芯凹、凸相反的电铸模具型腔零件的成型表面。

（2）电铸成形的特点。

① 复制精度高。可以制出机械加工不可能加工出的细微形状（微细花纹、复杂形状等），表面粗糙度 R_α可达 0.1μm，一般不需抛光即可使用。

② 母模材料不限于金属，有时还可用制品零件直接作为母模。

③ 表面硬度可达 HRC35～50，所以电铸型腔使用寿命长。

④ 电铸可获得高纯度的金属制品。如电铸铜，纯度高，具有良好的导电性能，十分有利于电加工。

⑤ 电铸时，金属沉积速度缓慢，制造周期长。如电铸镍，一般需要一周左右。

⑥ 电铸层厚度不易均匀，且厚度较薄，仅为 4～8 mm。电铸层一般都具有较大的应力，所以大型电铸件变形显著，且不易承受大的冲击载荷。这样，就使电铸成形的应用受到一定的限制。

2. 电铸设备

电铸设备主要包括电铸槽、直流电源、搅拌和循环过滤系统、恒温控制系统等组成。

（1）电铸槽。电铸槽材料以不与电解液作用引起腐蚀为原则。一般用钢板焊接，内衬铅板或聚氯乙烯薄板等。

（2）直流电源。电铸采用低电压大电流的直流电源。常用硅整流电源，电源电压为 6～12 V，并可调。

（3）搅拌和循环系统。为了降低电铸液的浓差极化，加大电流密度，减少加工时间，提高生产速度，最好在阴极运动的同时，加速溶液的搅拌。搅拌的方法有循环过滤法、超声波或机械搅拌等。循环过滤法不仅可以使溶液搅拌，而且在溶液不断反复流动时进行过滤。

（4）恒温控制系统。电铸时间很长，所以必需设置恒温控制设备。它包括加热设备（加热玻璃管、电炉等）和冷却设备（冷水或冷冻机等）。

3. 电铸的应用

电铸具有极高的复制精度和良好的机械性能，已在航空、仪器仪表、精密机械、模具制造等方面发挥日益重要的作用。

三、超声加工技术

人耳能感受的声波频率在 16～16 000 Hz 范围内，声波频率超过 16 000 Hz 被称为超声波。超声加工（Ultrasonic Machining）是近几十年内发展起来的一种加工方法。

（一）超声加工的原理与特点

1. 加工原理

超声波加工是利用振动频率超过 16 000 Hz 的工具头，通过悬浮液磨料对工件进行成形加工的一种方法，其加工原理如图 11-9 所示。

当工具以 16 000 Hz 以上的振动频率作用于悬浮液磨料时，磨料便以极高的速度强力冲击加工表面。同时，由于悬浮液磨料的搅动，使磨粒以高速度抛磨工件表面。此外，磨料液受工具端面的超声振动而产生交变的冲击波和“空化现象”。所谓空化现象是指当工具端面以很大的加速度离开工件表面时，加工间隙内形成负压和局部真空，在磨料液内形成很多微空腔，当工具端面以很大的加速度接近工件表面时，空腔闭合，引起极强的液压冲击波，从而使脆性材料产生局部疲劳，引起显微裂纹。这些因素使工件的加工部位材料粉碎破坏。随着加工的不断进行，工具的形状就逐渐“复制”在工件上了。由此可见，超声加工是磨粒的机械撞击和抛磨作用以及超声空化作用的综合结果。其中，磨粒的撞击作用是主要的。因此，材料越硬脆，越易遭受撞击破坏，越易进行超声加工。

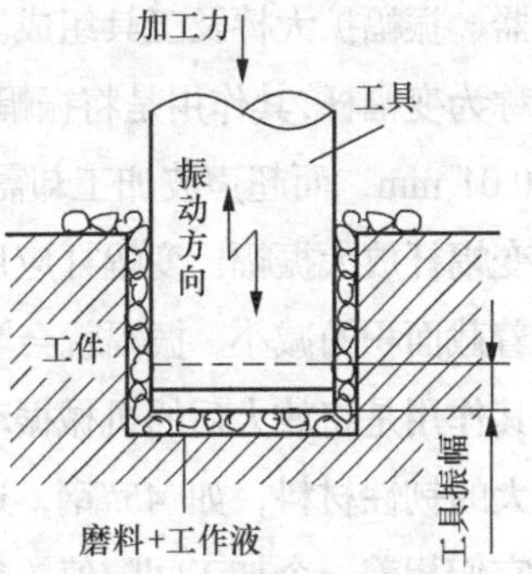

图11-9 超声波加工原理图

2. 特点

超声加工的主要特点如下。

（1）适合于加工各种硬脆材料，特别是某些不导电的非金属材料，如玻璃、陶瓷、石英、硅、玛瑙、宝石、金刚石等。也可以加工淬火钢和硬质合金等材料，但效率相对较低。

（2）由于工具材料硬度很高，故易于制造复杂的形状，加工复杂的型孔。

（3）加工时宏观切削力很小，不会引起变形、烧伤。表面粗糙度 R_a 值很小，可达 0.8μm～0.2μm，加工精度可达 0.05～0.02 mm，而且可以加工薄壁、窄缝、低刚度零件。

（4）加工机床结构和工具均较简单，操作维修方便。

（5）生产率较低。这是超声波加工的一大缺点。

（二）超声波加工设备

超声波加工装置如图 11-10 所示。尽管不同功率大小、不同公司生产的超声波加工设备在结构形式上各不相同，但一般都包括高频发生器、超声振动系统（声学部件）、机床本体和磨料工作液循环系统等部分。

1. 高频发生器

即超声波发生器，其作用是将低频交流电转变为具有一定功率输出超声频的电振荡，以供给工具往复运动和加工工件的能量。

2. 声学部件

其作用是将高频电能转换成机械振动，并以波的形式传递到工具端面。声学部件主要由换能

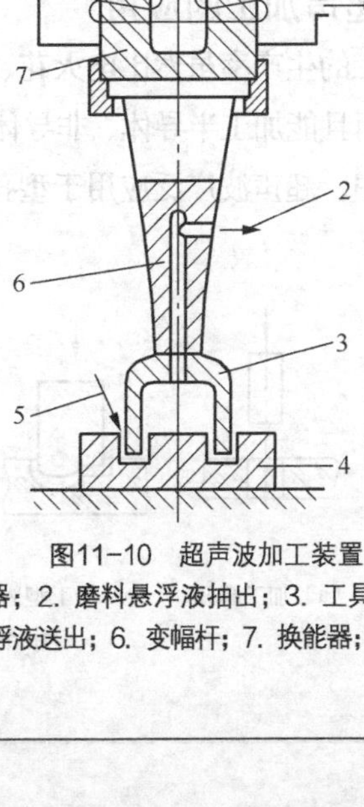

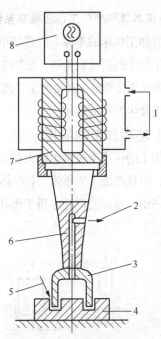

图11-10 超声波加工装置

1. 冷却器；2. 磨料悬浮液抽出；3. 工具；4. 工件；
5. 磨料悬浮液送出；6. 变幅杆；7. 换能器；8. 高频发生器

器、振幅扩大棒及工具组成。换能器的作用是把超声频电振荡信号转换为机械振动。振幅扩大棒又称为变幅杆，其作用是将振幅放大。由于换能器材料伸缩变形量很小，在共振情况下也超不过0.005～0.01 mm，而超声波加工却需要0.01～0.1 mm的振幅，因此必须用上粗下细（按指数曲线设计）的变幅杆放大振幅。变幅杆应用的原理是：因为通过变幅杆的每一截面的振动能量是不变的，所以随着截面积的减小，振幅就会增大。变幅杆的常见形式如图11-11所示。加工中工具头与变幅杆相连，其作用是将放大后的机械振动作用于悬浮液磨料对工件进行冲击。工具材料应选用硬度和脆性不很大的韧性材料，如45#钢，这样可以减少工具的相对磨损。工具的尺寸和形状取决于被加工表面，它们相差一个加工间隙值（略大于磨料直径）。

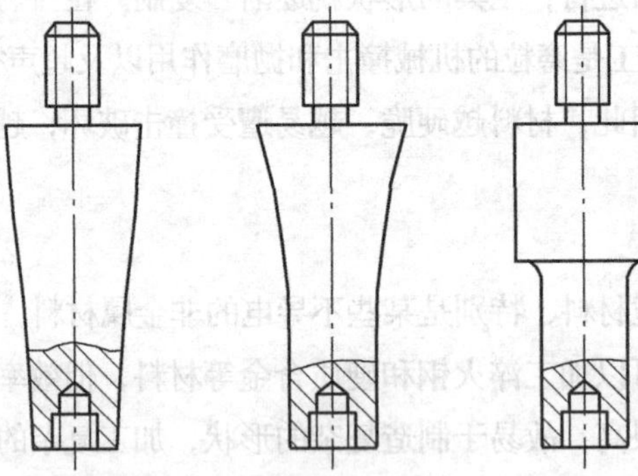
（a）锥形　（b）指数形　（c）阶梯形

图11-11　几种形式变幅杆

3. 机床本体和磨料工作液循环系统

超声波加工机床的本体一般很简单，包括支撑声学部件的机架、工作台面以及使工具以一定压力作用在工件上的进给机构等。磨料工作液是磨料和工作液的混合物。常用的磨料有碳化硼、碳化硅、氧化硒或氧化铝等。常用的工作液是水，有时用煤油或机油。磨料的粒度大小取决于加工精度、表面粗糙度及生产率的要求。

（三）超声加工的应用

超声加工的生产率虽然比电火花、电解加工等低，但其加工精度和表面粗糙度都比其他两种加工技术好，而且能加工半导体、非导体的脆硬材料，如玻璃、石英、宝石、锗、硅，甚至金刚石等。在实际生产中，超声波广泛应用于型孔（腔）加工（见图11-12）、切割加工、超声波清洗等方面。

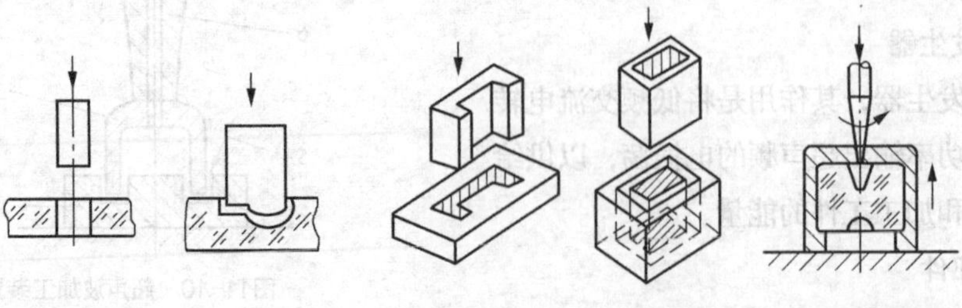
（a）加工圆孔　（b）加工型腔　（c）加工异形孔　（d）套料加工　（e）加工微细孔

图11-12　超声加工的型孔、腔孔类型

附录A

参考测试题

一、判断题（正确打“√”、错误打“×”）

（　　）1. 对电火花加工而言，铝比淬火钢更容易加工。

（　　）2. 火花放电必须在一定的工作介质中进行，否则不能进行火花放电。

（　　）3. 电火花加工中，增加脉冲间隔时间是为了增加消电离的时间，所以加工比较深的孔时，宜增加脉冲间隔。

（　　）4. 电加工中，增大加工电流，工件的表面粗糙度会变差。

（　　）5. 脉冲电压与脉冲宽度的比值称为占空比。

（　　）6. 电火花穿孔加工指的是加工通孔，成形加工指的是加工盲孔。

（　　）7. 线切割可以加工盲孔。

（　　）8. 电加工时，工件接负极的叫正极性加工。

（　　）9. 电火花加工中，应尽量利用极性效应减少电极的损耗。

（　　）10. 数控电火花机床不需要配备平动头。

（　　）11. 电火花线切割机床按照电极丝的运行速度可以分为快走丝和慢走丝两种。其中，后者加工精度好。

（　　）12. 一般数控铣床有 MDI 功能，电火花线切割机床则没有 MDI 功能。

（　　）13. 快走丝加工，电极丝通常是一次性使用的。

（　　）14. 与电火花加工相比，线切割加工不容易着火。

（　　）15. 电火花加工的英文缩写是：WEDM。

二、单项选择题

1. 下列叙述正确的是（　　）。

　A. 与传统的切削加工相比，电切削加工的主要缺点是力很小

　B. 从理论上讲，线切割加工电极丝没有损耗

　C. 长脉冲加工中，工件往往接正极

　D. 线切割加工通常采用正极性加工

2. 下列线切割路线中，最佳的是（　　）。

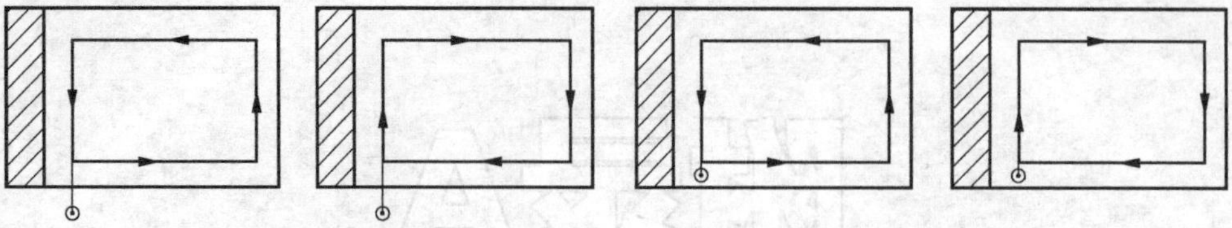

A.　　B.　　C.　　D.

3. 若线切割机床的单边放电间隙为 0.02mm，电极丝直径为 0.18mm，则加工凹模时，补偿量为（　　）。

A. 0.18 mm　　B. 0.20mm　　C. 0.10mm　　D. 0.11mm

4. 用线切割机床不能加工的形状或材料为（　　）。

A. 塑料　　B. 圆孔　　C. 上下异形件　　D. 淬火钢

5. 快走丝线切割机床目前普遍采用的工作液是（　　）。

A. 乳化液　　B. 去离子水　　C. 煤油　　D. 柴油

6. 电火花机床目前普遍采用的工作液是（　　）。

A. 乳化液　　B. 矿泉水　　C. 专用煤油　　D. 航空煤油

7. 北京阿奇快走丝加工中，电极丝运丝的速度为（　　）m/s。

A. 3　　B. 6　　C. 8　　D. 12

8. 下列哪种加工不属于特种加工范围（　　）。

A. 电火花加工　　B. 电解加工　　C. 离子束加工　　D. 数控车床加工

9. 下列加工中，哪种需要的力最小（　　）。

A. 车　　B. 铣　　C. 线切割　　D. 磨

10. 下列说法中，正确的是（　　）。

A. 在电火花加工中，常用黄铜作精加工电极

B. 在线切割加工中，电极丝的运丝速度对加工没影响

C. 在线切割加工中，任何工件加工的难易程度一样

D. 在电火花加工中，电流对表面粗糙度的影响很大

三、应用题

1. 如附图 A-1 所示毛坯，现通过线切割加工成附图 A-2 所示某曲面检具，附图 A-3 为切割加工过程中轨迹路线图，其中 *O* 点为穿丝孔，*A* 点为起割点。

（1）*OA* 线段长通常为多少？能否取为 10 mm，为什么？

（2）*OA* 线段到工件顶部 *MN* 线段的距离通常为多少，为什么？该距离的值能否等于电极丝的半径，为什么？

（3）在附图 A-3 加工路线中是顺时针加工还是逆时针加工，为什么？

（4）自己假设 *OA* 线段的长度及 *O* 点到 *MN* 线段的距离，详细说明电极丝定位于 *O* 点的具体

过程。

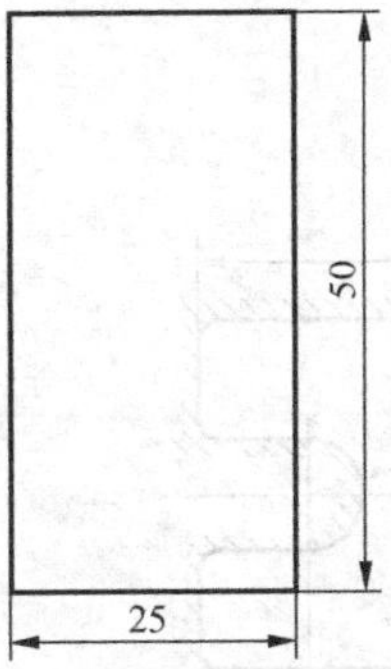

附图A-1 毛坯

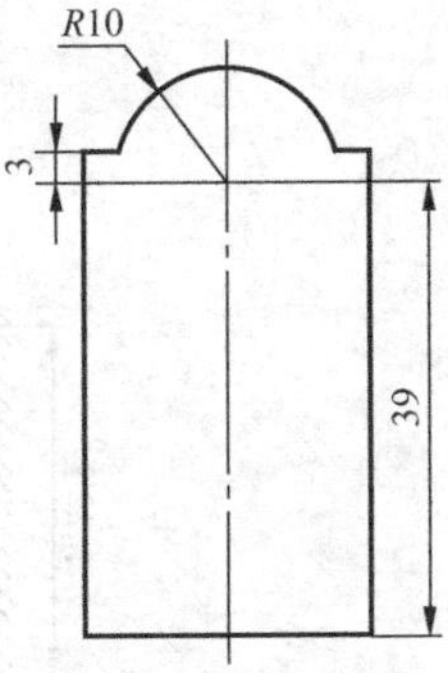

附图A-2 曲面检具

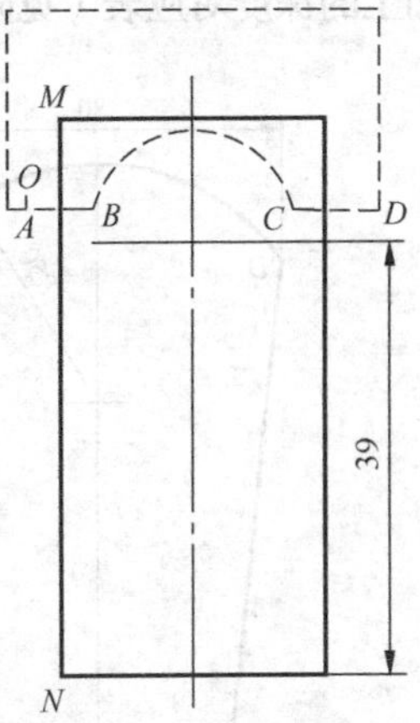

附图A-3 加工轨迹路线图

2. 下面为一线切割加工程序（材料为 10 mm 厚的钢材），请认真理解后完成下列问题。

```
H000 = +00000000        H001 = +00000120;
H005 = +00000000;T84 T86 G54 G90 G92X + 20000Y + 5000;
C007;
G01X + 20000Y + 1000;G04X0.0 + H005;
G42H000;
C001;
G42H000;
G01X + 20000Y + 0;G04X0.0 + H005;
G42H001;
X + 0Y + 0;G04X0.0 + H005;
G02X + 0Y + 20000I + 0J + 10000;G04X0.0 + H005;
G01X + 20000Y + 20000;G04X0.0 + H005;
G02X + 20000Y + 0I + 0J-10000;G04X0.0 + H005;
G40H000G01X + 20000Y + 1000;
M00;
C007;
G01X + 20000Y + 5000;G04X0.0 + H005;
T85 T87 M02;
(:: The Cutting length=  215.663704 MM );
```

（1）请画出加工出的零件图，并标明相应尺寸。

（2）请在零件图上画出穿丝孔的位置，并注明加工中的补偿量。

（3）程序中 M00 的含义是什么？

（4）若该机床的加工速度为 50 mm^2/min，请估算加工该零件所用的时间。

3. 用 3B 代码编制加工附图 A-4 所示的线切割加工程序（不考虑电极丝直径补偿）。加工路线为 A—B—C—D—A 穿丝孔。（图中单位为 mm。）

4. 有一孔形状及尺寸如附图 A-5 所示，请设计电火花加工此孔的电极尺寸。已知电火花机床精加工的单边放电间隙为 δ = 0.03 mm。

5. 现欲加工一边长为 20 mm 的方孔，深为 5 mm，表面粗糙度要求 R_a = 1.9μm，要求损耗、效率兼顾，为铜加工钢。设工件表面 Z = 0，根据表 4-3（P59）铜打钢标准型参数表，填写加工条件与实际加工的深度对应表（见附表 A-1）。

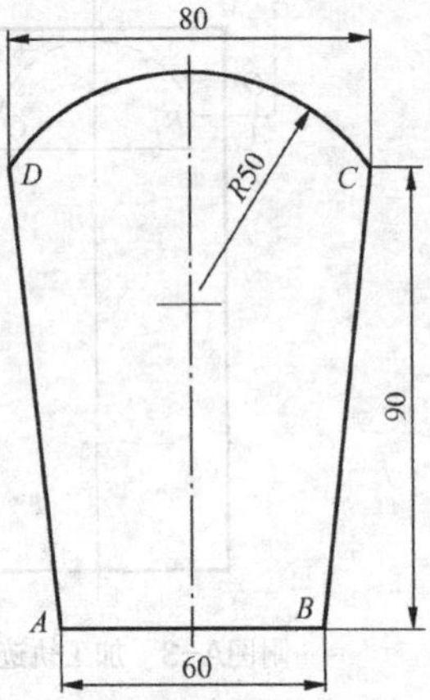

附图A-4

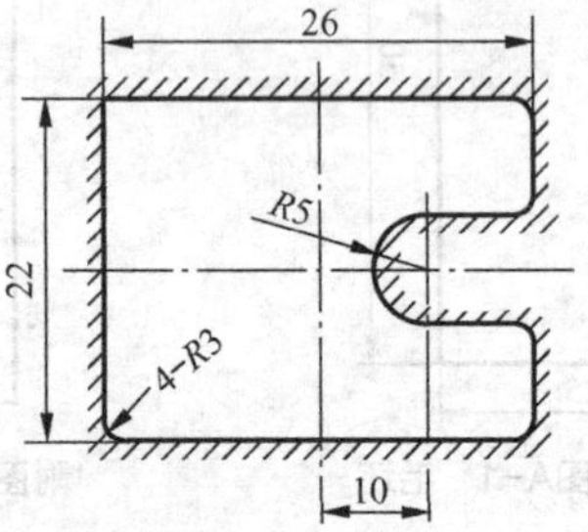

附图A-5

附表 A-1　　加工条件与加工的实际深度对应表（单位 mm）

项目 \ 选用的加工条件							
加工完电极的坐标							
备注	设工件表面坐标 $Z = 0$						

附录B

“模具特种加工技术”参考教学大纲

学分：2.0～3.5

学时：36～56

适用专业：计算机辅助设计与制造、模具设计与制造

一、课程的性质和任务

1．课程性质

本课程是为高等职业教育计算机辅助设计与制造专业开设的一门专业课。

2．课程任务

使学生掌握电火花加工技术、线切割加工技术的基本原理、基本设备、工艺规律及机床的操作技能；了解其他特种加工（电化学加工、超声加工、激光加工、电子束和离子束加工等）的基本原理、主要特点和应用。

3．前导课程

“数控机床的运行与维护”、“使用普通机床的零件加工”、“使用手动工具的零件加工”、“机械加工工艺的制定”。

4．后续课程

毕业设计。

二、教学的基本要求

1．知识目标

通过本课程的教学，在理论知识方面要求学生达到下述目标。

（1）掌握电火花机床的基本原理、基本设备、工艺规律、主要特点和范围。

（2）掌握电火花线切割机床的基本原理、基本设备、工艺规律、主要特点和范围。

（3）了解其他特种加工的基本原理及主要特点和应用。

（4）了解特种加工技术在现代机械制造业特别是模具制造中的应用。

2. 能力目标

通过本课程的教学，在能力方面要求学生达到下述目标。

（1）能够独立操作电火花机床加工常见工件。

（2）能够独立操作电火花线切割机床加工常见工件。

（3）能够分析并解决电火花、电火花线切割加工中的常见质量问题及加工故障。

（4）具备与工业设计人员、工艺人员及客户就所设计的产品交流沟通的能力。

三、教学条件

（1）本课程的理论教学要求使用多媒体教室，利用动画、多媒体教学软件和课件。

（2）为保证理论与实际操作密切结合，将“教、学、做”融为一体。

（3）实训课由两位教师上课，以便于对学生的操作进行个别指导。

（4）模具特种加工技术教学网站。

四、教学前提要求

1. 学生能力要求

（1）具备工程图的识读能力。

（2）具备手工和计算机绘制工程图的能力。

（3）熟悉 Windows 操作系统，具备计算机操作能力。

（4）具备使用普通机床（车、铣）、数控机床加工零件的能力。

2. 教师能力要求

（1）熟悉机械加工的基本方法和步骤。

（2）熟悉数控机床的基本操作。

（3）具有电火花或线切割加工中级工以上技能水平。

（4）具有模具设计与制造的基本知识。

五、教学内容与学时安排

序号	单元	主要内容			参考学时
1	绪论	知识点	1. 特种加工的概念 2. 特种加工的加工特点 3. 特种加工的发展历史	重点：特种加工的应用	2

续表

序号	单元	主要内容			参考学时
2	电火花加工技术	知识点	1. 电火花加工的物理本质及特点 2. 电火花加工机床简介 3. 电火花加工常用术语 4. 影响材料放电腐蚀的因素 5. 电火花加工工艺规律 6. 电火花加工方法 7. 工件的装夹与校正 8. 电极的选择 9. 电极的装夹与校正方法 10. 电极的定位方法 11. 电火花加工条件的选择	重点：电火花加工常用术语、电火花加工工艺规律、电极的装夹与校正、工件的装夹与校正、电极的定位、电火花加工条件的选择 难点：电火花加工工艺规律、电火花加工条件的选择	6
			12. 复杂电极的装夹与校正方法 13. 电极的精确定位方法 14. 大面积型腔的电火花加工条件的选择	重点：电极的精确定位、大面积型腔的电火花加工条件的选择 难点：大面积型腔的电火花加工条件的选择	0～4
		技能点	15. 电火花加工操作面板认识 16. 电火花机床油箱操作 17. 电极的装夹与校正 18. 工件的装夹与校正 19. 电极的定位 20. 简单零件的电火花加工	重点：电极的装夹与校正、电极的定位、工件的装夹与校正 难点：电极的校正	10
			21. 电极的精确定位 22. 中等难度零件的电火花加工 23. 大面积型腔的电火花加工	重点：电极的精确定位 难点：大面积型腔的电火花加工	0～5
3	线切割加工	知识点	24. 线切割加工原理 25. 线切割加工主要工艺指标 26. 电参数对工艺指标的影响 27. 非电参数对工艺指标的影响 28. 快走丝线切割编程（ISO、3B） 29. 工件的装夹 30. 电极丝的上丝及穿丝方法 31. 电极校正方法 32. 电极丝的定位方法 33. 线切割加工工艺 34. 线切割加工常见故障处理	重点：电参数、非电参数对工艺指标的影响，电极丝的校正方法，电极丝的定位方法，快走丝线切割编程 难点：快走丝线切割编程、线切割加工工艺	6
			35. 慢走丝线切割编程	重点：慢走丝线切割编程 难点：慢走丝线切割编程	0～4

续表

序号	单元	主要内容			参考学时
3	线切割加工	技能点	36. 线切割加工操作面板认识 37. 快走丝线切割编程 38. 快走丝机床电极丝的上丝 39. 快走丝机床电极丝的穿丝 40. 快走丝机床电极丝的校正 41. 工件的装夹与校正 42. 电极丝的定位 43. 简单零件的线切割加工	重点：快走丝机床电极丝的上丝、快走丝机床电极丝的穿丝、快走丝机床电极丝的校正、工件的装夹与校正、电极丝的定位 难点：快走丝机床电极丝的穿丝、电极丝的定位	10
			44. 慢走丝机床电极丝的穿丝 45. 慢走丝机床电极丝的校正 46. 中等难度零件的线切割多次切割加工 47. 上下异形件的加工 48. 锥度零件的加工	重点：慢走丝机床电极丝的校正、中等难度零件的线切割多次切割加工 难点：锥度零件的加工、上下异形件的加工	0～5
4	其他特种加工	知识点	49. 电化学加工技术 50. 激光加工技术 51. 超声波加工技术 52. 其他常用特种加工技术	重点：激光加工技术、电化学加工技术	2～4
学时合计					36～56

六、教学方法

本课程是一门专业课，实践性很强，既有传统的理论知识点，又有大量的操作技能。

本课程建议采用行为导向教学法，课程分6～10个项目，每个项目都是一个完整的工作过程。在实施项目的过程中传授相关的理论知识和技能知识。拟采用的教学方法推荐如下。

（1）引导文法：每个项目对重要的内容通过提问引导学生思考，学生通过解决问题掌握本项目的主要内容。

（2）示范教学法：技能操作时教师首先示范，学生按照相关操作要点进行。

七、考核方式

建议采用形成性考核方式进行考核，学生的总成绩＝最后实际操作成绩＋平时实际操作成绩＋平时表现成绩等。

1. 最后实际操作成绩

以最后实际操作成绩为依据。

2. 平时实际操作成绩

该部分由各个实训项目和实训报告组成。

（1）实训项目。电火花、线切割各有 5 个项目。

类别	建议考核项目	备注
	1.	加强职业素养考核
	2.	加强职业素养考核
电火花	3.	
	4.	加强知识点、技能点考核
	5.	
	1.	加强职业素养考核
	2.	加强职业素养考核
线切割	3.	
	4.	加强知识点、技能点考核
	5.	

（2）实训报告。

3. 平时表现

平时表现由考勤、课堂表现、团结协作、机床打扫组成。

（1）考勤。每次上课点名，无故迟到或早退扣分。

（2）课堂表现。电火花加工、线切割加工各分 n 组。

（3）团结协作。每组如有 2 名或 2 名以上同学实际操作考试不及格，团结协作分数为 0 分。

（4）机床打扫。机床清扫是学生实训中的必修项目，由组长安排，不听从组长安排每次扣分。

八、教材和参考资料

（1）建议采用教材要求：教材必须是高职高专教材，最好采用项目化的基于工作过程的教材。

（2）参考教材。

参考文献

[1] 黄宏毅，李明辉. 模具制造工艺. 北京：机械工业出版社，2000.

[2] 北京市《金属切削理论与实践》编委会. 电火花加工. 北京：北京出版社，1980.

[3] 赵万生. 电火花加工技术. 哈尔滨：哈尔滨工业大学出版社，2000.

[4] 刘晋春等. 特种加工. 北京：机械工业出版社，1999.

[5]《塑料模具技术手册》编委会. 塑料模具技术手册. 北京：机械工业出版社，1997.

[6] 卢存伟. 电火花加工工艺学. 北京：国防工业出版社，1988.

[7] 中国机械工程学会电加工学会. 电火花加工技术工人培训、自学教材（修订版）. 哈尔滨：哈尔滨工业大学出版社，2000.

[8] 伍端阳. 数控电火花线切割加工技术培训教程. 北京：化学工业出版社，2008.

[9] 苏三光科技有限公司线切割机床说明书

[10] 北京阿奇夏米尔工业电子有限公司线切割机、电火花机床说明书

[11] 沙迪克机电有限公司线切割机床说明书

[12] 《电子工业生产技术手册》编委会. 电子工业生产技术手册（通用工艺卷）. 北京：国防工业出版社，1989.

[13] 赵万生. 特种加工技术. 北京：高等教育出版社，2001.

[14] 李忠文. 电火花机和线切割机编程与机电控制. 北京：化学工业出版社，2004.

[15] 周旭光. 特种加工技术. 西安：西安电子科技大学出版社，2004.

[16] 周旭光. 线切割及电火花编程及操作实训教程. 北京：清华大学出版社，2006.

[17] 伍端阳. 数控电火花加工实用技术. 北京：机械工业出版社，2007.